U0226986

基于星星跟踪数据的全球重力场恢复

Global Gravity Field Modeling from Satellite-to-Satellite Tracking Data

〔德〕Majid Naeimi　〔德〕Jakob Flury　著

刘红卫　王兆魁　译

科学出版社

北京

图字：01-2023-3028

内 容 简 介

本书针对星星跟踪地球重力场测量模式，系统讲述卫星重力场测量的基本理论与反演方法，包括卫星重力场恢复的参数估计、精密轨道确定、经典变分法、加速度法、能量守恒法等。第 1 章给出重力场反演，即从观测数据到引力位系数估计的一般过程；第 2 章讲述精密轨道确定方法，此方法是卫星重力场测量的基本条件；第 3～5 章分别讲述经典变分法、加速度法、能量守恒法等卫星重力场反演的基本方法。

本书适合高校航空宇航科学与技术、卫星大地测量学等专业的高年级本科生、研究生及航天工业部门的研究人员阅读和使用。

First published in English under the title
Global Gravity Field Modeling from Satellite-to-Satellite Tracking Data
edited by Majid Naeimi and Jakob Flury
Copyright © Springer International Publishing AG, part of Springer Nature, 2017
This edition has been translated and published under licence from
Springer Nature Switzerland AG.
Springer Nature Switzerland AG takes no responsibility and shall not be made liable for the accuracy of the translation.

图书在版编目（CIP）数据

基于星星跟踪数据的全球重力场恢复/(德)马吉德・纳伊米(Majid Naeimi)，(德)雅各布・弗鲁里(Jakob Flury)著；刘红卫，王兆魁译. —北京：科学出版社，2023.8

书名原文：Global Gravity Field Modeling from Satellite-to-Satellite Tracking Data

ISBN 978-7-03-073088-6

Ⅰ. ①基… Ⅱ. ①马… ②雅… ③刘… ④王… Ⅲ. ①地球重力场-研究 Ⅳ. ①P312.1

中国版本图书馆 CIP 数据核字（2022）第 163919 号

责任编辑：孙伯元 / 责任校对：崔向琳
责任印制：赵 博 / 封面设计：蓝正设计

科学出版社 出版
北京东黄城根北街 16 号
邮政编码：100717
http://www.sciencep.com

天津市新科印刷有限公司印刷
科学出版社发行 各地新华书店经销

*

2023 年 8 月第 一 版 开本：720×1000 1/16
2025 年 2 月第三次印刷 印张：11
字数：196 560

定价：110.00 元

（如有印装质量问题，我社负责调换）

序

引力是宇宙中的四种基本作用力之一，主宰着卫星、行星、恒星乃至星系的运动。地球上的潮涨潮落、地球围绕太阳公转、星系结构演化等现象均与天体引力息息相关，人类航天飞行也始终受到引力环境的影响。人类生活在地球上，地球引力场构成影响人类生存发展的重要物理环境，对地球引力的科学探索成为人类孜孜不倦的追求。从伽利略自由落体实验到牛顿提出万有引力定律，从早期地面重力测量到 CHAMP、GRACE、GOCE、GRACE Follow-On 等重力卫星的陆续应用，人类对地球重力场的认识在不断进步，由此得到的地球重力场模型性能也在不断提高。高精度、高分辨率的地球重力场模型为研究全球地质运动、冰川消融、洋流运动、水文变化等提供了最基本的数据支持，也为地质灾害预报以及地下油、气、水、矿藏等勘探提供了判断依据。地球重力场作为地月系统中占主导地位的物理场，对地月空间飞行任务具有极其重要的影响。因此，地球重力场测量理论与应用研究历来受到世界大国的高度重视，其中卫星重力场测量具有全天候、全球覆盖、不受地缘政治和地理环境影响等突出优势，成为获取全球重力场模型最有效的手段。

Global Gravity Field Modeling from Satellite-to-Satellite Tracking Data 一书针对星星跟踪这一重要的卫星重力场测量模式，介绍了参数估计理论、精密定轨方法、经典变分法、加速度法、能量守恒法等。

译者王兆魁教授、刘红卫副研究员均是国内较早从事重力卫星系统技术研究的学者，既具有航天技术领域的专业素养，又具有重力场测量研究的长期积累。他们精心翻译的这部著作不仅系统地介绍了星星跟踪重力场测量反演理论，也为后续重力卫星任务提供了极其重要的设计参考，期待译著早日出版。

2021 年 6 月

译　者　序

重力场是地球的基本物理场，时时刻刻反映并影响着地球周围的诸多物理过程。高精度、高分辨率重力场信息不但可用于推测地球内部结构、掌握区域水文变化、探测地下矿藏分布、预报地质灾害等，还可用于潜艇无源重力导航、远程战略武器精确打击等军事行动，是重要的基础物理信息。近地卫星在重力场作用下做轨道运动，通过对卫星轨道的跟踪测量获取重力场信息。实现高精度、高分辨率重力场测量的关键在于最大限度地降低卫星跟踪误差，如一颗卫星的位置/速度/加速度、两颗卫星的相对位置/速度/加速度等观测误差。对卫星位置/速度敏感的手段包括全球导航卫星系统、地面激光测距等，当前测量的极限水平在厘米级，只能敏感到低阶重力场引起的绝对轨道摄动，这种重力场测量方式称为绝对轨道摄动重力场测量，相应的卫星任务包括 CHAMP、清华大学提出的内编队系统等。为敏感高阶重力场信息，可以测量两个卫星的相对位置或相对速度，实现手段包括微波测距仪、激光干涉测距仪等，测量精度分别在微米、纳米量级，可以敏感高阶重力场引起的相对轨道摄动。这种重力场测量方式称为相对轨道摄动重力场测量，相应的任务包括 GRACE、GRACE Follow-On、复合内编队等。此外，GOCE 卫星等重力梯度重力场测量方式本质上也属于相对轨道摄动重力场测量，但是其星间测量基线足够小，核心观测数据以重力梯度的形式来表示。

本书针对 GRACE、GRACE Follow-On 等卫星相对轨道摄动重力场测量方式，即星星跟踪重力场测量，介绍了参数估计理论、精密定轨方法，以及经典变分法、加速度法、能量守恒法等基本的卫星重力场测量数据处理与恢复方法。本书内容来自 2015 年 10 月在德国举办的“基于星星跟踪测量的全球重力场恢复”秋季学校课程讲义，由国际卫星重力场测量领域的权威专家授课，约 16 个国家的学生参与了课程学习。参与本书各章节撰写的专家学者很多都参与了 CHAMP、GRACE、GOCE 卫星重力场测量任务，具有深厚的理论造诣和丰富的工程经验。原著篇幅不长，语言通俗易懂，相关理论公式推导简练，深入浅出地介绍了星星跟踪重力场恢复的理论与方法。为便于读者学习和加深理解，每章均针对重要知识点配置了课后练习，并给出了练习中需要的数据、文件、程序等，具有很强的实践性和操作性。为便于阅读，本书提供部分彩图的电子版文件，读者可自行扫描前言下方二维码查阅。

限于译者水平，书中难免有不当之处，希望广大同行和读者批评指正。

译　者

部分彩图二维码：

原　书　序

本书整理了国际秋季学校“基于星星跟踪测量的全球重力场恢复”课程讲义，该秋季学校于2015年10月在德国巴特洪内夫举办，由威廉&艾尔斯·贺利斯基金会资助。秋季学校原为暑期学校，它缘于2013年11月在德国汉诺威举办的关于GRACE/GRACE Follow-On模拟数据挑战课题的内部研讨会，该挑战课题源于汉诺威莱布尼茨大学协同研究中心的“1128”项目“相对论大地测量学和基于量子传感器的重力测量”。秋季学校计划一经提出就得到了广泛关注，并收到了领域内专家的积极反馈。

在很短的时间内，我们收到了很多来自世界各地的申请。我们选择了50多名申请者，他们来自德国、美国、瑞士、奥地利、印度、中国、伊朗、俄罗斯、保加利亚、荷兰、波兰、巴西、卢森堡、加拿大和瑞典。

本次秋季学校的主要目标是为感兴趣的研究人员打下卫星任务中星星跟踪(satellite-satellite tracking，SST)测量数据分析的基础，重点介绍不同的地球重力场恢复方法，包括加速度法、能量守恒法和经典变分法等。此外，也介绍了轨道确定和参数估计等相关内容。

本次秋季学校于10月4日(星期日)正式开始，由雷纳·鲁梅尔(Reiner Rummel)教授做了开场演讲，介绍了有关球谐分析和重力场确定的内容，随后，开展了为期5天的强化课程。每天上午举办核心专题讲座，下午则辅以较多的数值仿真及实际训练。本书章节根据每日讲座的核心主题设置，具体如下。

1. 卫星重力场恢复的参数估计

主讲人：于尔根·库什(Jürgen Kusche)教授和安妮·斯普林格(Anne Springer)教授，德国波恩大学。

本章对高斯-马尔可夫模型及其在噪声观测的应用进行概述，并讨论了方差分量估计、正则化和偏差估计。本章的练习可以让读者更深入地了解这些内容在GRACE数据确定重力场中的应用。

2. 精密轨道确定

主讲人：阿德里安·贾吉(Adrian Jäggi)教授和丹尼尔·阿诺德(Daniel Arnold)博士，瑞士伯尔尼大学。

本章探讨了与卫星轨道建模相关的基本问题，包括跟踪数据处理、轨道表示方法、轨道确定问题及重力场参数化。章末给出了练习题，有助于更深入地理解轨道确定问题。

3. 经典变分法

主讲人：斯里尼瓦斯 · 贝塔普尔(Srinivas Bettadpour)教授和克里斯托弗·麦卡洛(Christopher McCullough)教授，美国得克萨斯大学奥斯汀分校。

本章讨论了得克萨斯大学奥斯汀分校空间研究中心(Center for Space Research，CSR)、德国地球科学中心(GeoForschungsZentrum，GFZ)等部门使用的经典变分法基本原理，并辅以数值练习题，使读者更好地理解本章内容。

4. 加速度法

主讲人：马蒂亚斯 · 韦格特(Matthias Weigelt)博士，德国汉诺威莱布尼茨大学大地测量研究所。

本章全面概述了加速度法及其优缺点，同时讨论了使用该方法的近似解和解析解，最后附有数值练习题。

5. 能量守恒法

主讲人：克里斯托弗 · 杰凯利(Christopher Jekeli)教授，美国俄亥俄州立大学。

本章回顾了用于推导卫星轨道势能差和确定地球重力场的能量守恒法，其中涉及随时间变化的能量项、地球旋转引起的能量项、动能项和耗散能量项等。本章还提供了若干练习题，使读者加深对能量守恒法数值细节的理解。

原 书 前 言

重力场恢复与气候实验(gravity recovery and climate experiment, GRACE)卫星的实施，开启了大地测量学在气候研究中应用的新纪元。自 2002 年发射以来，GRACE 卫星不间断地传回大量数据，相当精确地描述了地球重力场的时变特征。这些数据反映了陆地水循环的演变过程、格陵兰岛和南极洲大陆上冰川和冰盖的增减状况，可以将全球海平面上升引起的质量变化从总质量中提取出来，以推断冰川期以后的地貌演变。联合国政府间气候变化专门委员会(Intergovernmental Panel on Climate Change, IPCC)在 2013 年报告中有关海平面上升以及全球冰盖总量等重要引述均来自 GRACE 卫星提供的数据[62]。

GRACE 任务利用两颗低轨卫星的高精度星间测距实现重力场测量。其后续任务也是基于低轨卫星星间测距进行重力场测量的，且将在重力场测量的空间分辨率、时间分辨率和精度上优于 GRACE，这要求在载荷技术、数据分析与重力场恢复方面实现更大的进步。

为吸引更多的年轻科学家从事 GRACE 后续任务研究，“1128”合作研究中心负责人雅各布 · 弗鲁里(Jakob Flury)教授和马吉德 · 纳伊米(Majid Naeimi)博士开办了“基于星星跟踪测量的全球重力场恢复”秋季学校。“1128”合作研究中心的“相对论大地测量学和基于量子传感器的重力测量”项目在德国科学基金会(Deutsche Forschungsgemeinschaft，DFG)资助下，根据其研究计划开设了秋季学校，开展地球重力场测量与全球和区域质量变化监测的学术前沿研究。

但是，究竟为什么选择星星跟踪测量这一技术呢？下面简要陈述这项成熟技术的发展历程。自牛顿开始，人们已经揭示了人造地球卫星的奥秘，它与苹果从树上掉下来的自由落体运动以及绝对重力仪真空管中的棱镜原理是类似的。因此，在太空中对卫星轨道进行跟踪和在实验室对一个验证质量块进行自由落体测量别无二致。这两类实验方法均被用于测量地球引力。然而，卫星测量技术面临两大基本难题。其一，在实验室中，利用激光干涉法跟踪完全自由落体的棱镜是相对容易的事情，但想要利用地面站获取长时间、均匀的卫星轨道跟踪数据并不容易，因为会受到天气状况和大气能见度的制约。因此，只有通过利用多个地面站的观测数据及多个卫星的测量数据，并应用多种跟踪技术经过复杂的综合处理，才能逐步推导出重力场模型。亨鲁肯斯(Henrukens)用两章精彩的文字描述了美国在相关领域的发展历程[58]。20 世纪 90 年代，随着 GPS 的问世，情况开始改观。从那以后，高轨 GPS 卫星可以对任何低轨卫星进行不间断的三维定位。其二，根据牛顿提出的万有引力与距离平方成反比定律，地球引力信号随着地面高度平方的增加而迅速减弱。其结果是，在卫星轨道高度上，仅能观测到严重衰减的地球重力场信息。这是任何卫星重力场测量方法的固有缺陷。因此，为获得高精度、高空间分辨率的重力场测量，必须克服引力信号随高度衰减带来的缺陷。一种方法是尽可能地降低卫星轨道高度，最大限度地敏感地球引力；另一种方法是基于差分观测，即卫星重力梯度测量或星星跟踪测量。

卫星重力场测量的历史可以追溯到人类航天开启时代，它始于 1957 年苏联发射的人造卫星斯普特尼克 1 号(Sputnik 1)及斯普特尼克 2 号(Sputnik 2)。利用这些卫星的无线电多普勒观测信号，可以以前所未有的精度解算出地球扁率，使得 100 多年来的大地弧度测量和三角测量方法退出历史舞台[23, 63, 102]。然而，精细的地球重力场恢复不仅确定 J_2 项，它是个复杂而漫长的过程[58]。文献[118]回顾了地球重力场模型的发展历程。早在 1960 年，人们就提出利用卫星与卫星之间的跟踪测量来确定地球重力场的设想。文献[160]将这一设想具体化。星星跟踪测量的优势在于，可以消除地球中心引力、地球扁率等主要项的影响，因为主要项对两个卫星的影响几乎是相同的。这样在测量信息中，相对于地球重力场的长波信号而言，短波信号部分被强烈放大。从数学的角度看，这相当于获取两星连线方向上的引力差分信息或重力梯度。显而易见，从傅里叶分析的角度来看，两星引力势差分与不同阶次的地球引力位系数级数组合存在对应关系[20]。1969 年，美国国家航空航天局(National Aeronautics and Space Administration，NASA)在威廉斯敦召集顶级地球科学家，制定了基于空间技术的地球科学发展远景规划报告[80]。星星跟踪测量是该报告的一部分。由于在明确地球科学研究目标以及利用新的卫星任务实现这些目标方面确实具有远见卓识，这份报告现在看来仍然值得一读。该报告中的思想成为 1972 年美国国家航空航天局 EOPAP 报告中的具体计划要素的基础[109]。这一报告提出了专用的卫星重力场测量任务，即所谓的 GRAVSAT 任务，包含了高低跟踪测量、低低跟踪测量和重力梯度测量模式。通过分析从地球到阿波罗月球轨道探测器的跟踪数据实现了地球重力场恢复，这被看作是最早实现的高低跟踪测量试验[108]。此外，在中继卫星 ATS-6 与阿波罗/联盟号(Apollo/ Soyuz)[105]、ATS-6 与 Geos-3 卫星之间也实现了高低跟踪试验[51, 94, 128, 134, 159]。人们利用阿波罗和联盟号宇宙飞船的对接实验数据来进行重力场恢复，这是最早的低低跟踪测量实验，但是这次实验并不是很成功[156]。

在欧洲，该技术方向上的第一个倡议来自由法国航天局赞助的卫星地球动力学暑期学校，该暑期学校于 1974 年在拉尼翁举办。在这次活动中，欧洲顶级的地理测绘、地球物理领域专家就重力卫星任务及其理论背景进行了讨论[4]。紧接着，1978 年，欧洲航天局(European Space Agency，ESA)组织了关于空间海洋学、导航和地球动力学(space oceanography，navigation and geodynamics，SONG)的研讨会[37]。这是欧洲航天局地球观测计划迈出的第一步，同时，星星跟踪测量和重力梯度测量等重力卫星任务也都列入议程[127]。与此同时，欧洲航天局开展了低低跟踪卫星重力场测量任务方案研究及系统定义研究，代号为 SLALOM[5]，其基本思想是开展航天飞机与两个无控球形卫星之间的激光跟踪测量。

文献[100]给出了卫星重力场测量理论发展过程中的里程碑：迈斯尔(Meissl)构建了理论框架，将大地水准面高、重力异常、不同高度及地球表面上的重力梯度等相关的引力函数以球谐级数的形式来表示。这个理论框架在文献[126]中被称为迈斯尔体系，相关描述也可参考文献[124]和文献[125]。其他关于星星跟踪重力场测量的理论研究与数值模拟工作也可参见相关文献[26, 27, 50, 74, 79, 107, 130, 135, 152]。

然而，由于一些关键技术还不够成熟，专用的低低跟踪卫星重力场测量任务无法实施。美国国家研究委员会组织了一次研讨会，对现有技术进行了分析，包括专用于重力卫星任务的技术[113]，在此后的几年中又提出了多项任务方案。欧洲侧重于重力梯度测量方式，即测量一个卫星内部若干验证质量之间的相对引力加速度，而美国则侧重于低低跟踪卫星重力场测量方式，并于 1979 年启动重力研究任务(gravity research mission，GRM)。具有重要意义的是，数值模拟表明这种任务方案在确定时变重力场方面具有巨大潜力，可分析由冰融化、海平面上升、冰川均衡调整等导致的地球系统内部质量传输过程[32, 154]。2002 年，第一个低低星星跟踪重力场测量任务卫星成功发射[140]。2012 年，美国国家航空航天局的 GRAIL 任务采用了与 GRACE 相同的测量方式和传感器概念来确定月球重力场[166]。

本次秋季学校由威廉&艾尔斯·贺利斯基金会赞助，于 2015 年 10 月 4 日～9 日在德国巴特洪内夫举办。主办方成功邀请到五位领域内的权威专家参加授课。学员们不仅可以了解到数据分析的重要方法，还能够掌握这些方法的特点、优势和局限性。此外，为加深理解，学员们共同参与了实验准备与指导。在一系列夜间讲座中，还探讨了其他主题，如先进方法引导的未来技术、相对论建模在地球科学中的应用等。来自 16 个国家的约 50 名学生参加了本次秋季学校。他们一致认为该活动准备充分、组织完美、氛围良好，非常有意义。

特别感谢雅各布·弗鲁里教授、马吉德·纳伊米博士、所有演讲者及其同事，感谢德国物理研究所和威廉&艾尔斯·贺利斯基金会！

雷纳·鲁梅尔

2016 年 6 月，德国慕尼黑

致　　谢

感谢全体参与本次秋季学校的授课专家提供了精彩的讲座和练习实例，这些工作使得课后探讨富有成效。他们为本书讲义做出了巨大努力，使本书成为卫星重力场测量领域的重要参考书。此外，还要感谢秋季学校的所有参与者，他们热情营造了富有科学气息而又友善的学习环境。

特别感谢威廉＆艾尔斯·贺利斯基金会的慷慨赞助。还要感谢来自汉诺威阿尔伯特·爱因斯坦研究所的卡斯滕·丹兹曼(Karsten Danzman)教授，他建议本次秋季学校在德国巴特洪内夫物理研究所这个美妙绝伦的地点举办。最后，感谢里丘·玛丽·雪莱(Richu Mary Shelly)对本书排版的大力支持。

课后练习涉及的所有数据、程序和解法可在下列位置找到：

www.geoq.uni-hannover.de/autumnschool-data

http://extras.springer.com

第二章练习中的相关文件可在下列网址下载：

http://aiuws.unibe.ch/WEHeraeusAS2015/Chapter2-OrbitDetermination.zip

马吉德·纳伊米
雅各布·弗鲁里
2016 年 8 月，德国汉诺威

主要贡献者

- 丹尼尔 · 阿诺德，瑞士伯尔尼大学天文研究所
- 斯里尼瓦斯 · 贝塔普尔，美国得克萨斯大学奥斯汀分校空间研究中心
- 克里斯托弗 · 杰凯利，美国俄亥俄州立大学地球科学学院(哥伦布)
- 阿德里安 · 贾吉，瑞士伯尔尼大学天文研究所
- 于尔根 · 库什，德国波恩大学大地测量与地理信息研究所
- 克里斯托弗 · 麦卡洛，美国得克萨斯大学奥斯汀分校空间研究中心
- 安妮 · 斯普林格，德国波恩大学大地测量与地理信息研究所
- 马蒂亚斯 · 韦格特，德国汉诺威莱布尼茨大学大地测量研究所

目　录

序
译者序
原书序
原书前言
致谢
主要贡献者
第 1 章　卫星重力场恢复的参数估计 …… 1
1.1　符号说明 …… 2
1.2　相关文献 …… 2
1.3　高斯-马尔可夫模型 …… 3
1.3.1　高斯-马尔可夫模型的基本假设 …… 3
1.3.2　高斯-马尔可夫模型中的参数估计 …… 6
1.3.3　基于最大似然法的参数估计公式推导 …… 8
1.3.4　方差因子的无偏估计 …… 10
1.3.5　方差-协方差矩阵的外积表示 …… 11
1.4　具有观测权重的高斯-马尔可夫模型 …… 11
1.4.1　其他考虑因素 …… 13
1.4.2　线性函数 …… 18
1.4.3　非线性问题 …… 19
1.4.4　方差分量估计 …… 20
1.5　正则化和有偏估计 …… 21
1.5.1　Tikhonov 估计 …… 22
1.5.2　SVD 和 TSVD …… 25
1.5.3　基于先验信息的估计 …… 26
1.6　课后练习 …… 27
第 2 章　精密轨道确定 …… 31
2.1　精确跟踪数据 …… 31
2.1.1　全球定位系统 …… 31
2.1.2　卫星激光测距 …… 34

2.2　轨道表示 …… 35
2.2.1　运动学轨道 …… 36
2.2.2　动力学轨道 …… 39
2.2.3　简化动力学轨道 …… 41
2.2.4　不同轨道的比较 …… 43
2.3　轨道确定 …… 45
2.3.1　基本方程 …… 45
2.3.2　变分方程 …… 47
2.3.3　参数估计 …… 52
2.3.4　基于 GPS 的 LEO 卫星定轨质量 …… 59
2.3.5　广义轨道确定 …… 62
2.4　课后练习 …… 66
第 3 章　经典变分法 …… 72
3.1　微分校正 …… 72
3.1.1　轨道运动 …… 72
3.1.2　观测 …… 73
3.1.3　公式 …… 73
3.1.4　状态转移矩阵的简单示例 …… 77
3.1.5　小结 …… 77
3.2　最小二乘平差和扰动谱 …… 78
3.2.1　卫星运动模型 …… 78
3.2.2　重组变分问题 …… 80
3.3　课后练习 …… 81
第 4 章　加速度法 …… 85
4.1　引言 …… 85
4.1.1　牛顿运动方程 …… 86
4.1.2　运动学量和动力学量 …… 88
4.2　加速度法的数学描述 …… 89
4.2.1　严格解 …… 92
4.2.2　近似解 …… 107
4.2.3　基于旋转量的推导 …… 109
4.3　课后练习 …… 112
第 5 章　能量守恒法 …… 115
5.1　引言 …… 115
5.1.1　理论观点 …… 115

5.1.2 背景 ······ 116
5.1.3 内容要点 ······ 116
5.2 数学公式 ······ 117
5.2.1 能量守恒方程 ······ 117
5.2.2 时间变量分离 ······ 121
5.2.3 地球定向效应 ······ 125
5.2.4 引力势模型 ······ 126
5.2.5 星星跟踪测量任务中的能量守恒方程 ······ 127
5.3 量级和近似值 ······ 129
5.3.1 动能项 ······ 131
5.3.2 地球自转角速度项 ······ 132
5.3.3 能量耗散项 ······ 135
5.3.4 潮汐模型及其他模型的近似值 ······ 135
5.4 观测方程 ······ 136
5.5 运动学轨道误差分析 ······ 138
5.6 小结 ······ 143
5.7 课后练习 ······ 144
参考文献 ······ 146
结束语 ······ 156

第 1 章　卫星重力场恢复的参数估计

于尔根·库什和安妮·斯普林格

摘要： 简单来说，这里的参数估计是从不确定、错误、冲突，甚至可能同时不完整的数据中，提取地球物理系统或测量系统中具有明确定义的相关值最佳猜测的过程。我们可以通过直接观测的方式，从数据中得到有关所需参数的信息，但是在很多情况下数据与所需参数之间的关系是间接的。实际上，我们永远无法找到“绝对真实”的参数，但可以寻求在某方面最佳的估计参数，比如对于给定类型的数据该估计参数传播误差最小。

所有的自然科学以及与“经验性”相关的大部分社会科学，都会面临参数估计这一问题。在卫星重力场测量领域，地球物理场是所要求解的相关量，它包含无限阶次的待定位系数，并且没有最佳的截断阶次，这使得标准方法和流传数百年的方法[如最小二乘(least square，LS)法]的应用更加复杂，并造成了来自不同学术背景的数据分析师之间工作的混乱。基于泛函分析的构造逼近理论提供了一种将问题转化为求解有限数量参数的现代方法，并且不会遗漏掉重要细节。但是，逼近理论的误差界限取决于一些非常抽象的概念，比如描述空间光滑性的核函数等。

由于上述原因，在卫星重力场测量领域中最小二乘法及其他算法都会受到质疑。然而，最小二乘法也存在一定优势，它不仅易于应用，而且可对实际测量系统引入的不确定性进行误差估计并提供解决方法。

最小二乘法可以解决当前重力卫星数据分析中面临的一些挑战：①高效处理大量数据，获取所需的多项参数；②全面量化数据误差和球谐分析中的背景模型误差带来的影响，并定量评价由此衍生的科学成果；③在存在不一致性的情况下，将不同仪器、卫星和处理链的数据集不间断地组合起来。这种不一致性是已知存在的，但很难被精准确定，并且从基本原则的角度来看其移除成本过高。

最小二乘法的发展源于对拟合方法的需求，这种拟合方法在古代已经实现，在最早的天文/大地观测中就涉及地球半径以及月球、地球轨道半径的拟合[109]。众所周知，在大地测量领域中，为确定椭球形地球的扁率，人们进行了子午线测量。在这些测量过程中，我们无法直接从一个单独的测量中导出所需参数，而是对测量数据进行了平均处理。拉普拉斯(Laplace)提出了几种拟合方法，可以用于减小误差，例如早期用于减小拟合椭球面和数据点之间的最大误差，后来用于减小误差的平均绝对值，使全部误差的绝对值总和为零。这些拟合工作受到了意大利天文学家和数学家博斯科维奇(Boscovitch)的影响，这位并不为人所熟知的学者致力于研究拟合问题，首次提出了“平差理论”的这一基本原理。勒让德(Legendre)提出了可用于弧度测量分析的最小二乘标准方程。尽管当时并未采用矩阵表示法，高斯(Gauss)提出了我们今天所知的加权最小二乘法，他将最小二乘法用于行星及小行星轨道确定，也用于大规模三角测量校准中。

这些讲义是根据“基于星星跟踪测量的全球重力场恢复”国际秋季学校讲座编写的，该秋季学校于 2015 年 10 月 4 日～9 日在德国巴特洪内夫举办，主办方为 DFG 下属的协同研究中心项目团队“geo-Q”。国际秋季学校的主旨是向来自不同学术背景的学生们介绍重力卫星数据分析中有关参数估计的一些常见而有用的概念，例如求解一组球谐系数。讲座的重点在于介绍概念，因此省略了技术性证明。

1.1 符号说明

矢量由 $\boldsymbol{a}$、$\boldsymbol{x}$ 等小写字母表示，矩阵则由 $\boldsymbol{A}$、$\boldsymbol{X}$ 等大写字母表示。这样可以使符合表示更加统一，但是更重要的目的是区分随机变量与它们的实现。

$E(\cdot)$ 表示期望算子，$D(\cdot)$ 表示方差算子，$\hat{}$ 表示参数的估计值，注意 $\hat{c}^2$ 和 $\widehat{c^2}$ 不同。

$Y_{nm}(\lambda,\theta)$ 表示球谐函数，当 $m>0$ 时它等于 $C_{nm}(\lambda,\theta)$；当 $m<0$ 时它等于 $S_{nm}(\lambda,\theta)$。这些函数默认是完全规格化的，因而省略了上横线符号。

1.2 相关文献

平差问题在不同的科学领域得到了研究，因而存在大量的关于平差问题的参考文献。这里，我们对大地测量领域文献进行有选择性的概述。

文献[109]详细描述了最小二乘法平差理论的发展历史，同时列举了几个经典的大地测量问题，比如与地球形状相关的问题。为深入了解平差理论及统计学领域问题，我们推荐文献[85]。文献[13]从一位应用数学家的视角来探讨这个问题，主要集中于离散型最小二乘问题，其中包括有效求解器的设计问题。对于卫星重力场测量领域的文献，我们重点推荐文献[127]，它讨论了以去相关和迭代解为核心的大型平差问题数值策略。文献[22]进一步拓展了上述工作，解决了大规模并行编程环境下利用最小二乘法求解重力场参数的若干问题。文献[19]综述了可应用于无约束和有约束条件下的全球重力场分析/求解的质量度量问题。

卫星重力场恢复是一种不适定问题，解决该问题的关键在于正则化。文献[33]针对 GOCE 重力场测量中的正则化问题开展了深入研究。方差分量估计(variance-component estimation，VCE)是正则化参数选择的有效方法，1979 年发表的开创性论文[40]提出了 VCE 方法的迭代过程。如果想了解最大似然框架下方差分量估计的理论推导与证明，文献[84]是很好的参考材料。文献[87]对方差分量估计进行了更深入的研究，并与 Lerch 最优加权法进行了比较，此外还介绍了一种可用于方差分量估计的蒙特卡罗方法。文献[145]对几种适用于地球重力场恢复的方差分量估计方法进行了全面讨论，其中包括对辅助参数的假设检验。

1.3　高斯-马尔可夫模型

在对测量数据 $y_i, i=1,2,\cdots,n$ 的统计分析中，最重要的模型之一就是高斯-马尔可夫模型(Gauss-Markov model，GMM)。

现代大地测量领域的很多问题无法通过高斯-马尔可夫模型来表示，需要应用参数估计理论，包括整数-浮点数混合估计[例如，在全球导航卫星系统(global navigation satellite system，GNSS)模糊度解算问题中]、乘性噪声估计(例如，在雷达测高和 InSAR 中)、分类问题(例如，在测高和遥感中)等。

1.3.1　高斯-马尔可夫模型的基本假设

在高斯-马尔可夫模型使用中，我们假设：①数据的数学期望可以与一组未知但固定的参数 $x_j, j=1,2,\cdots,m$ 线性相关，不严格地讲，这里的数据要求是无错误的；②使用者熟练掌握数据误差的方差和协方差知识。

高斯-马尔可夫模型提供的分析框架非常通用，例如它可以应用于时间序列分析。与待估参数相关的信息可以同时在不同的地点采集，也可以利用同一设备在不同的时刻采集，或者是在这些情况简单组合的条件下采集。

1.3.1.1　高斯-马尔可夫模型公式

采用矢量形式来表示数据和参数，高斯-马尔可夫模型最基本的公式如下：

$$E(\boldsymbol{y})=\boldsymbol{A}\boldsymbol{x},\ D(\boldsymbol{y})=\sigma^2\boldsymbol{I} \tag{1.1}$$

其中，$\boldsymbol{y}$ 是大小为 $n\times1$ 的数据矢量；$\boldsymbol{x}$ 是大小为 $m\times1$ 的参数矢量；$\boldsymbol{A}$ 是满秩的 $n\times m$ 观测方程矩阵或设计矩阵；σ^2 为方差因子。假设所有的观测量具有相同的误差方差，且互不相关。

期望 $E(\boldsymbol{y})$ 和方差 $D(\boldsymbol{y})$ 可表示为

$$E(\boldsymbol{y})=\int \boldsymbol{y}p(\boldsymbol{y})\mathrm{d}\boldsymbol{y},\ \ D(\boldsymbol{y})=E\left[\left(\boldsymbol{y}-E(\boldsymbol{y})\right)\left(\boldsymbol{y}-E(\boldsymbol{y})\right)^{\mathrm{T}}\right]$$

不严格地来讲，期望$E(\boldsymbol{y})$可以对无限数量的数据矢量取平均值得到，其中每个观测量出现的频率用概率密度函数$p(\boldsymbol{y})$表示。方差可以通过计算无限数量的数据矢量与其期望的偏差，进而计算每个偏差与其转置乘积的期望得到。在对角线上，$D(y_i)=D(y_i,y_i)=E\left(y_i-E(y_i)\right)^2=E\left(e_i^2\right)$为误差方差；在非对角线上，$D\left(y_i,y_j\right)=E\left[\left(y_i-E(y_i)\right)\left(y_j-E\left(y_j\right)\right)\right]=E\left(e_ie_j\right)$为误差协方差。这里假设协方差为 0。

对于未知的观测误差$e_i,i=1,2,\cdots,n$，存在

$$\boldsymbol{y}+\boldsymbol{e}=\boldsymbol{A}\boldsymbol{x},\ \ E(\boldsymbol{e})=\boldsymbol{0},\ \ D(\boldsymbol{e})=\boldsymbol{C}_{ee}=\sigma^2\boldsymbol{I} \tag{1.2}$$

也就是说，对于第i个观测量，$D(e_i)=E\left(e_i^2\right)$可以通过对${e_i^{(k)}}^2$取平均得到，$D\left(e_i,e_j\right)=E\left(e_ie_j\right)$可以通过对$e_i^{(k)}e_j^{(k)}$取平均得到。其中，$k\to\infty$。

1.3.1.2 高斯-马尔可夫模型的性质

在式(1.1)中，$\boldsymbol{y}$为观测值矢量。矩阵$\boldsymbol{A}$是已知的，它反映了观测矢量与待估参数$\boldsymbol{x}$之间的数学或物理联系，是将可观测变量与隐藏参数相关联的模型。这里，仅考虑$n>m$这种最常见的情况，即观测数据比待估参数的个数多。显然，矩阵$\boldsymbol{A}$具有不同的数学形式，这与待估参数$\boldsymbol{x}$的定义有关。

例 1.1

利用一组观测量拟合多项式，第一种模型为

$$y(t_i)+\varepsilon_i=a_0+(t_i-t_0)a_1+\frac{1}{2}(t_i-t_0)^2a_2$$

第二种模型为

$$y(t_i)+\varepsilon_i=b_0+t_ib_1+t_i^2b_2$$

很明显，$a_0=b_0, a_1+2t_0a_2=b_1, t_0^2a_2/2=b_2$。在第一种模型中，设计矩阵的第$i$行$\boldsymbol{a}_i$对应第$i$个观测值，$\boldsymbol{a}_i=\left[1,(t_i-t_0),(t_i-t_0)^2/2\right]$。

待估参数$\boldsymbol{x}$是未知的，但也是确定不变的、非随机的。这一点与贝叶斯分析方法是不同的，因为在后者中待估参数被认为是随机的，需要指定待估参数的概率分布函数。在贝叶斯分析中，上述模型可表示为

$$E\left(\boldsymbol{y}|\boldsymbol{x}\right)=\boldsymbol{Ax},\ D\left(\boldsymbol{y}|\sigma^2\right)=\sigma^2\boldsymbol{I}$$

其中，$\cdot|\boldsymbol{x}$、$\cdot|\sigma^2$ 分别表示在待估参数 $\boldsymbol{x}$ 和 σ^2 给定的条件下。

当进行重力场参数估计时，需要建立均匀采样的测量序列 $y_i=y\left(t_i\right)$(如重力卫星测量中的测距数据)与地球重力场中的球谐系数 C_{nm}、S_{nm} 之间的联系。另一方面，我们可以从时间序列的角度看待测量数据流，将 p 个连续样本在特定的时间窗口内拟合到与重力场无关的简单模型中，如简单多项式、切比雪夫多项式等。在不引入新的误差的条件下，上述公式改写为 $\boldsymbol{y}=\boldsymbol{Ax}$，该方程不唯一且无解，至少对于一个给定的测量数据矢量是无解的。暂时假设 $\boldsymbol{A}$ 矩阵满秩，后面可以把这一条件放松。

按照定义，观测误差 $\boldsymbol{e}$ 是未知的。另外，在公式中无须假设误差呈正态分布。在高斯-马尔可夫模型中，数据误差被认为是随机的，所做的唯一假设是它们的期望值为零，并且其协方差矩阵中某些因子已知。特别需要说明的是，我们无须假设误差服从正态分布。这意味着有

$$E\left(\boldsymbol{e}\right)=\int \boldsymbol{e}p\left(\boldsymbol{e}\right)\mathrm{d}\boldsymbol{e}=\boldsymbol{0},\ \ D\left(\boldsymbol{e}\right)=E\left(\boldsymbol{ee}^{\mathrm{T}}\right)=\sigma^2\boldsymbol{I}$$

假设方差因子 σ^2 是未知的，需要进行估计。事实上，在高斯-马尔可夫模型的标准解中不需要用到 σ^2 值，因此可以根据从观测数据到“预测数据”的拟合结果来估计。为保证观测值的先验精度，通常使用一个整体比例因子来确定方差因子。如果数据误差方差的先验假设成立，那么可以估计出一个接近 1 的方差因子。同时，这就意味着如果事先已知 σ^2 值，对它进行估计也会是一个很好的检验。上述分析中假设误差协方差矩阵为对角矩阵，后面可以将这一假设放松。

1.3.1.3　高斯-马尔可夫模型的一般化

在高斯-马尔可夫模型中，可以将所有的单个观测结果 y_i 与未知参数相关联。但是实际上，在一个方程中可能会有多个观测结果。这样，就会出现更多通用模型，即更多地将原始数据与未知数据相关联的线性函数，比如 $\boldsymbol{By}+\boldsymbol{e}=\boldsymbol{Ax}$，这里不考虑这些情况。其中的一个例子是雷达测量中用于表示散斑噪声的乘性噪声模型，比如 $y_i=\varepsilon_i\boldsymbol{a}_i^{\mathrm{T}}\boldsymbol{x}$，其中 $E\left(\varepsilon_i\right)=1$。

在实际情况中，矩阵 $\boldsymbol{A}$ 中经常包含观测量。例如，在卫星重力场测量中，需要利用卫星轨道数据来构造矩阵 $\boldsymbol{A}$ 中的元素。矩阵 $\boldsymbol{A}$ 中的观测误差可能非常关键，但事实上在标准高斯-马尔可夫模型中并没有考虑这一误差。有一些矩阵考虑了随机误差更通用的统计模型，比如高斯-赫尔默特模型(Gauss-Helmert model)、变量误差和整体最小二乘模型[$\boldsymbol{y}+\boldsymbol{e}=(\boldsymbol{A}+\boldsymbol{E})\boldsymbol{x}, E(\boldsymbol{E})=0$]等，但是这些模型通常难以

应用。在重力场测量领域，更常见的做法是将这些误差参数化，即将它们与确定性参数相关联，这样也会增加参数矢量的长度。

1.3.2 高斯-马尔可夫模型中的参数估计

在上述模型中，数据及其误差的“真实值”是未知的，因此只能推断出参数矢量 $\boldsymbol{x}$ 的统计估计值 $\hat{\boldsymbol{x}}$。统计估计值的精度取决于未知的数据误差，因此估计值相对期望的偏差也是未知的。因此，我们希望能够定理确定估计 $\hat{\boldsymbol{x}}$ 时的统计不确定性。通常，这意味着需要推导协方差矩阵 $D(\hat{\boldsymbol{x}})$ 的估计值。

为实现这一目的，需要引入统计理论，基于某种原理将一些可以合理解释的量最小化，从而实现估计过程。换句话说，我们需要将合理性引入数学框架中。对于上述模型而言，最佳线性无偏估计(best linear unbiased estimation，BLUE)、最小二乘法和最大似然(maximum likelihood，ML)法假设误差服从高斯概率密度函数(probability density function，PDF)分布，可以得到相同的参数估计结果：

$$\hat{\boldsymbol{x}} = \left(\boldsymbol{A}^{\mathrm{T}}\boldsymbol{A}\right)^{-1}\boldsymbol{A}^{\mathrm{T}}\boldsymbol{y} \tag{1.3}$$

当 $E\left(\hat{\boldsymbol{x}}\right)=\boldsymbol{x}$ 时，定义该估计过程为无偏估计。这意味着，如果能够采集到的同类观测数据越多，那么估计值就越接近真实值。在这种情况下有

$$E\left(\hat{\boldsymbol{x}}\right)=E\left[\left(\boldsymbol{A}^{\mathrm{T}}\boldsymbol{A}\right)^{-1}\boldsymbol{A}^{\mathrm{T}}\boldsymbol{y}\right]=\left(\boldsymbol{A}^{\mathrm{T}}\boldsymbol{A}\right)^{-1}\boldsymbol{A}^{\mathrm{T}}\boldsymbol{A}\boldsymbol{x}=\boldsymbol{x}$$

这说明估计是无偏的。在高斯-马尔可夫模型中，无偏估计通常称为线性回归。通过对观测数据的加权组合得到估计值。如果观测数据误差服从正态分布，那么估计误差也服从正态分布。显然，计算 $\hat{\boldsymbol{x}}$ 时不需要已知方差因子的值。

通常，使用法方程矩阵 $\boldsymbol{N}$ 和右端矢量 $\boldsymbol{r}$ 来表示上述估计：

$$\hat{\boldsymbol{x}}=\left(\boldsymbol{N}\right)^{-1}\boldsymbol{r},\ \boldsymbol{N}=\boldsymbol{A}^{\mathrm{T}}\boldsymbol{A},\ \boldsymbol{r}=\boldsymbol{A}^{\mathrm{T}}\boldsymbol{y}$$

为强调该估计的线性性质，可将其重新表示为

$$\hat{\boldsymbol{x}}=\boldsymbol{L}\boldsymbol{y},\ \boldsymbol{L}=\left(\boldsymbol{A}^{\mathrm{T}}\boldsymbol{A}\right)^{-1}\boldsymbol{A}^{\mathrm{T}}$$

例 1.2

假设在卫星地心距为 r 的高度上测量得到地球引力势，即观测数据是在以地心为球心、以 r 为半径的球面上获得的。在空域法中，一组观测数据是以一个平均球面为参考、在球面上下不同的高度上获得的，这时可以将高度差乘以地球引力势作为垂直方向上的引力梯度。我们主要是为了确定地球重力场的球谐系数 v_{nm}。在这个非常简化的观测条件下，对于单次观测 $y_i=y\left(\lambda_i,\theta_i\right)$ 而言，有

$$y_i + e_i = \sum_{n=0}^{\infty} \sum_{m=-n}^{n} \left(\frac{a}{r}\right)^{n+1} Y_{nm}(\lambda_i, \theta_i) v_{nm} \tag{1.4}$$

其中，a 是与球谐系数相关的平均半径，其他参数定义如下：

$$Y_{nm}(\lambda,\theta) = \begin{cases} P_{nm}(\cos\theta)\cos(m\lambda) \\ P_{n|m|}(\cos\theta)\sin(|m|\lambda) \end{cases}, \quad v_{nm} = \begin{cases} c_{nm} \\ s_{n|m|} \end{cases}$$

显然，为了能够在高斯-马尔可夫框架下进行数据拟合，需要将级数阶段到一定的阶数 $\bar{n}$ 。定义

$$\boldsymbol{y} = \begin{bmatrix} y(\lambda_1,\theta_1) \\ \vdots \\ y(\lambda_n,\theta_n) \end{bmatrix}, \quad \boldsymbol{A} = \begin{bmatrix} \left(\frac{a}{r}\right)^1 Y_{00}(\lambda_1,\theta_1) & \cdots & \left(\frac{a}{r}\right)^{\bar{n}+1} Y_{\overline{nn}}(\lambda_1,\theta_1) \\ \left(\frac{a}{r}\right)^1 Y_{00}(\lambda_n,\theta_n) & \cdots & \left(\frac{a}{r}\right)^{\bar{n}+1} Y_{\overline{nn}}(\lambda_n,\theta_n) \end{bmatrix}$$

根据式(1.4)可以得到估计值如下：

$$\hat{\boldsymbol{x}} = \begin{bmatrix} \hat{v}_{00} \\ \vdots \\ \hat{v}_{\overline{nn}} \end{bmatrix}$$

有趣的是，最小二乘估计 $\hat{\boldsymbol{x}} = \boldsymbol{N}^{-1}\boldsymbol{r} = \boldsymbol{W}\boldsymbol{r}$ 看起来很像是对离散数据进行具有特定权重的积分运算：

$$\hat{\boldsymbol{r}} = \boldsymbol{A}^{\mathrm{T}}\boldsymbol{y} = \begin{bmatrix} \hat{r}_{00} \\ \vdots \\ \hat{r}_{\overline{nn}} \end{bmatrix}, \quad r_{nm} = \sum_i \left(\frac{a}{r}\right)^{n+1} Y_{nm}(\lambda_i,\theta_i) y_i$$

$$\boldsymbol{N} = \begin{bmatrix} N_{00;00} & \cdots & N_{00;\overline{nn}} \\ N_{00;\overline{nn}} & \cdots & N_{\overline{nn};\overline{nn}} \end{bmatrix}, \quad N_{nm;n'm'} = \sum_i \left(\frac{a}{r}\right)^{n+n'+2} Y_{nm}(\lambda_i,\theta_i) Y_{n'm'}(\lambda_i,\theta_i)$$

可以看出，这与积分公式 $\int_{\Omega} Y_{nm}(\cdot) Y_{n'm'}(\cdot) \mathrm{d}\cdot$ 非常类似。

显然，参考半径 a 的选择会影响法方程的条件数。所选择的 a 越接近卫星轨道高度 r，$\frac{a}{r}$ 和 $\left(\frac{a}{r}\right)^{n+n'+2}$ 越接近 1。在球谐系数归一化的条件下，所有的主对角元素具有相同的量级。以这种方式确定的位系数描述卫星所在高度的引力势，假如我们要利用这些系数推导大地水准面高，则必须增加 $\left(\frac{a}{r}\right)^{n+1}$ 项，这会产生向下延拓问题，带来因阶数增加而产生的不稳定性。

假设所有的观测量互不相关，并且经过很长的时间完成数据观测，比如沿卫

星轨道进行多年数据观测。从数值计算的角度看，批量甚至单次观测数据都可以“即时地”融入法方程中。单次观测可以表示为

$$y_i + e_i = \boldsymbol{a}_i^{\mathrm{T}} \boldsymbol{x} \tag{1.5}$$

其中，$\boldsymbol{a}_i^{\mathrm{T}}$ 构成设计矩阵的一行元素，这样相应的法方程为

$$\boldsymbol{N}_i = \boldsymbol{a}_i \boldsymbol{a}_i^{\mathrm{T}}, \ \boldsymbol{r}_i = \boldsymbol{a}_i \boldsymbol{y} \tag{1.6}$$

使用库程序可以非常有效地计算外积，并且及时地更新 $\boldsymbol{N} = \sum_i \boldsymbol{N}_i$。在卫星重力场测量问题中，当观测数据分布非常密集且位于相似的轨道高度上，同时假设观测数据不存在两极测量空白且按区域对观测数据进行加权时，法方程矩阵近似为块对角矩阵。实际上，必须满足离散正交条件才能创建块对角矩阵，该矩阵允许使用经过特殊设计的求解器。

例 1.3

基于给定卫星轨道上引力势的无误差模拟值，利用式(1.4)估计引力位系数，得到一个近似块对角形式的法方程矩阵，如图 1.1 所示。可知，次数相同的位系数之间存在强相关性。

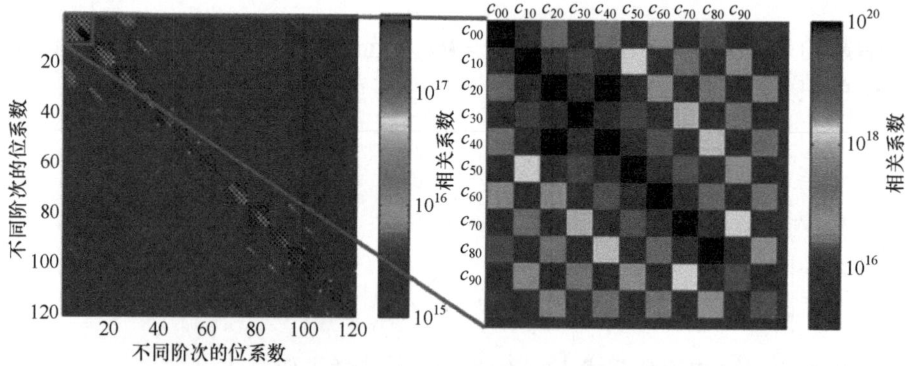

图 1.1 基于地球引力势仿真数据，利用式(1.4)得到用于估计球谐系数的法方程矩阵。根据 GRACE 卫星真实卫星轨道模拟引力势，时间长度为 1 个月，轨道高度 480km，采样间隔为 60s。法方程矩阵中的引力位系数最大阶次为 10。按照次数优先的顺序排列参数矢量中的位系数，对于每个次数先排列余弦分量，然后排列正弦分量。次数相同的位系数之间存在很强的相关性

1.3.3 基于最大似然法的参数估计公式推导

如前所述，基于不同的原理均可推导出式(1.3)所示的估计值，这意味着该式在很多情况下均具有最优性，这也是其受到广泛应用的原因。

出于教学考虑，选择最大似然法来推导估计量。在其他领域中，最大似然法

也被用于推导估计量，如乘性噪声相关问题估计、极值估计等。

在最大似然方法中，需要假定已知观测数据的概率密度函数。在卫星重力场测量中，通常假定噪声服从高斯分布 $N(\cdot)$ 。这意味着需要在式(1.2)中增加假设

$$\boldsymbol{y} \sim N\left(\boldsymbol{A}\boldsymbol{x}, \sigma^2\boldsymbol{I}\right) \tag{1.7}$$

其中，“～”表示“分布为”。在最大似然法中，观测数据 $\boldsymbol{y}$ 的概率密度函数存在若干自变量，在高斯-马尔可夫模型中自变量为 $\boldsymbol{x}$、σ^2 。选择恰当的自变量，使得观测到给定数据的概率最大。在通常情况下，这需要基于数值法进行优化计算，但是在高斯-马尔可夫模型中存在与最小二乘估计一致的解析解。在卫星重力场测量问题中，最大似然法可以简单理解为：在所有可能出现的重力场中，选择最有可能产生观测轨道及测距数据的重力场。

考虑到多元高斯分布的概率密度函数以及前述内容，得到似然函数为

$$L\left(\boldsymbol{y}, \boldsymbol{x}, \sigma^2\right) = \frac{1}{\left(2\pi\sigma^2\right)^{n/2}} \mathrm{e}^{-\frac{(\boldsymbol{y}-\boldsymbol{A}\boldsymbol{x})^{\mathrm{T}}(\boldsymbol{y}-\boldsymbol{A}\boldsymbol{x})}{2\sigma^2}} \tag{1.8}$$

通过使上述函数取极大值，得到 $\boldsymbol{x}$、σ^2 的最大似然估计。通常用对数似然 $\ln L$ 替换 L，因为这两个函数的极值出现在相同的位置上。令 $\ln L$ 对 $\boldsymbol{x}$、σ^2 的偏微分为 0，得

$$\frac{\partial \ln L\left(\boldsymbol{y}, \boldsymbol{x}, \sigma^2\right)}{\partial \boldsymbol{x}} = \boldsymbol{0}, \quad \frac{\partial \ln L\left(\boldsymbol{y}, \boldsymbol{x}, \sigma^2\right)}{\partial \sigma^2} = 0 \tag{1.9}$$

由于

$$\ln L\left(\boldsymbol{y}, \boldsymbol{x}, \sigma^2\right) = -\frac{n}{2}\ln 2\pi - \frac{n}{2}\ln\sigma^2 - \frac{1}{2\sigma^2}(\boldsymbol{y}-\boldsymbol{A}\boldsymbol{x})^{\mathrm{T}}(\boldsymbol{y}-\boldsymbol{A}\boldsymbol{x})$$

可以得到如下两个关系式：

$$\begin{cases} \dfrac{\partial \ln L\left(\boldsymbol{y}, \boldsymbol{x}, \sigma^2\right)}{\partial \boldsymbol{x}} = -\dfrac{1}{2\sigma^2}\dfrac{\partial}{\partial \boldsymbol{x}}\left(-2\boldsymbol{y}^{\mathrm{T}}\boldsymbol{A}\boldsymbol{x} + \boldsymbol{x}^{\mathrm{T}}\boldsymbol{A}^{\mathrm{T}}\boldsymbol{A}\boldsymbol{x}\right) = 0 \\ \dfrac{\partial \ln L\left(\boldsymbol{y}, \boldsymbol{x}, \sigma^2\right)}{\partial \sigma^2} = -\dfrac{n}{2\sigma^2} + \dfrac{1}{2\sigma^4}(\boldsymbol{y}-\boldsymbol{A}\boldsymbol{x})^{\mathrm{T}}(\boldsymbol{y}-\boldsymbol{A}\boldsymbol{x}) = 0 \end{cases}$$

根据第一个关系式可以得到估计式(1.3)，根据第二个关系式可得

$$\widehat{\sigma^2}_{\mathrm{ML}} = \frac{1}{n}(\boldsymbol{y}-\boldsymbol{A}\hat{\boldsymbol{x}})^{\mathrm{T}}(\boldsymbol{y}-\boldsymbol{A}\hat{\boldsymbol{x}})$$

方差因子 σ^2 的最大似然估计是有偏的。这就是说，基于不同的估计准则将得到不同估计结果。在实际应用中，我们更倾向于使用下面讨论的无偏估计。但是，无偏估计无法使获取观测数据的概率最大化。对于所有比简单高斯线性模型情况更复杂且存在噪声的估计问题，必须考虑估计量的模糊性，并且基于相关问题基本原理之间的相关性选择估计方法。

通常，人们认为噪声的高斯性是理所当然的，因为中心极限定理表明，大量相互独立的、具有任意概率密度函数误差，其极限服从高斯分布。然而，实际应用中存在许多反例。例如，雷达观测系统就是一个典型的例子(存在散斑噪声)。更为重要的是，在卫星重力场测量领域中已经多次证明地球物理相关的噪声是非高斯的，例如与气候或简单模型相关的信号异常。

1.3.4　方差因子的无偏估计

方差因子的无偏估计 $E\left(\widehat{\sigma^2}\right)=\sigma^2$ 是根据数据残差公式 $\hat{\boldsymbol{e}}=\boldsymbol{y}-\boldsymbol{A}\hat{\boldsymbol{x}}$ 得到的，即

$$\widehat{\sigma^2}=\frac{\Omega}{n-m},\quad \Omega=\left(\boldsymbol{y}-\boldsymbol{A}\hat{\boldsymbol{x}}\right)^{\mathrm{T}}\left(\boldsymbol{y}-\boldsymbol{A}\hat{\boldsymbol{x}}\right) \tag{1.10}$$

其中，Ω 是残差平方和(residual square sum，RSS)，残差反映了误差的估计值(误差是未知的)。假设数据误差的概率密度函数服从正态分布，则残差也服从正态分布，结果表明 $\widehat{\sigma^2}$ 服从 χ^2 分布。因此，在实际问题中，应检查残差 $\hat{\boldsymbol{e}}$ 的直方图是否与高斯分布下的情况类似。

方差因子的估计表明，不同的估计准则会产生不同的估计值。$\widehat{\sigma^2}$ 的最大似然估计为 Ω/n，但是它是一个有偏估计。在实际应用中，一般不会考虑式(1.10)推出的 $\widehat{\sigma^2}$ 无偏估计，而会选择 $\widehat{\sigma^2}$ 的平方根，但严格来讲后者不一定就是 σ 的无偏估计。

考虑到 $\hat{\boldsymbol{x}}=\boldsymbol{L}\boldsymbol{y}$，得到估计值 $\hat{\boldsymbol{x}}$ 的误差协方差矩阵为

$$D\left(\hat{\boldsymbol{x}}\right)=\boldsymbol{L}D\left(\boldsymbol{y}\right)\boldsymbol{L}^{\mathrm{T}}=\left(\boldsymbol{A}^{\mathrm{T}}\boldsymbol{A}\right)^{-1}\boldsymbol{A}^{\mathrm{T}}\left(\sigma^2\boldsymbol{I}\right)\boldsymbol{A}\left(\boldsymbol{A}^{\mathrm{T}}\boldsymbol{A}\right)^{-1}=\sigma^2\left(\boldsymbol{A}^{\mathrm{T}}\boldsymbol{A}\right)^{-1} \tag{1.11}$$

或者表示为

$$D\left(\hat{\boldsymbol{x}}\right)=\boldsymbol{C}_{\hat{x}}=\sigma^2\boldsymbol{N}^{-1}$$

将 σ^2 的估计值代入上式，可得

$$\hat{\boldsymbol{C}}_{\hat{x}}=\widehat{\sigma^2}\boldsymbol{N}^{-1}$$

1.3.5　方差-协方差矩阵的外积表示

假设 $\boldsymbol{a}$ 是一个由随机变量组成的矢量，如数据矢量 $\boldsymbol{y}$、参数矢量估计值 $\hat{\boldsymbol{x}}$ 或关于参数 $\hat{\boldsymbol{z}}$ 的某些线性函数的估计。

在卫星重力场测量中，矢量 $\boldsymbol{a}$ 的方差-协方差矩阵(variance-covariance matrix，VCM) $\boldsymbol{C}_{aa}$ 被应用于很多问题中，如引力分析、误差传播分析、数据同化等。VCM 可作为不同分析工程师交流沟通的对象。

根据定义，矢量 $\boldsymbol{a}$ 的协方差矩阵为

$$D(\boldsymbol{a}) = E\left[(\boldsymbol{a} - E\boldsymbol{a})(\boldsymbol{a} - E\boldsymbol{a})^{\mathrm{T}}\right]$$

假设针对矢量 $\boldsymbol{a}$，有一个足够大的样本集 $\boldsymbol{a}_{(i)}$，那么有

$$\overline{\boldsymbol{C}}_{aa} = \frac{1}{N_i}\sum\left(\boldsymbol{a}_{(i)} - \overline{\boldsymbol{a}}\right)\left(\boldsymbol{a}_{(i)} - \overline{\boldsymbol{a}}\right)^{\mathrm{T}}$$

其中，

$$\overline{\boldsymbol{a}} = \frac{1}{N_i}\boldsymbol{a}_{(i)} \tag{1.12}$$

在 $N_i \to \infty$ 的条件下，式(1.12)给出了 $D(\boldsymbol{a})$ 的近似值。$\overline{\boldsymbol{C}}_{aa}$ 以外积的形式反映了秩为 N_i 的协方差近似值，它有时也称为方差-协方差矩阵的蒙特卡罗表示。这一表示的优点和缺点如下。

优点：①方差-协方差矩阵的外积表示易于使用，可应用于误差传播问题。例如，从球谐系数到径向轨道误差的传播分析在雷达测高中非常重要，它可以通过 N_i 次轨道积分和最终的取平均值得到；②方差-协方差矩阵的外积表示适用于非线性误差传播；③观测样本不一定相互独立，这为改进型的蒙特卡罗采样提供了途径，如 Gibbs 采样或 Metropolis-Hastings 采样。

缺点：①上述 $\overline{\boldsymbol{C}}_{aa}$ 存在秩亏，即使样本数等于矩阵维数，也无法保证矩阵满秩；②在特定的问题中，很难找到一个有用的规则来确定获得良好近似值所需要的样本数量。

1.4　具有观测权重的高斯-马尔可夫模型

在许多实际应用中，需要融合具有不同特征的观测数据，如来自不同传感器的数据或不同物理量的观测数据。一方面，假设已知某些观测量的精度不如其他观测量，那么很自然在设计估计方法时需要考虑这一点。另一方面，当存在多个

物理量的观测数据时，某个数据集单位的微小改变可能导致不同的结果，这是我们不希望看到的。为此，将高斯-马尔可夫模型表示成更通用的形式：

$$E(\boldsymbol{y})=\boldsymbol{A}\boldsymbol{x},\ D(\boldsymbol{y})=\sigma^2\boldsymbol{P}^{-1}$$

假设已知数据的协方差矩阵 $\boldsymbol{P}^{-1}$，当然这取决于某些总体因素。这就是说，我们清楚数据的具体差异，并且已知或假设已知观测数据之间的相关性。上述模型隐含地假设协方差矩阵的逆即正定权重矩阵 $\boldsymbol{P}$ 存在。因此，我们无法使方差为 0，方差为 0 对应“完美”的观测数据。

为推导出上述模型中的估计量和其他性质，通常需要对权重矩阵进行分解，并使用原始形式重新表示上述内容。基于权重矩阵 $\boldsymbol{P}$ 的 Cholesky 分解 $\boldsymbol{G}$，可得

$$\boldsymbol{P}=\boldsymbol{G}\boldsymbol{G}^{\mathrm{T}},\ \overline{\boldsymbol{A}}=\boldsymbol{G}^{\mathrm{T}}\boldsymbol{A},\ \overline{\boldsymbol{y}}=\boldsymbol{G}^{\mathrm{T}}\boldsymbol{y},\ \overline{\boldsymbol{e}}=\boldsymbol{G}^{\mathrm{T}}\boldsymbol{e}$$

上述高斯-马尔可夫模型表示为

$$E(\overline{\boldsymbol{y}})=\overline{\boldsymbol{A}}\boldsymbol{x},\ D(\overline{\boldsymbol{y}})=\sigma^2\boldsymbol{I}$$

这样就得到最佳线性无偏估计、最大似然估计和最小二乘估计等不同估计方法下参数矢量估计值的表示：

$$\hat{\boldsymbol{x}}=\left(\overline{\boldsymbol{A}}^{\mathrm{T}}\overline{\boldsymbol{A}}\right)^{-1}\overline{\boldsymbol{A}}^{\mathrm{T}}\overline{\boldsymbol{y}}=\left(\boldsymbol{A}^{\mathrm{T}}\boldsymbol{P}\boldsymbol{A}\right)^{-1}\boldsymbol{A}^{\mathrm{T}}\boldsymbol{P}\boldsymbol{y} \tag{1.13}$$

类似地，得到方差因子为

$$\widehat{\sigma^2}=\frac{\Omega}{n-m} \tag{1.14}$$

其中，

$$\Omega=\left(\overline{\boldsymbol{y}}-\overline{\boldsymbol{A}}\hat{\boldsymbol{x}}\right)^{\mathrm{T}}\left(\overline{\boldsymbol{y}}-\overline{\boldsymbol{A}}\hat{\boldsymbol{x}}\right)=\left(\boldsymbol{y}-\boldsymbol{A}\hat{\boldsymbol{x}}\right)^{\mathrm{T}}\boldsymbol{P}\left(\boldsymbol{y}-\boldsymbol{A}\hat{\boldsymbol{x}}\right)=\hat{\boldsymbol{e}}^{\mathrm{T}}\boldsymbol{P}\hat{\boldsymbol{e}} \tag{1.15}$$

参数矢量的协方差矩阵为

$$D(\hat{\boldsymbol{x}})=\boldsymbol{C}_{\hat{x}}=\sigma^2\left(\boldsymbol{A}^{\mathrm{T}}\boldsymbol{P}\boldsymbol{A}\right)^{-1},\ \hat{\boldsymbol{C}}_{\hat{x}}=\widehat{\sigma^2}\left(\boldsymbol{A}^{\mathrm{T}}\boldsymbol{P}\boldsymbol{A}\right)^{-1} \tag{1.16}$$

这些估算方法是很多软件的核心。从实际应用的角度看，如果仅对估计值 $\hat{\boldsymbol{x}}$ 感兴趣，则没有必要显式地计算法方程矩阵的逆。否则，这个问题就转化为根据下式求解法方程：

$$\left(\boldsymbol{A}^{\mathrm{T}}\boldsymbol{P}\boldsymbol{A}\right)\hat{\boldsymbol{x}}=\boldsymbol{A}^{\mathrm{T}}\boldsymbol{P}\boldsymbol{y},\quad \boldsymbol{N}\hat{\boldsymbol{x}}=\boldsymbol{r}$$

上述问题可以通过 Cholesky 分解或使用迭代方法求解，如共轭梯度法、最小二乘共轭梯度法等。

在许多实际应用中，数据矢量是由一组有限的独立观测集 $\boldsymbol{y}_i$ 组成的，如针对不同卫星的观测数据、使用不同设备的观测数据等。在这种情况下，数据协方差矩阵可以假定是块对角化的，其形式为

$$D(\boldsymbol{y})=\sigma^2\begin{bmatrix}\boldsymbol{P}_1^{-1} & & \\ & \ddots & \\ & & \boldsymbol{P}_k^{-1}\end{bmatrix}$$

在这种情况下，很容易证明法方程矩阵和右端矢量可以表示为

$$\boldsymbol{N}=\boldsymbol{A}^{\mathrm{T}}\boldsymbol{P}\boldsymbol{A}=\sum_{i=1}^{k}\boldsymbol{A}_i^{\mathrm{T}}\boldsymbol{P}_i\boldsymbol{A}_i,\quad \boldsymbol{r}=\boldsymbol{A}^{\mathrm{T}}\boldsymbol{P}\boldsymbol{y}=\sum_{i=1}^{k}\boldsymbol{A}_i^{\mathrm{T}}\boldsymbol{P}_i\boldsymbol{y}_i$$

我们称这个过程为法方程的“组装”。当在一个大型问题中“组装”法方程时，通常会舍弃后面的观测数据，即实时计算法方程。另外，估计 σ^2 需要计算残差平方和，并且需要使用高斯-马尔可夫模型来比较原始观测值和其预测值。这可能表明：

$$\Omega=\boldsymbol{y}^{\mathrm{T}}\boldsymbol{P}\boldsymbol{y}-\boldsymbol{y}^{\mathrm{T}}\boldsymbol{P}\boldsymbol{A}^{\mathrm{T}}\hat{\boldsymbol{x}}=\boldsymbol{y}^{\mathrm{T}}\boldsymbol{P}\boldsymbol{y}-\boldsymbol{r}^{\mathrm{T}}\hat{\boldsymbol{x}}$$

也就是说，在法方程组装过程中只需计算观测平方和 $\boldsymbol{y}^{\mathrm{T}}\boldsymbol{P}\boldsymbol{y}$，没必要存储 $\boldsymbol{y}$。

1.4.1　其他考虑因素

观测值或观测值组合之间的相关性导致了许多实际问题，包括每个观测值组合对估计值的贡献、法方程矩阵结构及可能的去相关过程。同样，参数值或参数值组合之间的相关性也是一个值得讨论的有趣问题。

1.4.1.1　平差残差的协方差

平差残差为

$$\hat{\boldsymbol{e}}=\boldsymbol{y}-\boldsymbol{A}\hat{\boldsymbol{x}}$$

该值并不等于零，这是因为不仅观测数据有误差，估计参数也有误差。因此，预测的观测值便存在误差，误差传播表明：

$$D(\hat{\boldsymbol{e}})=\boldsymbol{C}_{\hat{e}}=D(\boldsymbol{y})+\boldsymbol{A}D(\hat{\boldsymbol{x}})\boldsymbol{A}^{\mathrm{T}}=\sigma^2\left[\boldsymbol{P}^{-1}+\boldsymbol{A}\left(\boldsymbol{A}^{\mathrm{T}}\boldsymbol{P}\boldsymbol{A}\right)^{-1}\boldsymbol{A}\right]$$

也就是说，当忽略二阶项时，就可以根据自协方差和互协方差对平差残差进行经验分析，以评估数据协方差 $\sigma^2\boldsymbol{P}^{-1}$。

例 1.4

在模拟引力势无误差的情况下，上述例子中的平差残差随最大阶数 $\bar{n}$ 的增加而减小，如图 1.2 所示。根据式(1.4)可以模拟地球引力势函数，所模拟卫星的

轨道高度为 480km，重力场阶数 $\bar{n}$ 为 30，时间分辨率为 60s。法方程求解的阶数/次数达到 20，可以计算得到法方程求解平差残差在全球的分布情况。并且可知球谐系数的阶数 $\bar{n}$ 越高，越可以求解详细的局部特征。空间相关性也意味着沿卫星轨道的时间相关性。

1.4.1.2　单个数据集的贡献

在多传感器或多卫星任务分析中，可以发现每个独立的数据集 i 会通过加权体现在整体求解中：

$$\boldsymbol{T}_i = \boldsymbol{A}_i^{\mathrm{T}} \boldsymbol{P}_i \boldsymbol{A}_i \left(\boldsymbol{A}^{\mathrm{T}} \boldsymbol{P} \boldsymbol{A} \right)^{-1} = \boldsymbol{N}_i \boldsymbol{N}^{-1} \tag{1.17}$$

很明显，存在 $\sum_i \boldsymbol{T}_i = \boldsymbol{I}$ 和 $\sum_i \mathrm{trace} \boldsymbol{T}_i = m$ 。因此，通常将 m_i 与第 i 个数据集的总体贡献关联：

$$m_i = \mathrm{trace} \boldsymbol{T}_i = \sum_j t_{i;j} \tag{1.18}$$

将 $\boldsymbol{T}_i$ 中第 j 个对角元素与第 i 个数据集对第 j 个参数的贡献关联：

$$t_{i;j} = \left(\boldsymbol{T}_i \right)_{jj} \tag{1.19}$$

通过观测迹算子下矩阵的重排序规则，可以得到表达式 $m_i = \mathrm{trace}\left(\boldsymbol{G}_i^{\mathrm{T}} \boldsymbol{A}_i \boldsymbol{N}^{-1} \boldsymbol{A}_i^{\mathrm{T}} \boldsymbol{G}_i \right) = \mathrm{trace}\left(\boldsymbol{G}_i^{\mathrm{T}} \boldsymbol{A}_i \boldsymbol{U}_i \right)$ 。$\boldsymbol{U}_i$ 矩阵中的每一列对应第 i 个右端矢量条件下法方程的解。其中，右端矢量假设为单位矢量，即第 i 行为 1，其余为 0。这就是说，如果有一个软件可以解法方程，并且能给出部分右端矢量，那么就可以计算相应的贡献量。当高斯-马尔可夫模型的参数为球谐系数时，可以绘制出目前常用的三角贡献图。

1.4.1.3　观测数据的加权与滤波

在具有观测数据加权的通用高斯-马尔可夫模型中，需要将加权矩阵 $\boldsymbol{P}$ 或其 Cholesky 分解 $\boldsymbol{G}$ 应用到 $m+1$ 个矢量中，在设计矩阵的 m 个列矢量上添加数据矢量。从而，将法方程重新表示为

$$\boldsymbol{N} = \boldsymbol{A}^{\mathrm{T}} \left(\boldsymbol{P} \boldsymbol{A} \right), \ \boldsymbol{r} = \boldsymbol{A}^{\mathrm{T}} \left(\boldsymbol{P} \boldsymbol{y} \right)$$

或者

$$\boldsymbol{N} = \left(\boldsymbol{A}^{\mathrm{T}} \boldsymbol{G} \right) \left(\boldsymbol{G}^{\mathrm{T}} \boldsymbol{A} \right), \ \boldsymbol{r} = \left(\boldsymbol{A}^{\mathrm{T}} \boldsymbol{G} \right) \left(\boldsymbol{G}^{\mathrm{T}} \boldsymbol{y} \right)$$

当权重矩阵的带宽(即非零元素的数量)很大时，也就是存在许多观测数据(比如数百万量级)并且这些观测数据在很长的时间范围内都相关的情况下，可能会存

在数值计算问题。

考虑法方程的第二种表达式，将 $\boldsymbol{G}$ 应用到 a_{ij} 或 y_i，可得

$$\overline{z}_i = \sum_{j=1}^{m} g_{ji} z_j$$

我们可以尝试设计一个与上述矩阵矢量运算类似的“简单滤波器”[127]，即

$$\tilde{z}_i = \sum_{i-k}^{i+k} h_k z_i$$

显然，这一设计有无可能性以及能做到何种程度(即“不正确”加权会对估计有多大影响)取决于矩阵 $\boldsymbol{P}$。

另外，人们通常会先分析观测数据的相关性，而不是直接对其进行加权。这意味着首先需要从 $\boldsymbol{C}_{yy} = \boldsymbol{P}^{-1}$ 开始，并尽量避免对矩阵求逆。因此，滤波器的作用其实是模仿 $\boldsymbol{C}^{-1}$ (或其 Cholesky 分解)对矢量的应用，我们称其为“去相关滤波”。

滤波器模拟了与 Cholesky 分解矩阵 $\boldsymbol{G}$ 的相乘，当其应用于相关观测误差时，具有去相关性的效果。也就是说，我们寻求的滤波器是一个白化滤波器。因此，通常将观测残差视为相关数据噪声的近似，然后计算经验功率谱密度(power spectral density，PSD)，进而设计出一个滤波器，使得滤波后残差的功率谱密度尽可能“白”。

1.4.1.4　截断高斯-马尔可夫模型

在高斯-马尔可夫模型中，我们可能无法将实际问题中的所有未知参数都定义为“未知”。这就带来一个问题，即这种模型近似是否以及会在何种条件下导致估计偏差。假定“正确的”高斯-马尔可夫模型为

$$E(\boldsymbol{y}) = \begin{bmatrix} \boldsymbol{A}_1 & \boldsymbol{A}_2 \end{bmatrix} \begin{bmatrix} \boldsymbol{x}_1 \\ \boldsymbol{x}_2 \end{bmatrix},\ D(\boldsymbol{y}) = \sigma^2 \boldsymbol{I}$$

其中，参数矢量的大小为 $u \times 1$。在“截断”的高斯-马尔可夫模型中，我们只估计参数矢量的 $k \times 1$ 部分元素：

$$E(\boldsymbol{y}) = \boldsymbol{A}_1 \boldsymbol{x}_1,\ D(\boldsymbol{y}) = \sigma^2 \boldsymbol{I}$$

“截断”后的估计值为

$$\tilde{\boldsymbol{x}}_1 = \left(\boldsymbol{A}_1^{\mathrm{T}} \boldsymbol{A}_1\right)^{-1} \boldsymbol{A}_1^{\mathrm{T}} \boldsymbol{y},\ \tilde{\boldsymbol{e}} = \boldsymbol{A}_1 \hat{\boldsymbol{x}}_1 - \boldsymbol{y}$$

由此可知：

$$E(\tilde{\boldsymbol{x}}_1)=\boldsymbol{x}_1+\left(\boldsymbol{A}_1^{\mathrm{T}}\boldsymbol{A}_1\right)^{-1}\boldsymbol{A}_1^{\mathrm{T}}\boldsymbol{A}_2\boldsymbol{x}_2$$

这意味着“截断”模型中的估计值 $\tilde{\boldsymbol{x}}_1$ 是存在系统偏差的，因为右端项(即偏差)并非随机量，而是一个固定的量。然而，在 $\boldsymbol{x}_2=\boldsymbol{0}$ 或 $\boldsymbol{A}_1^{\mathrm{T}}\boldsymbol{A}_2=\boldsymbol{0}$ 的条件下，该估计值是无偏的。简单来讲，后一个条件意味着“正确的”原始高斯-马尔可夫模型可以分为两个独立模型(法方程矩阵是块对角化的)，且参数矢量的两部分可以分布独立地得到。

另外，可以证明：

$$E\left(\tilde{\Omega}\right)=E\left(\tilde{\boldsymbol{e}}^{\mathrm{T}}\tilde{\boldsymbol{e}}\right)=\sigma^2(n-k)+\boldsymbol{x}_2^{\mathrm{T}}\boldsymbol{A}_2^{\mathrm{T}}\left[\boldsymbol{I}-\boldsymbol{A}_1\left(\boldsymbol{A}_1^{\mathrm{T}}\boldsymbol{A}_1\right)^{-1}\boldsymbol{A}_1^{\mathrm{T}}\right]\boldsymbol{A}_2\boldsymbol{x}_2$$

也就是说，残差平方和的统计期望值大于 $\sigma^2(n-k)$。这样可以确定一个规则：如果 σ^2 是已知的，但是在高斯-马尔可夫模型中求解的 σ^2 估计值明显大于已知值，那么可能说明模型中的参数不足。

例 1.5

在我们之前讨论的地球引力势势测量问题中，$\boldsymbol{A}_1^{\mathrm{T}}\boldsymbol{A}_2$ 中的元素由下列求和公式给出：

$$\sum_i\left(\frac{a}{r}\right)^{n+n'}Y_{nm}(\lambda_i,\theta_i)Y_{n'm'}(\lambda_i,\theta_i)$$

其中，$n\leqslant\bar{n}$，$n'>\bar{n}$。这又一次表明截断的影响是否显著在很大程度上取决于数据的分布和加权是否与球面积分类似。

1.4.1.5　全局参数与局部参数

如前所述，在卫星重力场测量领域，人们经常会根据特定的传感器、测量技术或卫星，将观测数据(矢量)划分为不同的组。类似地，也可以对问题中的未知参数进行分组。全局参数 $\boldsymbol{x}^{(c)}$ 是指与所有数据集都相关的参数，如重力场恢复问题中的球谐系数。局部参数 $\boldsymbol{x}_k^{(l)}$ 是指仅针对特定观测组 k 的所有参数，如初始状态矢量、仪器偏差等与观测弧段相关的参数。由于数值计算原因，在高斯-马尔可夫模型中经常将这两种参数区分开。

现假设有 k 个不相关的观测组，上标 (c) 和 (l) 分别代表全局参数和局部参数。在这种情况下高斯-马尔可夫模型可表述为

$$E(\boldsymbol{y})=E\begin{bmatrix}\boldsymbol{y}_1\\ \vdots\\ \boldsymbol{y}_k\end{bmatrix}=\begin{bmatrix}\boldsymbol{A}_1^{(l)} & \boldsymbol{0} & \cdots & \boldsymbol{A}_1^{(c)}\\ \vdots & \vdots & \vdots & \vdots\\ \boldsymbol{0} & \cdots & \boldsymbol{A}_k^{(l)} & \boldsymbol{A}_k^{(c)}\end{bmatrix}\begin{bmatrix}\boldsymbol{x}_1^{(l)}\\ \vdots\\ \boldsymbol{x}_k^{(l)}\\ \boldsymbol{x}^{(c)}\end{bmatrix} \tag{1.20}$$

以及

$$D(\boldsymbol{y})=D\begin{bmatrix}\boldsymbol{y}_1\\ \vdots\\ \boldsymbol{y}_k\end{bmatrix}=\sigma^2\begin{bmatrix}\boldsymbol{P}_1^{-1} & & \\ & \ddots & \\ & & \boldsymbol{P}_k^{-1}\end{bmatrix}$$

这样，整个参数矢量 $\hat{\boldsymbol{x}}$ 的估计值可表示为

$$\hat{\boldsymbol{x}}=\left(\boldsymbol{A}^{\mathrm{T}}\boldsymbol{P}\boldsymbol{A}\right)^{-1}\boldsymbol{A}^{\mathrm{T}}\boldsymbol{P}\boldsymbol{y}$$

根据上述对数据矢量、设计矩阵和权重矩阵的划分，我们可以使用全局参数将法方程表示为简化的形式：

$$\left(\sum_{i=1}^{k}\bar{\boldsymbol{N}}_i^{(cc)}\right)\hat{\boldsymbol{x}}^{(c)}=\sum_{i=1}^{k}\bar{\boldsymbol{r}}_i^{(c)},\ \bar{\boldsymbol{N}}^{(cc)}\hat{\boldsymbol{x}}^{(c)}=\bar{\boldsymbol{r}}^{(c)} \tag{1.21}$$

其中，

$$\bar{\boldsymbol{N}}_i^{(cc)}=\boldsymbol{A}_i^{(c)\mathrm{T}}\boldsymbol{P}_i\boldsymbol{A}_i^{(c)}-\boldsymbol{A}_i^{(c)\mathrm{T}}\boldsymbol{P}_i\boldsymbol{A}_i^{(l)}\left(\boldsymbol{A}_i^{(l)\mathrm{T}}\boldsymbol{P}_i\boldsymbol{A}_i^{(l)}\right)^{-1}\boldsymbol{A}_i^{(l)\mathrm{T}}\boldsymbol{P}_i\boldsymbol{A}_i^{(c)} \tag{1.22}$$

$$\bar{\boldsymbol{r}}_i^{(c)}=\boldsymbol{A}_i^{(c)\mathrm{T}}\boldsymbol{P}_i\boldsymbol{y}_i-\boldsymbol{A}_i^{(c)\mathrm{T}}\boldsymbol{P}_i\boldsymbol{A}_i^{(l)}\left(\boldsymbol{A}_i^{(l)\mathrm{T}}\boldsymbol{P}_i\boldsymbol{A}_i^{(l)}\right)^{-1}\boldsymbol{A}_i^{(l)\mathrm{T}}\boldsymbol{P}_i\boldsymbol{y}_i \tag{1.23}$$

根据下列原则，将第 i 个局部参数矢量替换全局参数矢量的估计值：

$$\left(\boldsymbol{A}_i^{(l)\mathrm{T}}\boldsymbol{P}_i\boldsymbol{A}_i^{(l)}\right)\hat{\boldsymbol{x}}_i^{(l)}=\boldsymbol{A}_i^{(l)\mathrm{T}}\boldsymbol{P}_i\boldsymbol{y}_i-\boldsymbol{A}_i^{(l)\mathrm{T}}\boldsymbol{P}_i\boldsymbol{A}_i^{(c)}\hat{\boldsymbol{x}}^{(c)}=\boldsymbol{A}_i^{(l)\mathrm{T}}\boldsymbol{P}_i\left(\boldsymbol{y}_i-\boldsymbol{A}_i^{(c)}\hat{\boldsymbol{x}}^{(c)}\right) \tag{1.24}$$

与第 i 组局部参数相关的法方程的右端有一个校正项 $\boldsymbol{A}_i^{(c)}\hat{\boldsymbol{x}}^{(c)}$，我们可能只能求解出第 i 组局部参数中的数据 $\boldsymbol{y}_i$。根据估计得到的全局参数可以预测理论观测值，从而使数据量大大减小，这显然可以归结为一个还原回代过程。在需要估计大量局部参数的应用中，这个过程非常常见，因为它可以使待求解的法方程阶数减小到等于全局参数的数目。

根据误差传播过程，全局参数和第 i 组局部参数的协方差矩阵可以表示为

$$\begin{cases} D\left(\hat{\boldsymbol{x}}^{(c)}\right) = \sigma^2\left(\bar{\boldsymbol{N}}^{(cc)}\right)^{-1} \\ D\left(\hat{\boldsymbol{x}}_i^{(l)}\right) = \sigma^2\left[\left(\bar{\boldsymbol{N}}_i^{(ll)}\right)^{-1} + \left(\bar{\boldsymbol{N}}_i^{(ll)}\right)^{-1}\bar{\boldsymbol{N}}_i^{(lc)}\left(\bar{\boldsymbol{N}}^{(cc)}\right)^{-1}\bar{\boldsymbol{N}}_i^{(cl)}\left(\bar{\boldsymbol{N}}_i^{(ll)}\right)^{-1}\right] \end{cases} \tag{1.25}$$

其中，

$$\bar{\boldsymbol{N}}_i^{(ll)} = \boldsymbol{A}_i^{(l)\mathrm{T}}\boldsymbol{P}_i\boldsymbol{A}_i^{(l)},\ \bar{\boldsymbol{N}}_i^{(lc)} = \boldsymbol{A}_i^{(l)\mathrm{T}}\boldsymbol{P}_i\boldsymbol{A}_i^{(c)}$$

根据误差传播过程，也可以得到全局参数和局部参数之间的互协方差矩阵：

$$C\left(\hat{\boldsymbol{x}}^{(c)}, \hat{\boldsymbol{x}}_i^{(l)}\right) = \sigma^2\left(\bar{\boldsymbol{N}}_i^{(ll)}\right)^{-1}\bar{\boldsymbol{N}}_i^{(lc)}\left(\bar{\boldsymbol{N}}^{(cc)}\right)^{-1} \tag{1.26}$$

例 1.6

在卫星重力测量领域中通常会对经验参数进行估计，如 1/rev 、2/rev 等，它们可用于减小观测序列中的剩余系统误差。同样，每个轨道观测弧段(即第 i 个观测数据集)的状态矢量和仪器偏差参数都是与球谐系数一起进行估计的。这些参数是否能够吸收或部分吸收引力信号呢？通过研究全局参数即待估计的球谐系数与局部参数之间的相关性，就可以获得这个问题的准确答案。

1.4.2 线性函数

通常，我们对估计值 $\hat{\boldsymbol{x}}$ 的线性函数感兴趣：

$$\hat{\boldsymbol{z}} = \boldsymbol{B}\hat{\boldsymbol{x}} \tag{1.27}$$

假设 $\hat{\boldsymbol{x}}$ 是数据 $\boldsymbol{y}$ 的线性组合，那么 $\hat{\boldsymbol{z}}$ 也是数据 $\boldsymbol{y}$ 的线性组合，根据误差传播关系可得

$$D(\hat{\boldsymbol{z}}) = \boldsymbol{B}D(\hat{\boldsymbol{x}})\boldsymbol{B}^{\mathrm{T}},\ \boldsymbol{C}_{\hat{z}} = \boldsymbol{B}\boldsymbol{C}_{\hat{x}}\boldsymbol{B}^{\mathrm{T}} \tag{1.28}$$

将 $\boldsymbol{C}_{\hat{x}}$ 以外积的形式表示，得

$$\bar{\boldsymbol{C}}_{\hat{z}\hat{z}} = \frac{1}{N_i}\left(\boldsymbol{B}\hat{\boldsymbol{x}}_{(i)} - \overline{\boldsymbol{B}\hat{\boldsymbol{x}}}\right)\left(\boldsymbol{B}\hat{\boldsymbol{x}}_{(i)} - \overline{\boldsymbol{B}\hat{\boldsymbol{x}}}\right)^{\mathrm{T}}$$

例 1.7

许多与引力相关的函数可以用球谐函数级数来表示，并通过一定的截断阶数实现参数化。因此，这些与引力相关的函数是线性的，如重力异常函数为

$$\delta g(\lambda_i, \theta_i) = \sum_{n=0}^{\bar{n}}\sum_{m=-n}^{n}\frac{n-1}{a}Y_{nm}(\lambda_i, \theta_i)v_{nm}$$

显然，矩阵 $\boldsymbol{B}$ 将球谐系数 v_{nm} 映射到一个规则的网格结构上。这意味着不仅网格值的误差(方差)可以从球谐系数协方差矩阵传播，而且网格值之间的相关性

也可以传播。事实上，这种相关性很大程度上依赖网格节点的空间距离。对于相邻的网格点，这种相关性可能非常高。建议沿着平行线传播到常规网格，这样的话只需求解一次勒让德方程。在计算过程中，需要多次使用数值计算的技巧。

1.4.3　非线性问题

在许多实际应用中，原始模型用如下方程来描述：

$$\boldsymbol{y}+\boldsymbol{e}=f(\boldsymbol{x}) \tag{1.29}$$

对给定的参考解 $\boldsymbol{x}_0$ 及其理论解 $\boldsymbol{y}_0=f(\boldsymbol{x}_0)$ 进行线性化，可得

$$\delta\boldsymbol{y}+\boldsymbol{e}+\boldsymbol{s}=\boldsymbol{F}\delta\boldsymbol{x} \tag{1.30}$$

其中，

$$\boldsymbol{F}=\left.\frac{\partial\boldsymbol{y}}{\partial\boldsymbol{x}}\right|_{\boldsymbol{x}_0},\ \delta\boldsymbol{y}=\boldsymbol{y}-\boldsymbol{y}_0,\ \delta\boldsymbol{x}=\boldsymbol{x}-\boldsymbol{x}_0$$

重要的是，要理解线性化误差 $\boldsymbol{s}$ 不是一个随机量。参数增量的估计值通常表示为

$$\widehat{\delta\boldsymbol{x}}=\left(\boldsymbol{A}^{\mathrm{T}}\boldsymbol{P}\boldsymbol{A}\right)^{-1}\boldsymbol{A}^{\mathrm{T}}\boldsymbol{P}\delta\boldsymbol{y} \tag{1.31}$$

由此可得到新的参考解：

$$\boldsymbol{x}_1=\boldsymbol{x}_0+\widehat{\delta\boldsymbol{x}}$$

按照上述方法不断迭代，直到收敛 (在一些情况下，可以清楚地看到这一过程不会收敛)。

例 1.8

在卫星重力场测量中，将观测值 $\boldsymbol{y}$ 与参数 $\boldsymbol{x}$ 联系起来的最通用的方法是变分方程法(variational equations approach)。假设参数可以组合为

$$\boldsymbol{x}=\begin{bmatrix}\boldsymbol{z}(t_i)\\ \boldsymbol{a}\\ \boldsymbol{p}\end{bmatrix}$$

其中，$\boldsymbol{z}(t_i)$ 是未知的状态矢量，即观测弧段初始时刻或者分析区间的卫星位置和速度；$\boldsymbol{a}$ 是力模型参数，如引力位系数；$\boldsymbol{p}$ 是与测量值(如仪器偏差)直接相关的附加参数。上述线性化观测方程可表示为

$$\boldsymbol{y}+\boldsymbol{e}+\boldsymbol{s}=\boldsymbol{y}_0+\left(\frac{\partial\boldsymbol{y}}{\partial\boldsymbol{z}}\right)\boldsymbol{\Phi}(t,t_i)\left(\boldsymbol{z}(t_i)-\boldsymbol{z}_0(t_i)\right)+\left(\frac{\partial\boldsymbol{y}}{\partial\boldsymbol{z}}\right)\boldsymbol{S}(t)\left(\boldsymbol{a}-\boldsymbol{a}_0\right)+\left(\frac{\partial\boldsymbol{y}}{\partial\boldsymbol{p}}\right)\left(\boldsymbol{p}-\boldsymbol{p}_0\right)$$

其中，$\boldsymbol{\Phi}(t,t_i)$是传递矩阵；$\boldsymbol{S}(t)$是灵敏度矩阵，需要沿着卫星轨道进行数值积分来确定这两个参数：

$$\boldsymbol{\Phi}(t,t_i)=\frac{\partial \boldsymbol{z}(t)}{\partial \boldsymbol{z}(t_i)},\quad \boldsymbol{S}(t)=\frac{\partial \boldsymbol{z}(t)}{\partial \boldsymbol{a}}$$

最终，得到 $\boldsymbol{y}+\tilde{\boldsymbol{e}}=\boldsymbol{A}\boldsymbol{x}$ 。

1.4.4 方差分量估计

在高斯-马尔可夫模型中不需要已知方差因子，因为它在参数矢量的估计中被去掉了，可以通过残差平方和对其进行估计。但是，只有在仅存在单个总体因子且未知的情况下这才是正确的。如前所述，在卫星重力场测量中，我们经常仅用一个高斯-马尔可夫模型处理多个设备甚至是多个卫星的观测数据。此外，我们通常对仪器噪声有了解，但很难评估由背景模型及依赖辅助数据的额外修正等因素引入的误差。这就导致了我们倾向于估计每个观测数据集的方差因子。观测数据集代表了同一设备和卫星在不同时段的数据，如不同的轨道弧段。电离层活动的变化可能会以难以预测的方式影响微波测量噪声，因此，某些天或某些弧段测得的噪声水平自然会高于其他时段。

方差分量估计方法几乎是在大地测量学、农业学、计量经济学、医疗统计学等学科中独立发展起来的，常被用于解决此类问题。VCE 的思想是建立一个更一般的联合估计问题，其中除 $\boldsymbol{x}$ 外，还要估计数据协方差矩阵中的两个或多个未知参数。这些参数通常被认为是某些结构矩阵的乘积，这样数据协方差矩阵可以通过线性组合来实现。最佳不变二次无偏估计(best invariant quadratic unbiased estimate，BIQUE)、最大似然估计、贝叶斯估计等不同的估计原则，会导致同一模型中的不同估计。

在这种情况下，我们将只考虑单个模型，其中观测组被认为彼此不相关，并且仅需寻求每个组的总体方差因子。当我们通过下式划分全局参数和局部参数时，需考虑该类模型：

$$E(\boldsymbol{y})=E\begin{bmatrix}\boldsymbol{y}_1\\ \vdots\\ \boldsymbol{y}_k\end{bmatrix}=\begin{bmatrix}\boldsymbol{A}_1^{(l)} & \boldsymbol{0} & \cdots & \boldsymbol{A}_1^{(c)}\\ \vdots & \vdots & \vdots & \vdots\\ \boldsymbol{0} & \cdots & \boldsymbol{A}_k^{(l)} & \boldsymbol{A}_k^{(c)}\end{bmatrix}\begin{bmatrix}\boldsymbol{x}_1^{(l)}\\ \vdots\\ \boldsymbol{x}_k^{(l)}\\ \boldsymbol{x}^{(c)}\end{bmatrix}\tag{1.32}$$

以及

$$D(\boldsymbol{y})=D\begin{bmatrix}\boldsymbol{y}_1\\ \vdots\\ \boldsymbol{y}_k\end{bmatrix}=\begin{bmatrix}\sigma_1^2\boldsymbol{P}_1^{-1} & & \\ & \ddots & \\ & & \sigma_k^2\boldsymbol{P}_k^{-1}\end{bmatrix}$$

也就是说，我们在 $\boldsymbol{x}$ 附近寻找矢量 $\boldsymbol{\sigma}=(\sigma_1^2,\sigma_2^2,\cdots,\sigma_k^2)^{\mathrm{T}}$ 。

显然，这是个难题。例如，$\boldsymbol{\sigma}$ 的估计值必须是正的。在什么情况下矩阵是满秩的，这一点还不明显。进一步地，方差因子(即不同数据集之间的权重)的相对大小无疑会影响 $\boldsymbol{x}$ 的估计，这时就需要一种迭代方法。

对于上述问题，文献[87]中给出了收敛到最大似然估计的迭代方法，文献[40]和文献[84]给出了其后续研究。该迭代方法具体如下。

(1) 选择初始值 $\sigma_j^{2[0]}$ ， $j=1,2,\cdots,k$ 。

(2) 从 $p=0$ 开始进行迭代：

计算局部参数 $\hat{\boldsymbol{x}}_j^{(l)[p]}$ 和全局参数 $\hat{\boldsymbol{x}}^{(c)[p]}$ ，以及所有观测数据集的残差 $\hat{\boldsymbol{e}}_j^{[p]}$ 。

计算各个数据集的冗余数 $r_j^{[p]}$ ：

$$r_j=-\mathrm{trace}\frac{\partial\hat{\boldsymbol{e}}_j}{\partial\boldsymbol{y}_j}=n_j-\frac{1}{\sigma_j^2}\mathrm{trace}\ \ \tilde{\boldsymbol{A}}_j^{\mathrm{T}}\boldsymbol{P}_j\tilde{\boldsymbol{A}}\boldsymbol{N}^{-1} \tag{1.33}$$

计算方差分量 $\sigma_j^{2[p]}$ ：

$$\sigma_j^2=\frac{\hat{\boldsymbol{e}}_j\boldsymbol{P}_j\hat{\boldsymbol{e}}_j}{r_j} \tag{1.34}$$

1.5　正则化和有偏估计

下面简要介绍三种与之前讨论过的最佳线性无偏估计不同的估计概念。

(1) Tikhonov 正则化(Kaula 正则化)。

(2) 截断奇异值分解(truncated singular value decomposition，TSVD)。

(3) 先验信息估计。

在卫星重力场测量中，有偏估计是一个众所周知的概念。选择有偏估计的原因是，它可以降低估计值方差，从而降低对数据错误的敏感性。在重力卫星任务中，观测数据是在卫星轨道高度上获得的，这里的重力场迅速衰减，尤其是高阶分量。从数学上讲，根据卫星观测数据确定球谐系数是一个病态问题，所有相关的问题也是如此，如确定地表质量、重力异常等。这意味着法方程是病态的，并且估计参数的方差和协方差较大。实际上，在许多情况下无偏最小二乘估计会导致估计值剧烈振荡。在有偏估计中，虽然结果存在偏差，但我们可以显著降低估计的不稳定性。

1.5.1 Tikhonov 估计

考虑上述高斯-马尔可夫模型，著名的 Tikhonov 估计如下：

$$\hat{\boldsymbol{x}}^{+}=\left(\boldsymbol{A}^{\mathrm{T}}\boldsymbol{P}\boldsymbol{A}+\boldsymbol{R}\right)^{-1}\boldsymbol{A}^{\mathrm{T}}\boldsymbol{P}\boldsymbol{y} \tag{1.35}$$

其中，$\boldsymbol{R}$ 为正定矩阵，并且在大多数情况下是对角阵，$\hat{\boldsymbol{x}}^{+}$ 的期望为

$$E\left(\hat{\boldsymbol{x}}^{+}\right)=\left(\boldsymbol{A}^{\mathrm{T}}\boldsymbol{P}\boldsymbol{A}+\boldsymbol{R}\right)^{-1}\boldsymbol{A}^{\mathrm{T}}\boldsymbol{P}\boldsymbol{A}\boldsymbol{x}=\boldsymbol{x}-\left(\boldsymbol{A}^{\mathrm{T}}\boldsymbol{P}\boldsymbol{A}+\boldsymbol{R}\right)^{-1}\boldsymbol{R}\boldsymbol{x}\neq\boldsymbol{x} \tag{1.36}$$

由此可定义 $\hat{\boldsymbol{x}}$ 的偏差为

$$\boldsymbol{b}_{\hat{\boldsymbol{x}}^{+}}=E\left(\hat{\boldsymbol{x}}^{+}-\boldsymbol{x}\right)=\left(\boldsymbol{A}^{\mathrm{T}}\boldsymbol{P}\boldsymbol{A}+\boldsymbol{R}\right)^{-1}\boldsymbol{R}\boldsymbol{x} \tag{1.37}$$

偏差 $\boldsymbol{b}_{\hat{\boldsymbol{x}}^{+}}$ 具有估计值的重要性质，如果它是已知量，那么这是理想的。然而，它取决于未知的真正的参数矢量，因此难以确定。许多研究人员建议使用一阶近似，即用它的 Tikhonov 估计值替换等式右边的真实矢量：

$$\boldsymbol{b}_{\hat{\boldsymbol{x}}}^{[1]}=\left(\boldsymbol{A}^{\mathrm{T}}\boldsymbol{P}\boldsymbol{A}+\boldsymbol{R}\right)^{-1}\boldsymbol{R}\hat{\boldsymbol{x}}^{+}$$

需要指出的是，当正则化一个已经线性化的问题时，线性化点的选择变得很重要。之所以如此，是因为若将正则化应用于 $\delta\boldsymbol{x}=\boldsymbol{x}-\boldsymbol{x}_0$，那么偏差在 0 附近；若将正则化应用于 $\boldsymbol{x}=\boldsymbol{x}_0+\delta\boldsymbol{x}$，那么偏差在 $\boldsymbol{x}_0$ 附近。

根据线性误差传播可以得到估计值的协方差矩阵：

$$D\left(\hat{\boldsymbol{x}}^{+}\right)=\left(\boldsymbol{A}^{\mathrm{T}}\boldsymbol{P}\boldsymbol{A}+\boldsymbol{R}\right)^{-1}\boldsymbol{A}^{\mathrm{T}}\boldsymbol{P}\boldsymbol{A}\left(\boldsymbol{A}^{\mathrm{T}}\boldsymbol{P}\boldsymbol{A}+\boldsymbol{R}\right)^{-1}$$

已知协方差矩阵的定义如下：

$$D\left(\hat{\boldsymbol{x}}^{+}\right)=E\left[\left(\hat{\boldsymbol{x}}^{+}-E\left(\hat{\boldsymbol{x}}^{+}\right)\right)\left(\hat{\boldsymbol{x}}^{+}-E\left(\hat{\boldsymbol{x}}^{+}\right)\right)^{\mathrm{T}}\right]$$

协方差矩阵反映了估计值相对于其期望的偏离程度。它说明了估计值的敏感性，但是在有偏估计中，它并没有告诉我们估计值相对于真值的偏离程度。因此，通常考虑均方误差(mean square error，MSE)矩阵：

$$M\left(\hat{\boldsymbol{x}}^{+}\right)=E\left[\left(\hat{\boldsymbol{x}}^{+}-\boldsymbol{x}\right)\left(\hat{\boldsymbol{x}}^{+}-\boldsymbol{x}\right)^{\mathrm{T}}\right]=D\left(\hat{\boldsymbol{x}}^{+}\right)+\boldsymbol{b}_{\hat{\boldsymbol{x}}^{+}}\boldsymbol{b}_{\hat{\boldsymbol{x}}^{+}}^{\mathrm{T}}$$

均方误差矩阵可能会提供更多的信息，但是实际计算中需要已知估计偏差。实际上，估计偏差是未知的。

通常，估计值表示为

$$\hat{\boldsymbol{x}}_{\alpha}^{+}=\left(\boldsymbol{A}^{\mathrm{T}}\boldsymbol{P}\boldsymbol{A}+\alpha^{2}\boldsymbol{R}\right)^{-1}\boldsymbol{A}^{\mathrm{T}}\boldsymbol{P}\boldsymbol{y}$$

其中，$\boldsymbol{R}$ 是已知量；α^2 需要通过一些优化过程来确定。很多论文已经对这个问题进行了讨论。$\alpha^2 = \operatorname{trace}\left(\boldsymbol{A}^{\mathrm{T}}\boldsymbol{PA}\right)/\operatorname{trace}\left(\boldsymbol{R}\right)$ 是一种较好的设定。更复杂的方法是 L-曲线法，即广义交叉验证和方差分量估计方法。在统计文献中，这类问题称为岭回归(ridge regression)。

最初，Tikhonov 没有考虑离散情况，仅考虑了有限参数。他考虑的是泛函分析问题，即寻找一个既符合数据规律又达到最小范数的函数。因此，严格地说，将估计称为 Tikhonov 正则化是不正确的，特别是在没有涉及基本连续范数的情况下。

1.5.1.1　相关概念

显然，Tikhonov 估计可以理解为最小二乘估计的过滤：

$$\hat{\boldsymbol{x}}^{+} = \boldsymbol{W}\hat{\boldsymbol{x}}$$

其中，

$$\boldsymbol{W} = \left(\boldsymbol{A}^{\mathrm{T}}\boldsymbol{PA}+\boldsymbol{R}\right)^{-1}\boldsymbol{A}^{\mathrm{T}}\boldsymbol{PA} = \boldsymbol{I}-\left(\boldsymbol{A}^{\mathrm{T}}\boldsymbol{PA}+\boldsymbol{R}\right)^{-1}\boldsymbol{R}$$

由于矩阵 $\boldsymbol{R}$ 是正定的，因此矩阵 $\boldsymbol{W}$ 的特征值小于 1。应用矩阵 $\boldsymbol{W}$ 可以减少参数估计的“长度”。

此外，估计值 $\hat{\boldsymbol{x}}^{+}$ 给出了混合范数极小化问题的解法，它是下式的最小值：

$$\Omega = \left(\boldsymbol{y}-\boldsymbol{A}\hat{\boldsymbol{x}}\right)^{\mathrm{T}}\boldsymbol{P}\left(\boldsymbol{y}-\boldsymbol{A}\hat{\boldsymbol{x}}\right)+\hat{\boldsymbol{x}}^{\mathrm{T}}\boldsymbol{R}\hat{\boldsymbol{x}}$$

在卫星重力场测量问题中，这就引出一个问题，即在什么条件下矩阵范数 $\|\boldsymbol{x}\|_{\boldsymbol{R}} = \boldsymbol{x}^{\mathrm{T}}\boldsymbol{R}\boldsymbol{x}$ 具有物理意义，也就是其与重力场之间存在什么关系。很明显，下式具有完全规格化的球谐系数：

$$\|V\|_{L_2(\omega)} = \int_{\omega} V^2(\theta,\lambda)\mathrm{d}\omega = \sum_{n=0}^{\infty}\sum_{m=-n}^{n} v_{nm}^2 = \sum_{n=0}^{\infty}\sum_{m=-n}^{n}\left(c_{nm}^2+s_{nm}^2\right) = \sum_{n=0}^{\infty} c_n^2$$

换句话说，$\boldsymbol{R}=\boldsymbol{I}$ 条件下的 Tikhonov 正则化可以看成将球面平均引力势总功率的离散值近似为一个最小化函数，其中球面平均引力势总功率的离散值为

$$\boldsymbol{x}^{\mathrm{T}}\boldsymbol{R}\boldsymbol{x} = \sum_{n=0}^{\bar{n}}\sum_{m=-n}^{n} v_{nm}^2 = \sum_{n=0}^{\bar{n}} c_n^2$$

有时，这被称为零阶 Tikhonov 正则化。该估计根据测量数据拟合球谐系数，但同时应最小化地球引力势平方的平均值。类似地，一阶和二阶 TR 可能与最小化地球引力势梯度有关[33]。

1.5.1.2 Kaula 正则化

在经典大地测量学中，最典型的例子是 Kaula 正则化。在这种情况下，正则化矩阵表示为

$$
\boldsymbol{R}=\begin{bmatrix} 1 & & & & \\ & \ddots & & & \\ & & n^4 & & \\ & & & \ddots & \\ & & & & \bar{n}^4 \end{bmatrix}
$$

许多论文将 Kaula 正则化归功于威廉·考拉(William Kaula)，并引用他的经典著作 *Satellite Geodesy*。事实上，这部著作从未涉及 Kaula 正则化。Kaula 正则化认为，地球引力势的阶方差功率谱在一定程度上可以近似表示为与阶数有关的解析形式 $\bar{c}_n^2=f(n)$。其中，引力势阶方差功率谱表达式为

$$
c_n^2=\sum_{m=-n}^{n} v_{nm}^2
$$

解析函数解析形式 $\bar{c}_n^2=f(n)$ 的最简单形式为

$$
f(n)=\frac{a}{n^4}
$$

显然，Kaula 正则化确保下式是有限的：

$$
\boldsymbol{x}^{\mathrm{T}}\boldsymbol{R}\boldsymbol{x}=\sum_{n=0}^{\bar{n}}\frac{a}{n^4}n^4=\bar{n}a
$$

通常，Kaula 正则化的目的如下：对每个单独的位系数引入一个先验的零值观测。我们知道，每个单独的位系数都有一个 a/n^4 量级的期望值，这被假定为代表这些零值观测的方差。

根据这种推理，只有估计整个地球重力场时，才能使用 Kaula 正则化。目前，我们有了更完备的知识，通常会估计一个关于背景平均重力场模型的残余场。因此，Kaula 正则化不再是为了引入无偏的先验信息，而是一种有偏估计方法。在使用 GRACE 数据估计时变重力场时，我们推导了描述信号功率随时间变化的阶方差模型，并在此基础上建立了正则化方法。然而，出于其他考虑，可以通过引入正则化而仅对某些已经定义的空间区域进行重力场约束，如某一纬度以上的极地区域、陆地/海洋区域等，但是这样做的代价是会产生一个稠密矩阵 $\boldsymbol{R}$。

例 1.9

在以下三种情况下估计球谐系数：①模拟的无误差引力势；②考虑高斯白噪

声的模拟引力势；③考虑高斯白噪声模拟引力势，并应用 Kaula 正则化。由此得到的阶方差平方根如图 1.2 所示。在第二种情况中，高阶位系数精度主要受噪声的影响，这是因为向下延拓过程中噪声会被放大。第三种情况应用 Kaula 正则化，随着高阶部分受噪声影响的增加，所估计的位系数被强制非零化。

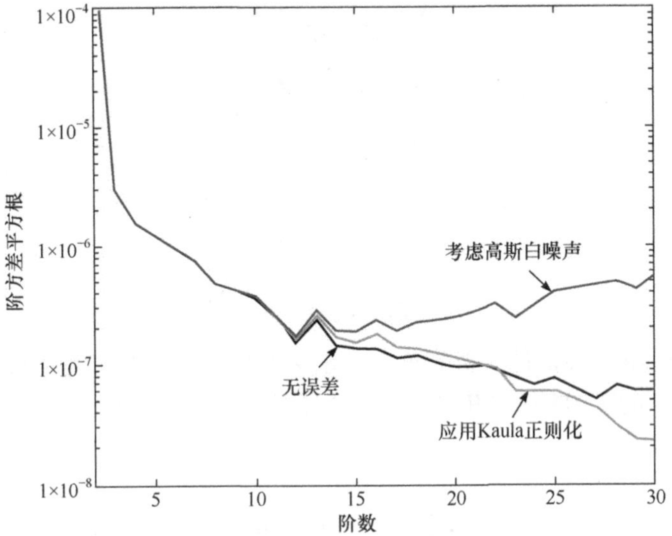

图 1.2　30 阶以内球谐系数阶方差平方根的变化规律：①无误差条件下的模拟引力势，见式(1.4)；②考虑高斯白噪声的模拟引力势，噪声均值为 0，标准差为 $100\mathrm{m}^2/\mathrm{s}^2$；③应用 Kaula 正则化的地球引力势

1.5.2　SVD 和 TSVD

通过利用矩阵 $\boldsymbol{A}$ 的奇异值分解(singular value decomposition，SVD) $\boldsymbol{A}=\boldsymbol{U}\boldsymbol{D}\boldsymbol{V}^{\mathrm{T}}$，可以将原始的高斯-马尔可夫模型 $\boldsymbol{y}+\boldsymbol{e}=\boldsymbol{A}\boldsymbol{x}$ 转变为如下规范形式：

$$\boldsymbol{U}^{\mathrm{T}}\boldsymbol{y}+\boldsymbol{U}^{\mathrm{T}}\boldsymbol{e}=\boldsymbol{U}^{\mathrm{T}}\boldsymbol{U}\boldsymbol{D}\boldsymbol{V}^{\mathrm{T}}\boldsymbol{x}=\boldsymbol{D}\boldsymbol{V}^{\mathrm{T}}\boldsymbol{x}$$

或者

$$\tilde{\boldsymbol{y}}+\tilde{\boldsymbol{e}}=\boldsymbol{D}\tilde{\boldsymbol{x}}$$

其中，$\boldsymbol{U}$ 是大小为 $n\times n$ 的正交矩阵；$\boldsymbol{V}$ 是大小为 $m\times m$ 的正交矩阵；$\boldsymbol{D}=\mathrm{diag}\left(d_1,\cdots,d_m\right)$ 是大小为 $n\times m$ 的对角矩阵。

$\boldsymbol{x}$ 的最小二乘估计为

$$\hat{\boldsymbol{x}}=\left(\boldsymbol{A}^{\mathrm{T}}\boldsymbol{A}\right)^{-1}\boldsymbol{A}^{\mathrm{T}}\boldsymbol{y}=\boldsymbol{V}\boldsymbol{\Lambda}\boldsymbol{V}^{\mathrm{T}}\boldsymbol{V}\boldsymbol{D}\boldsymbol{U}^{\mathrm{T}}\boldsymbol{y}=\boldsymbol{V}\boldsymbol{\Lambda}\boldsymbol{D}\tilde{\boldsymbol{y}}$$

其中，矩阵 $\boldsymbol{\Lambda}=\boldsymbol{D}^{\mathrm{T}}\boldsymbol{D}$ 的大小为 $m\times m$。

$$\boldsymbol{A}^{\mathrm{T}}\boldsymbol{A}=\boldsymbol{V}\boldsymbol{D}^{\mathrm{T}}\boldsymbol{U}^{\mathrm{T}}\boldsymbol{U}\boldsymbol{D}\boldsymbol{V}^{\mathrm{T}}=\boldsymbol{V}\boldsymbol{D}^{\mathrm{T}}\boldsymbol{D}\boldsymbol{V}^{\mathrm{T}}=\boldsymbol{V}\boldsymbol{\Lambda}\boldsymbol{V}^{\mathrm{T}}$$

可以看出，上式可以变为

$$\hat{\boldsymbol{x}}=\sum_{i=1}^{m}\boldsymbol{v}_i\frac{d_i}{d_i^2}(\boldsymbol{u}_i\boldsymbol{y})$$

考虑 Tikhonov 正则化中的 $\boldsymbol{R}=\alpha^2\boldsymbol{I}$，存在：

$$\boldsymbol{A}^{\mathrm{T}}\boldsymbol{A}+\alpha^2\boldsymbol{I}=\boldsymbol{V}\left(\boldsymbol{\Lambda}\alpha^2\boldsymbol{I}\right)\boldsymbol{V}^{\mathrm{T}}$$

可以发现：

$$\hat{\boldsymbol{x}}_{\alpha}^{+}=\sum_{i=1}^{m}\boldsymbol{v}_i\frac{d_i}{d_i^2+\alpha^2}(\boldsymbol{u}_i\boldsymbol{y})$$

相对于最小二乘估计，奇异值是逐渐衰减的，而奇异矢量则保持不变。从 Tikhonov 估计的 SVD 描述开始，可以通过形成概念来设计其他估计值。例如，可以规定：

$$\hat{\boldsymbol{x}}_{\alpha}^{+}=\sum_{i=1}^{m}\boldsymbol{v}_i f(d_i)(\boldsymbol{u}_i\boldsymbol{y})$$

TSVD 估计和 Tikhonov 估计一样被广泛应用。TSVD 估计可简单表示为（$p<m$）

$$\hat{\boldsymbol{x}}^{(p)}=\sum_{i=1}^{p}\boldsymbol{v}_i\frac{d_i}{d_i^2}(\boldsymbol{u}_i\boldsymbol{y})$$

1.5.3　基于先验信息的估计

下面介绍一个关于此问题与众不同的观点。假设在我们获取测量值之前，就有关于参数矢量的先验信息。

实际上，大多数人都有一些信息。特别是，之前人们已经进行过很多次重力场测量，包括卫星测量数据和地面测量数据。我们现在是为了改善已有的重力场模型，可以考虑将高斯-马尔可夫模型与“新”数据一起表示为

$$E(\boldsymbol{y})=\boldsymbol{A}\boldsymbol{x},\ D(\boldsymbol{y})=\sigma^2\boldsymbol{P}^{-1}\tag{1.38}$$

这样，假设第一个观测数据集被用来产生先验估计值 $\boldsymbol{x}_0$，其期望和方差为

$$E(\boldsymbol{x}_0)=\boldsymbol{x},\ D(\boldsymbol{x}_0)=\boldsymbol{R}^{-1}$$

可以使用“新”数据写出“新”估计值，也就是将估计值更新为

$$\hat{\boldsymbol{x}}=\left(\boldsymbol{A}^{\mathrm{T}}\boldsymbol{P}\boldsymbol{A}+\boldsymbol{R}\right)^{-1}\left(\boldsymbol{A}^{\mathrm{T}}\boldsymbol{P}\boldsymbol{y}+\boldsymbol{x}_0\right) \tag{1.39}$$

其方差为

$$D(\hat{\boldsymbol{x}})=\left(\boldsymbol{A}^{\mathrm{T}}\boldsymbol{P}\boldsymbol{A}+\boldsymbol{R}\right)^{-1} \tag{1.40}$$

这在形式上和 Tikhonov 估计值相等，与先验信息估计值具有相同的稳定性。然而，估计值的协方差不同，在上述假设下该估计值是无偏的。

带有先验信息的估计通常和贝叶斯估计一样，但这是不正确的。贝叶斯估计总是假设存在先验信息，但是这个先验信息可能是非信息性的，即它不提供可以修正或“锐化”未知参数概率密度函数的信息。另外，非贝叶斯理论也允许引入先验信息。然而，概念上的差异存在于更深或更哲学的层次。

在非贝叶斯估计中，如果指定未知参数的先验信息，那么就隐性地假设这些信息来自可重复的随机实验。先验测量为我们提供了一个协方差矩阵，但是在实际测量值之外，指定重力场高阶位系数的先验信息或其时间变化信息，很难在非贝叶斯理论中加以证明。相反，贝叶斯理论简单地假设我们确实拥有不确定的先验知识，不一定与实际观测结果相关，并且我们将这些知识归纳成数学形式。当然，我们的先验知识总是不完整的。贝叶斯估计并不比传统估计对先验信息更敏感，它反而常常迫使我们将模糊的知识公式化。

1.6 课后练习

以下练习所需的数据和文件可在线访问：

http://www.geoq.uni-hannover.de/autumnschool-data

http://extras.springer.com

练习目的：利用高斯-马科夫模型计算给定地球引力势下的球谐系数。沿卫星轨道获取一个月的无误差地球引力势，采样间隔为 60s。首先，针对不同的最高恢复阶数 $n_{\max}$ 解决平差问题。然后，评估噪声的影响，并应用正则化。

1. 估计球谐系数

(1) 加载文件<potential al_2007-07.mat>。该文件中的数据共有 4 列，分别是轨道经度(°)、纬度(°)、高度(m)和引力势 $(\mathrm{m}^2/\mathrm{s}^2)$。使用 showData 函数，将文件<referencePotential.mat>中提供的有关参考引力势数据可视化。

(2) 建立设计矩阵，将任意最大阶数 $n_{\max}$ 的球谐系数和地球引力势关联起来。

使用 calculatePnm 函数计算勒让德方程。万有引力常数乘以地球质量，得到 $\mathrm{GM}=3.9860044150\times10^{14}\mathrm{m}^3/\mathrm{s}^2$，地球半径为 $a=6378137\mathrm{m}$。在参数矢量中，按照次数优先的顺序排列，其中对于每个次数，先排列余弦项系数，然后排列正弦项系数：$c_{0,0}$，$c_{1,0}$，$c_{2,0}$，$c_{3,0}$，$\cdots, c_{1,1}$，$c_{2,1}$，$c_{3,1},\cdots$，$c_{n_{\max},n_{\max}}$，$s_{1,1}$，$s_{2,1}$，$s_{3,1},\cdots$，$s_{n_{\max},n_{\max}}$。

(3) 计算 $n_{\max}=10$ 时的法方程矩阵 $\boldsymbol{N}$。用函数 showN 使矩阵可视化，讨论其特殊结构。

(4) 在最大阶数分别为 10、20、30、40 的条件下，建立法方程，利用 Cholesky 分解估计参数矢量 $\boldsymbol{x}$(需要用到的 MATLAB 函数：chol)。利用函数 showParameters 使被估参数可视化，利用函数 showSqrtDegreeVariances 使被估参数矢量的阶方差可视化。讨论计算结果。

(5) 计算阶数分别为 10、20、30、40 时的残差 $\hat{\boldsymbol{e}}=\boldsymbol{y}-\boldsymbol{A}\hat{\boldsymbol{x}}$，并利用函数 showData 进行可视化。

2. 噪声影响

(1) 在给定的地球引力势上增加随机高斯噪声，噪声均值为 0，标准差分别为 $10\mathrm{m}^2/\mathrm{s}^2$、$100\mathrm{m}^2/\mathrm{s}^2$、$1000\mathrm{m}^2/\mathrm{s}^2$(需要用到的 MATLAB 函数：randn)。

(2) 在考虑高斯噪声、最大阶数为 $n_{\max}=40$ 的情况下，重复练习题 1. 中的步骤(4)，分析噪声对不同阶数位系数的估计有何影响。

3. 正则化

(1) 对于任意阶数 $n_{\max}$，建立 Tikhonov 型的 Kaula 正则化矩阵。

(2) 对于考虑高斯噪声($\sigma=100\mathrm{m}^2/\mathrm{s}^2$)的地球引力势，利用正则化矩阵估计地球引力位系数，其中最大阶数 $n_{\max}$ 分别取到 10、20、30、40。注意为正则化矩阵选择合适的比例因子。

(3) 研究不同强度的高斯噪声和不同大小的正则化矩阵比例因子对引力位系数估计的影响。

4. MATLAB 函数

函数名称：function [Pnm] = calculatePnm(theta, nmax)	
函数功能：使用稳定递归公式计算归一化的勒让德函数。	
输入参数	theta：余纬角，勒让德函数的自变量，维数是 1×1[rad]。 $n_{\max}$：勒让德函数计算的最大阶数，维数是 1×1。

输出参数	P_{nm}：大小为 $n_{\max}\times n_{\max}$ 的矩阵，包含归一化的勒让德函数。

函数名称：function [cnm, snm] = sortCoefficients(x, nmax)	
函数功能：将参数矢量 x 分解为两个三角矩阵，分别对应余弦球谐系数 C_{nm} 和正弦球谐系数 S_{nm}。	
输入参数	x：大小为 $n\times1$ 的矢量，由待估计的位系数组成，按照次数优先的顺序排列，其中对于每个次数，先排列余弦项系数，然后排列正弦项系数：$c_{0,0}$，$c_{1,0}$，$c_{2,0}$，$c_{3,0}$，…，$c_{1,1}$，$c_{2,1}$，$c_{3,1}$，…，$c_{n_{\max},n_{\max}}$，$s_{1,1}$，$s_{2,1}$，$s_{3,1}$，…，$s_{n_{\max},n_{\max}}$。 $n_{\max}$：待估计球谐系数的最高阶数，维数是 1×1。
输出参数	C_{nm}：大小为 $n_{\max}\times n_{\max}$ 的矩阵，包含余弦项球谐系数。 S_{nm}：大小为 $n_{\max}\times n_{\max}$ 的矩阵，包含正弦项球谐系数。

用于可视化的 MATLAB 函数：

函数名称：function showData(data, longitude, latitude, titleString)	
函数功能：将沿卫星轨道上的观测数据进行可视化，所有数值在列矢量 data 中给出。与轨道位置对应的经度和纬度由矢量 longitude 和 latitude 给出。	
输入参数	data：大小为 $n\times1$ 的矢量，包含数值。 longitude：大小为 $n\times1$ 的矢量，包含轨道位置的经度值，单位为(°)。 latitudue：大小为 $n\times1$ 的矢量，包含轨道位置的纬度值，单位为(°)。
输出参数	沿卫星轨道观测数据的 2D 图像。

函数名称：function showN(N,titleString)	
函数功能：将法方程矩阵可视化。	
输入参数	N：大小为 $n\times n$ 的法方程矩阵，维数 n 等于参数个数。
输出参数	法方程矩阵的 2D 图像。

函数名称： function showParameters(x,nmax,titleString)	
函数功能：在三角图中将被估参数可视化。	
输入参数	x：大小为 $n\times1$ 的矢量，由待估计的位系数组成，按照次数优先的顺序排列，其中对于每个次数，先排列余弦项系数，然后排列正弦项系数：$c_{0,0}$，$c_{1,0}$，$c_{2,0}$，$c_{3,0}$，…，$c_{1,1}$，$c_{2,1}$，$c_{3,1}$，…，$c_{n_{\max},n_{\max}}$，$s_{1,1}$，$s_{2,1}$，$s_{3,1}$，…，$s_{n_{\max},n_{\max}}$。维数 n 等于参数个数。 $n_{\max}$：待估计球谐系数的最高阶数，维数是 1×1。
输出参数	球谐系数的 2D 图像。

<table>
<tr><td colspan="2">函数名称：function showSqrtDegreeVariances(x,nmax,titleString)</td></tr>
<tr><td colspan="2">函数功能：计算从 3 阶到 $n_{\max}$ 阶的阶方差平方根，并将其可视化。n 阶阶方差的平方根计算方法是 $v_n = \sqrt{\sum_{m=0}^{n}\left(c_{nm}^2 + s_{nm}^2\right)}$ 。</td></tr>
<tr><td>输入参数</td><td>x：大小为 $n\times1$ 的矢量，由待估计的位系数组成，按照次数优先的顺序排列，其中对于每个次数，先排列余弦项系数，然后排列正弦项系数：$c_{0,0}$ ，$c_{1,0}$ ，$c_{2,0}$ ，$c_{3,0}$ ，…，$c_{1,1}$ ，$c_{2,1}$ ，$c_{3,1}$,… ，$c_{n_{\max},n_{\max}}$ ，$s_{1,1}$ ，$s_{2,1}$ ，$s_{3,1}$,… ，$s_{n_{\max},n_{\max}}$ 。维数 n 等于参数个数。
$n_{\max}$ ：待估计球谐系数的最高阶数，维数是 1×1 。</td></tr>
<tr><td>输出参数</td><td>从 3 阶开始，用对数坐标绘制的阶方差平方根的一维图。</td></tr>
</table>

第 2 章　精密轨道确定

阿德里安·贾吉和丹尼尔·阿诺德

摘要：精确轨道确定(precise orbit determination，POD)是对空间大地测量数据进行积分分析的过程，其中空间大地测量技术包括卫星激光测距(satellite laser ranging，SLR)、GNSS(如全球定位系统 GPS 等)。近 20 年来，基于 GPS 数据的精密定轨已经成为低轨高精度卫星轨道确定的标准技术之一。自从专门的重力卫星计划启动以来，GPS 不仅被用作低轨卫星定轨的主要跟踪系统，而且与球状卫星的激光测距数据一起，被用于提取地球重力场的长波部分。本章介绍国际激光测距服务(international laser ranging service，ILRS)和国际 GNSS 服务(international GNSS service，IGS)地面网获取的 SLR 和 GNSS 观测数据，这些数据是根据卫星数据确定地面参考系的观测基础。在此基础上，本章介绍轨道确定的基本方程和数学方法，并进行广泛的讨论。伪随机轨道建模技术被视为一种通用且有效的方法，用于高精度确定卫星轨道，尤其是在缺乏力模型的情况下。该技术涵盖了动力学方法和纯运动学方法之间的所有范围。在所讨论的定轨技术应用成果中，重点介绍低轨卫星 GPS 定轨。针对更一般的定轨问题，特别强调现有的轨道确定技术，其中卫星轨道与其他大地测量学参数(如地球形状参数、地球自转参数、地球重力场等)同时被确定。

2.1　精确跟踪数据

人造卫星精密轨道确定需要精确的测量技术。这些技术与卫星的位置或速度测量有关。卫星跟踪系统可以获取这些数据，并测量电磁波在发射器和接收机之间的传播特性。本章重点讨论从全球导航卫星系统、卫星激光测距及星间测距系统中得到的精密跟踪数据。关于其他各种跟踪系统的概述，读者可以参考文献[104]。

2.1.1　全球定位系统

在过去的 40 年里，全球定位系统从军事导航系统发展成人们生活中必不可少的工具，不仅广泛应用于社会生活，也是大地测量、全球监测等领域的重要工具[106]。在过去的 20 年里，全球定位系统成为获取低轨卫星精密轨道数据的独特工具。星载 GPS 接收机可以实现不间断的三维 GPS 跟踪测量，通过联合密集的 GPS 测量数据和动力学定律，可以以前所未有的精度进行低轨卫星定轨[64]。近十年来，卫星导航领域又发生了翻天覆地的变化：作为第二代全球导航卫星系统，俄罗斯 GLONASS 全面投入使用，同时 GPS 引入了现代化的民用导航信号，各种新的卫星导航系统正在亚洲和欧洲建立起来[106]。但是，目前的星载接收机还没有应用这些最新技术，在编写本书时仍然只依赖 GPS。

GPS 卫星分布在 6 个轨道面上，轨道倾角约为 55°，沿赤道相隔 60°均匀分布。卫星轨道接近圆形，半长轴约 26600km。轨道周期约为 11h58min。整个 GPS 星座由 24 颗活动卫星组成(目前为 32 颗)，保证了在地球表面及其附近的任何地点在任何时间可以同时看到至少有 4 颗卫星。所有 GPS 卫星都配备一个原子钟组，用来生成一致的 L 波段载波，例如，L_1 和 L_2 载波，其波长分别为 $\lambda_1 = 24.4\text{cm}$ 和 $\lambda_2 = 19.0\text{cm}$。基于相位调制技术，在这些载波上产生和调制伪随机噪声码。要想获得更详细的描述，请参考文献[60]。

2.1.1.1　国际 GNSS 服务

到 20 世纪 80 年代末，许多组织已经认识到 GPS 在大地测量学和地球动力学方面的应用潜力。1992 年夏天，人们就此开展了一次测试，包括部署和运营全球 GPS 跟踪网络，迅速取得观测数据，将其传输给全球数据中心(data center，DC)，并由多个分析中心(analysis center，AC)进行常规数据分析。在成功运营以及大多数参与组织的持续努力下，IGS 于 1994 年 1 月 1 日正式成为国际大地测量协会(International Association of Geodesy，IAG)提供的官方服务机构[9]。从此，超过 200 个组织、机构和大学共享资源，以建立国际标准以及独立的地面部门，尽最大努力生产高精度产品，并通过冗余保证产品可靠性。大约有 10 个分析中心为 IGS 跟踪站点生产所有在轨 GPS 卫星的精确星历及时钟数据、地球自转参数、坐标参数、速度和相对于 GPS 时间的钟差修正、全球电离层分布、天顶对流层延迟等。为应对不断现代化的 GPS 系统并充分利用新兴的 GNSS 技术，IGS 启动了多 GNSS 实验(multi-GNSS-experiment，MGEX)[106]。

2.1.1.2　GNSS 观测方程

GPS 接收机获取多种类型的 GPS 测距码(如 C/A 码、P_1 码、P_2 码等)以及载波相位(如 L_A、L_1、L_2 等)。

卫星 k 在 T^k 时刻产生的测距码由第 i 个接收机在 T_i 时刻接收，伪距为

$$P_i^k = c\left(T_i - T^k\right) \tag{2.1}$$

其中，P_i^k 具有长度量纲；c 是光速；T_i 是信号到达时刻(或称为观测时刻)，由接收机 i 的时钟测量；T^k 是信号传输时刻，由卫星 k 的时钟测量。

可见，GPS 定位主要基于对信号传播时间的单向测量。因此，需要定义一个共同的参考时间，即 GPS 时间[123]，它与国际原子时(international atomic time，TAI)的秒长相同，偏移量为 -19s。虽然 GPS 卫星装有原子钟，但是与 GPS 时间相比它们的时间存在时变偏移。GPS 接收机也一样，它通常不会装有超稳定振荡器。由于 GPS 发射器和接收机时钟之间缺乏同步，由式(2.1)得到的距离并不是 GPS 卫星到接收机的真实距离，因此称为伪距。大多数接收机的时钟通常与 GPS 时间保持同步，但也有内置时钟的接收机，因而该接收机时间不会被引导到 GPS 时间的整数秒。由于 GPS 卫星和接收机的时钟通常存在漂移，发射器和接收机时钟的偏移量仅在一定的时间内有效。

伪距 P_i^k 可能与斜向距离 ρ_i^k 相关，其中斜向距离 ρ_i^k 是指接收机 i 接收信号时(可用 GPS 时间 t_i 表示)的位置与卫星 k 发射信号时(可用 GPS 时间 t^k 表示)的位置之间的几何距离，以及地球大气层造成的延迟：

$$P_i^k = \rho_i^k - c\cdot\Delta t^k + c\cdot\Delta t_i + \Delta\rho_{i,\text{trop}}^k + \Delta\rho_{i,\text{ion}}^k + \varepsilon_{Pi}^k \tag{2.2}$$

其中，$\Delta t^k = T^k - t^k$ 是卫星 k 相对于 GPS 时间的钟差；$\Delta t_i = T_i - t_i$ 是接收机 i 相对于 GPS 时间的钟差；$\Delta\rho_{i,\text{trop}}^k$、$\Delta\rho_{i,\text{ion}}^k$ 是由对流层和电离层引起的信号延迟；ε_{Pi}^k 是残差。为保证建模准确性，相对论校正等其他项包含在 ρ_i^k 项中。

与 GPS 测距码对应，L_A、L_1 或 L_2 载波相位观测定义为

$$L_i^k = \lambda\left(\phi_i - \phi^k + N_i^k\right) \tag{2.3}$$

其中，L_i^k 是以长度为单位表示的累积载波相位观测值；λ 是相应的载波波长；ϕ_i 是接收机 i 在到达时间 T_i 产生的参考信号载波相位；ϕ^k 是在发射时间 T^k 的发射信号载波相位；N_i^k 是以整数个周期表示的初始载波相位模糊度。与式(2.2)所示的测距码观测方程类似，载波相位观测方程可以表示为

$$L_i^k = \rho_i^k - c\cdot\Delta t^k + c\cdot\Delta t_i + \Delta\rho_{i,\text{trop}}^k - \Delta\rho_{i,\text{ion}}^k + \lambda\cdot B_i^k + \varepsilon_{Li}^k \tag{2.4}$$

其中，B_i^k 指与初始载波相位模糊度相关的恒定偏差，它是周期的整数倍。与测距码观测方程(2.2)相比，主要差别在于偏差项 B_i^k，它包含了整数值初始载波相位模糊度 N_i^k、由任意时刻 ϕ_i 和 ϕ^k 之间的非零实值相位差、卫星和接收机之间的实值特定硬件延迟等。如果接收机失去对信号的锁定，那么由于在累积的载波相位观

测值中存在不连续性(即周跳)，必须增加附加的偏置项。与测距码观测式(2.2)的另一个不同之处在于，相位超前导致的电离层折射项 $\Delta\rho_{i,\text{ion}}^{k}$ 符号为负，式(2.2)中电离层延迟项的符号为正。

概括起来，双频 GPS 接收机在某个特定观测时刻 t_i 的观测方程为

$$\begin{cases} P_{i,1}^{k} = \tilde{\rho}_i^{\ k} + I_i^{\ k} + \varepsilon_{P_1 i}^{k} \\ P_{i,2}^{k} = \tilde{\rho}_i^{\ k} + \xi \cdot I_i^{\ k} + \varepsilon_{P_2 i}^{k} \\ L_{i,1}^{k} = \tilde{\rho}_i^{\ k} - I_i^{\ k} + \lambda_1 \cdot B_{i,1}^{k} + \varepsilon_{L_1 i}^{k} \\ L_{i,2}^{k} = \tilde{\rho}_i^{\ k} - \xi \cdot I_i^{\ k} + \lambda_2 \cdot B_{i,2}^{k} + \varepsilon_{L_2 i}^{k} \end{cases} \tag{2.5}$$

其中，$P_{i,1}^{k}$、$P_{i,2}^{k}$ 是两个频率下的测距码观测值；$L_{i,1}^{k}$、$L_{i,2}^{k}$ 是两个频率的累积载波相位观测值；$\tilde{\rho}_i^{\ k}$ 是接收机 i 和卫星 k 之间的几何距离，其中考虑了钟差和对流层折射效应；$B_{i,1}^{k}$、$B_{i,2}^{k}$ 是两个频率的载波相位偏置参数；$\varepsilon_{P_1 i}^{k}$、$\varepsilon_{P_2 i}^{k}$、$\varepsilon_{L_1 i}^{k}$、$\varepsilon_{L_2 i}^{k}$ 是所有测量值的残差。对于 GPS 卫星发射的 L 波段载波而言，电离层是一种频散介质。因此，电离层折射项与载波频率 υ 一阶近似中的 $1/\upsilon^2$ 成比例。因此，两个频率的信号延迟项 $\Delta\rho_{i,\text{ion}}^{k}$ 可以表示成与 L_1 相关的电离层折射项 $I_i^{\ k}$ 的函数。与 L_2 相关的电离层折射项是 $I_i^{\ k}$ 与转换因子 $\xi = \upsilon_1^{\ 2} / \upsilon_2^{\ 2} = 1.6469$ 的乘积。

由于测距码观测值比载波相位观测值的精度低两到三个数量级，而且载波相位观测值仅在毫米量级上表现出热噪声，因此在高精度大地测量中主要应用载波相位观测。为了最小化或消除特定的误差源，如式(2.5)等号右边的电离层折射项，通常的做法是对某一 GPS 接收机的原始测量值与其他 GPS 接收机的观测值作差分(单差或双差)，或对原始双频测量值进行线性组合，如消除电离层延迟的线性组合，也可以同时进行差分和双频观测量线性组合。然而，通过估算不同历元的电离层延迟，可以直接处理式(2.5)中的原始观测量，详见文献[163]。对于 GPS 观测方程及其线性组合的一般讨论和完全推导，比如在考虑整周模糊度情况下的相关内容，读者可以参考文献[143]。

2.1.2 卫星激光测距

1964 年 10 月 31 日，在第一台激光器建成后仅四年，美国航空航天局戈达德地球物理与天文台对装有激光反射器的卫星进行了第一次激光测距实验[131]。从那以后，卫星激光测距技术便发展成为最重要的空间大地测量技术之一，用于确定地球参考系，测量地球重力场，验证全球导航卫星系统甚长基线干涉(very long baseline interferometry，VLBI)测量等其他空间大地测量技术。关于目前 SLR 技术成果的总结，读者可以参考文献[137]。

地面站 i 通过望远镜发射超短高能激光脉冲，经卫星 k 上的特殊角立方反射器回到望远镜，SLR 可以测得激光往返时间 Δt_i^k。将飞行时间乘以光速，可以把飞行的往返时间转换为距离。与其他空间大地测量技术类似，SLR 技术也需要进行许多校正，如大气层延迟、相对论效应、卫星质心校正、激光系统偏移校准等。在地面站上，由于使用相同的电子时间间隔计数器来记录激光脉冲的发射时间和接收时间，因此 SLR 测量几乎没有时间同步误差。保留 SLR 中的主要几何项，并忽略掉所有其他项， SLR 基本观测方程式可以表示为

$$\Delta t_i^k = \tau_{i,\mathrm{up}}^k + \tau_{i,\mathrm{down}}^k = \frac{1}{c}\left[\left|\boldsymbol{r}_i\left(t_{\mathrm{sat}} - \tau_{i,\mathrm{up}}^k\right) - \boldsymbol{r}^k\left(t_{\mathrm{sat}}\right)\right| + \left|\boldsymbol{r}_i\left(t_{\mathrm{sat}} + \tau_{i,\mathrm{down}}^k\right) - \boldsymbol{r}^k\left(t_{\mathrm{sat}}\right)\right|\right] \tag{2.6}$$

其中， Δt_i^k 是激光脉冲的上行和下行时间之和； $\boldsymbol{r}_i$ 是激光地面站在发射时刻 $t_{\mathrm{sat}} - \tau_{i,\mathrm{up}}^k$ 和接收时刻 $t_{\mathrm{sat}} + \tau_{i,\mathrm{down}}^k$ 的惯性位置； $\boldsymbol{r}^k$ 是卫星 k 上光学相位中心在反射时刻 t_{sat} 的惯性位置。假设 $\tau_{i,\mathrm{up}}^k \approx \tau_{i,\mathrm{down}}^k \approx \frac{1}{2}\Delta t_i^k$ ，激光地面站的惯性位置可以近似表示为

$$\boldsymbol{r}_i\left(t_{\mathrm{sat}} \pm \frac{1}{2}\Delta t_i^k\right) \approx \boldsymbol{r}_i\left(t_{\mathrm{sat}}\right) \pm \frac{1}{2}\Delta t_i^k \cdot \dot{\boldsymbol{r}}_i\left(t_{\mathrm{sat}}\right) \tag{2.7}$$

忽略高阶项，可将观测式(2.6)简化为

$$\Delta t_i^k = \frac{2}{c}\left|\boldsymbol{r}_i\left(t_{\mathrm{sat}}\right) - \boldsymbol{r}^k\left(t_{\mathrm{sat}}\right)\right| \tag{2.8}$$

其中，激光站 i 和卫星 k 的惯性位置 $\boldsymbol{r}_i$ 和 $\boldsymbol{r}^k$ 都与脉冲在卫星上的反射时间 t_{sat} 有关。这种近似方法足以满足地面激光达到 GNSS 卫星高度时的测量精度要求。对于月球激光测距(lunar laser ranging，LLR)等远距离目标的激光传输时间测量，必须采用观测式(2.6)。

2.2　轨 道 表 示

斜距 ρ_i^k 包含有必要的几何信息，因此可以从相应的跟踪数据中确定卫星轨道。当由非差 GNSS 跟踪数据确定 LEO 轨道时，必须使用观测式(2.5)或其消除电离层项的线性组合。相关的几何项如下：

$$\rho_{\mathrm{leo}}^k = \left|\boldsymbol{r}_{\mathrm{leo}}\left(t_{\mathrm{leo}}\right) - \boldsymbol{r}^k\left(t_{\mathrm{leo}} - \tau_{\mathrm{leo}}^k\right)\right| \tag{2.9}$$

其中，$\boldsymbol{r}_{\mathrm{leo}}$ 是在 GPS 时刻 t_{leo} 时 LEO 天线相位中心的惯性位置；$\boldsymbol{r}^k$ 是在 GPS 时刻

$t_{\text{leo}}-\tau_{\text{leo}}^{k}$ 时 GPS 卫星 k 的天线相位中心的惯性位置，其中 τ_{leo}^{k} 是信号在两个相位中心之间的传播时间。

地球轨道卫星通常具有较大的体积，卫星上的任何仪器通常都不会正好处在卫星质心。因此，星载 GNSS 天线相位中心或 SLR 反射镜中心的惯性运动分析就包括卫星绕地球的质心运动及卫星本体绕其质心的旋转运动。卫星本体坐标系在惯性空间中的指向也称为卫星姿态。在惯性空间中，为了在 t_{leo} 时刻将相位中心与 LEO 卫星质心相关联，必须首先获取天线相位中心在卫星本体坐标系中的位置和卫星姿态(可由星敏感器测量得到)。如果两者都满足，则式(2.9)中的 LEO 卫星质心位置可以通过运动学、动力学或简化动力学轨道建模得到。基于 GNSS 跟踪数据得到的三种 LEO 卫星轨道如图 2.1 所示。下面对其进行详细说明。

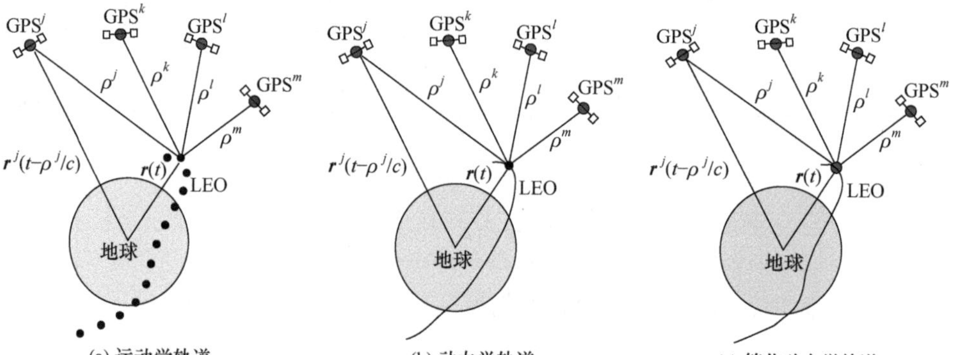

图 2.1　运动学轨道、动力学轨道和简化动力学轨道

2.2.1　运动学轨道

运动学轨道确定是根据每个观测历元的卫星跟踪数据，估计三维笛卡儿坐标系下的轨道运动。运动学方法不仅限于描述卫星轨道，而且可用于所有类型的移动物体，如汽车、轮船、飞机等。星载天线相位中心的惯性位置 $\boldsymbol{r}_{\text{leo}}$ 与卫星质心有关：

$$\boldsymbol{r}_{\text{leo}}\left(t_{\text{leo}}\right)=\boldsymbol{R}\left(t_{\text{leo}}\right)\cdot\boldsymbol{r}_{\text{leo},e,o}\left(t_{\text{leo}};x_1,y_1,z_1,\cdots,x_n,y_n,z_n\right)+\delta\boldsymbol{r}_{\text{leo,ant}}\left(t_{\text{leo}}\right) \tag{2.10}$$

其中，$\boldsymbol{R}$ 是从地球固连坐标系到地心惯性系的转换矩阵；$\boldsymbol{r}_{\text{leo},e,o}$ 是 LEO 卫星质心在地球固连坐标系中的位置矢量；$x_1,y_1,z_1,\cdots,x_n,y_n,z_n$ 是卫星质心在不同历元时刻的坐标；$\delta\boldsymbol{r}_{\text{leo,ant}}$ 是惯性系中的天线相位中心偏差。

假设 $\delta\boldsymbol{r}_{\text{leo,ant}}$ 是已知的，根据地心惯性系中给定的天线相位中心偏差及其变化、LEO 卫星姿态可以求得该值。在轨道确定过程中，无论是卫星质心还是星载天线相位中心，其不同历元时刻的坐标都是未知的，通常在地球固连坐标系中表示。在天线相位中心偏差 $\delta\boldsymbol{r}_{\text{leo,ant}}$、卫星姿态未知的条件下，根据卫星跟踪数据可以估计天线相位中心的惯性未知，但是无法估计卫星质心位置。

如图 2.1(a)所示，低轨卫星运动学轨道是指星载 GNSS 接收机在一系列离散时刻给出的卫星星历。运动学轨道是根据精确点定位(precise point positioning，PPP)方法仅进行几何平均得到的[167]，这意味着在两个测量时刻之间的位置信息是未知的。从运动学轨道中不能直接获得速度和加速度信息。如第 4 章、第 5 章所述，这与使用加速度法或能量守恒法时根据运动学位置确定重力场相关。这就不可避免地会涉及数值微分方法的使用，选择适当的相关参数(如滤波器长度、滤波器阶数等)是至关重要的，详见文献[6]。

图 2.2 以 SP3 格式给出了 GOCE 卫星运动学轨道[122]，星历间隔为 1s，它提供了国际地球参考框架(international terrestrial reference frame，ITRF)下的卫星位置，单位为 km[1]。运动学位置总是与实际测量时刻(在图 2.2 中以 GPS 时间表示)有关，因此它们不能表示在间隔为 1s 的完全规则网格上。时间标签也不一定和整数秒重合。这对于 GOCE 卫星星载接收机而言是非常显然的，因为其内置时钟没有被控制到整数秒。如果时间标签需要更精确的位数，则可以通过将名义时刻减去图 2.2 最后一列所示的时钟校正值(单位：μs)来计算时间标签。

```
*  2009 11  2  0  0  0.80678020
PL15    -390.612059    6623.987679      73.104149 193219.797196
*  2009 11  2  0  0  1.80678020
PL15    -389.240315    6624.166512      65.402457 193219.799413
*  2009 11  2  0  0  2.80678020
PL15    -387.868014    6624.336133      57.700679 193219.801634
*  2009 11  2  0  0  3.80678020
PL15    -386.495163    6624.496541      49.998817 193219.803855
*  2009 11  2  0  0  4.80678019
PL15    -385.121760    6624.647724      42.296889 193219.806059
*  2009 11  2  0  0  5.80678019
PL15    -383.747819    6624.789703      34.594896 193219.808280
*  2009 11  2  0  0  6.80678019
PL15    -382.373332    6624.922464      26.892861 193219.810495
*  2009 11  2  0  0  7.80678019
PL15    -380.998306    6625.046003      19.190792 193219.812692
*  2009 11  2  0  0  8.80678019
PL15    -379.622745    6625.160329      11.488692 193219.814899
*  2009 11  2  0  0  9.80678018
PL15    -378.246651    6625.265448       3.786580 193219.817123
```

图 2.2　从 2009 年 11 月 2 日开始的 GOCE 运动学轨道位置

在不依赖低轨卫星任何动力学信息的情况下，可以求出其运动学轨道信息[151]。因此，运动学轨道可用于重力场恢复，就如伪观测值可用于能量守恒法或加速度法重力场测量，以及用于变分法等经典重力场恢复方法一样。文献[46]首次基于 CHAMP 卫星运动学轨道，证明了能量守恒法可用于重力场恢复[113]。由于基于运动学轨道的能量守恒法比经典数值积分法[149]更节省计算资源，因此在 21 世纪的第一个十年里，许多研究小组基于运动学轨道研究重力场恢复。与原始的 GNSS 跟踪数据相比，对伪观测值的处理非常简单，因此对于采用经典重力场恢复方法的研究小组而言[11]，运动学轨道信息对其非常有吸引力。

运动学位置称为伪观测值，这是因为它们并不是原始的观测结果，而是根据 GPS 数据求得的。由于 GPS 载波相位观测式(2.4)中存在模糊度参数，因此基于 GPS 载波相位数据得到的运动学位置不是独立的，而是相关的。图 2.3(a)显示了地球固连坐标系下 GRACE-B 卫星运动学位置 z 坐标相关矩阵在 700 个历元时刻的放大图。非对角线元素对应的时间超过 200 个历元时刻，略多于一个轨道周期(每 30s 进行一次位置取样，因此正好是 100min)。和预想的一样，相关性基本上随着时间差的增加而下降。具有较高相关性的斑点可以被识别出，这些斑点与卫星穿越地球赤道有关，因此在一个轨道周期内会出现两次。对于这些区域，采用更好的几何观测结构可以确保更好地与 GPS 载波相位观测值相关联(由多重模糊导致的中断次数更少)，并产生相关性更强的运动学位置。平均而言，在本例中，经过 30s(1 个历元时刻)后相关性下降到 51%，经过 20 个历元时刻后下降到 40%，经过 40 个历元时刻后下降到 26%，经过 100 个历元时刻后下降到 10%以内。然而，在高相关性期间，经过 40 个历元时刻后仍然可以观测到 80%的相关性，并且即使在 100 个历元时刻后，相关性仍然高达 45%。

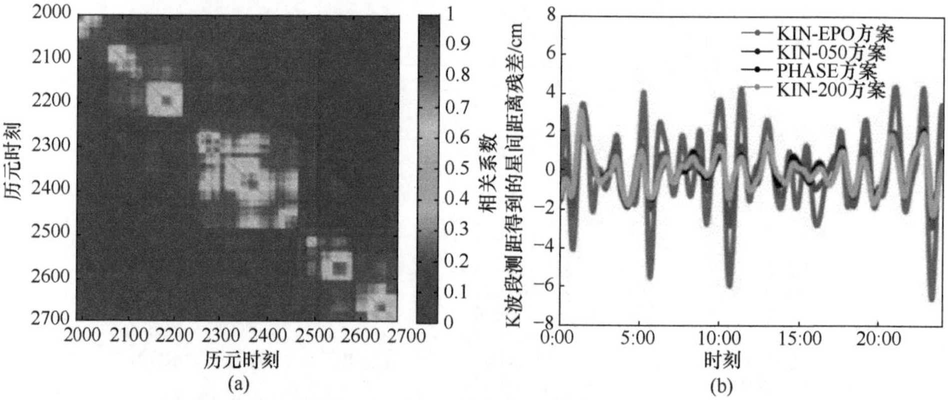

图 2.3　(a)：地球固连坐标系下 GRACE-B 卫星运动学位置 z 坐标相关矩阵的放大图(1d)；(b)：基于不同处理方法得到的 GRACE A/B 卫星简化动力学轨道星间距离残差(图片来自文献[70])

图 2.3(b)以 2007 年第 200 天为例，给出了两个 GRACE 卫星星间距离的残差，它是根据不同的 GPS 卫星轨道及星间距离得到的，其中星间距离可以由高精度 K 波段测距系统得到。采用方案“PHASE”可以获得最佳性能(即最小残差)，其中原始 GPS 载波相位数据可直接用于简化动力学轨道确定(关于简化动力学轨道确

定的更多细节，见 2.2.3 节)。在 KIN-EPO 方案中，计算结果产生了明显的恶化，该方案根据运动学轨道得到了相同的简化动力学参数，将运动学轨道作为伪观测值，并且在最小二乘平差的观测权重中仅考虑了与历元时刻相关的协方差信息。显然，在最小二乘平差中仅考虑历元加权是不够的，这是因为运动学位置的长周期参数可能被简化动力学轨道模型参数错误拟合，而不是被解释为在时间上由模糊性引起的纯相关序列。对于 KIN-50 方案和 KIN-200 方案，分别超过 50、200 个观测历元的协方差信息用于计算观测权重，显著提高了轨道质量。KIN-200 方案实质上与 PHASE 方案的效果相同。必须强调的是，有必要考虑到多达 200 个的非对角线块，这样才能实现类似于 PHASE 方案的效果。

与轨道确定类似，必须考虑运动学定位的协方差信息，这样才能获得与原始 GPS 载波相位数据相同的重力场恢复结果[70]。为了进一步利用运动学信息进行重力场恢复，有时还需要考虑由经验得到的协方差信息[163]。

2.2.2　动力学轨道

动力学轨道确定将卫星的质心运动描述为运动方程的一个特解。由于实际卫星轨道总是运动方程的特殊解，动力学轨道表示法无疑是模拟轨道运动最自然的选择。在动力学轨道确定中，星载天线相位中心与卫星质心的关系为

$$\boldsymbol{r}_{\text{leo}}\left(t_{\text{leo}}\right)=\boldsymbol{r}_{\text{leo},0}\left(t_{\text{leo}};a,e,i,\Omega,\omega,u_0;Q_1,Q_2,\cdots,Q_d\right)+\delta\boldsymbol{r}_{\text{leo,ant}}\left(t_{\text{leo}}\right) \tag{2.11}$$

其中，$\boldsymbol{r}_{\text{leo},0}$ 是 LEO 卫星在地心惯性系下的质心位置；a,e,i,Ω,ω,u_0 是 LEO 卫星的 6 个轨道根数；$Q_1,Q_2,\cdots,Q_d$ 是附加的 LEO 动力学轨道参数；$\delta\boldsymbol{r}_{\text{leo,ant}}$ 是地心惯性系中天线相位中心相对卫星质心的偏差。

类似于式(2.10)，可认为 $\delta\boldsymbol{r}_{\text{leo,ant}}$ 是已知的。未知参数是 LEO 卫星的初始密切轨道根数 $O_j, j=1,2,\cdots,6$，以及附加的动力学轨道参数 $Q_1,Q_2,\cdots,Q_d$。后者可能与根据解析或数值方法得到的加速度成比例，加速度可能由重力场模型推导得到，也可能由星载加速度计测量得到。

在动力学轨道表示法中，LEO 卫星质心位置 $\boldsymbol{r}_{\text{leo},0}$ 以运动方程特解的形式来表示。动力学模型用于描述运动方程，并通过数值积分方法得到卫星质心和速度随时间的变化。图 2.1(b)显示了由 GNSS 跟踪数据得到的 LEO 卫星动力学轨道，由此提供了一个卫星星历表，可以在轨道弧段内的任何时刻对星历进行估计。卫星轨道完全依赖其受力模型。绕地球运动的卫星动力学方程为

$$\ddot{\boldsymbol{r}}=-\text{GM}\frac{\boldsymbol{r}}{r^3}+\boldsymbol{f}_p\left(t,\boldsymbol{r},\dot{\boldsymbol{r}},Q_1,Q_2,\cdots,Q_d\right)=\boldsymbol{f} \tag{2.12}$$

初始条件为

$$\boldsymbol{r}(t_0)=\boldsymbol{r}(a,e,i,\Omega,\omega,u_0;t_0),\ \dot{\boldsymbol{r}}(t_0)=\dot{\boldsymbol{r}}(a,e,i,\Omega,\omega,u_0;t_0) \tag{2.13}$$

其中，GM 是万有引力常数与地球质量的乘积；$\boldsymbol{r}$ 是地心惯性系中卫星的质心位置；$\boldsymbol{f}_p$ 是地心惯性系中作用在卫星上的扰动加速度；$\boldsymbol{f}$ 是总的加速度。扰动加速度 $\boldsymbol{f}_p$ 包含所有的引力以及非引力扰动。卫星受力模型可能显式地与时间 t 有关，也可能隐式地通过卫星位置矢量 $\boldsymbol{r}$ 和速度矢量 $\dot{\boldsymbol{r}}$ 以及需要修正的附加力模型参数 $Q_1,Q_2,\cdots,Q_d$ 求得。

在动力学轨道确定过程中，至少要根据跟踪数据估算出初始条件，如初始密切轨道根数。图 2.4 给出了在 t_0 时刻由 6 个初始密切轨道根数(开普勒参数) a,e,i,Ω,ω,u 表示的卫星轨道。半长轴 a 和数值偏心率 e 描述了轨道的大小和形状，轨道倾角 i 和升交点赤经 Ω 描述了轨道面相对于地球赤道面的方位，近地点角距参数 ω 描述了轨道的指向，纬度参数 u_0 描述了卫星在时刻 t_0 的位置。由式(2.13)可知，这 6 个初始密切轨道根数与时刻 t_0 时的卫星位置矢量和速度矢量(状态矢量)等效。通常，利用二体问题公式可以将密切轨道根数与卫星状态矢量相关联，反之亦然[7]。

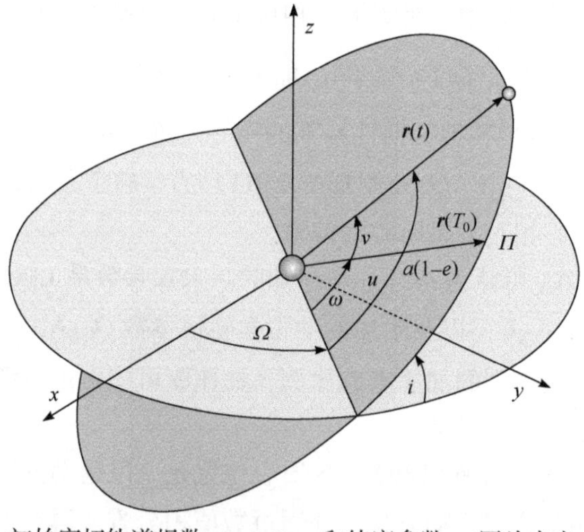

图 2.4　初始密切轨道根数 a,e,i,Ω,ω 和纬度参数 u (图片来自文献[7])

图 2.5 显示了 GOCE 卫星轨道的半长轴和升交点赤经随时间的变化。基于卫星受力模型，可以利用数值积分方法获取一天时间段内的 GOCE 卫星轨道，并根据得到的卫星位置和速度矢量计算密切轨道根数。图中轨道根数的变化主要是由地球扁率引起的[8]。图 2.5(a)显示了轨道半长轴的变化，其平均值为 6632.9km(对应的轨道高度为 254.9km)，振幅为 10km，周期是轨道周期的一半。对于升交点

赤经的变化，图 2.5(b)除了显示周期为 1/2 轨道周期的较小幅度变化外，还显示了约等于 1°/d(360°/365d)的显著线性漂移。GOCE 卫星轨道的倾角约为 96°，大于 90°，这会导致升交点进动，用于实现太阳同步轨道。图 2.5 所示的两种轨道根数变化主要是由地球扁率造成的，可以根据一阶扰动理论求解高斯扰动方程来解释，参见文献[7]。

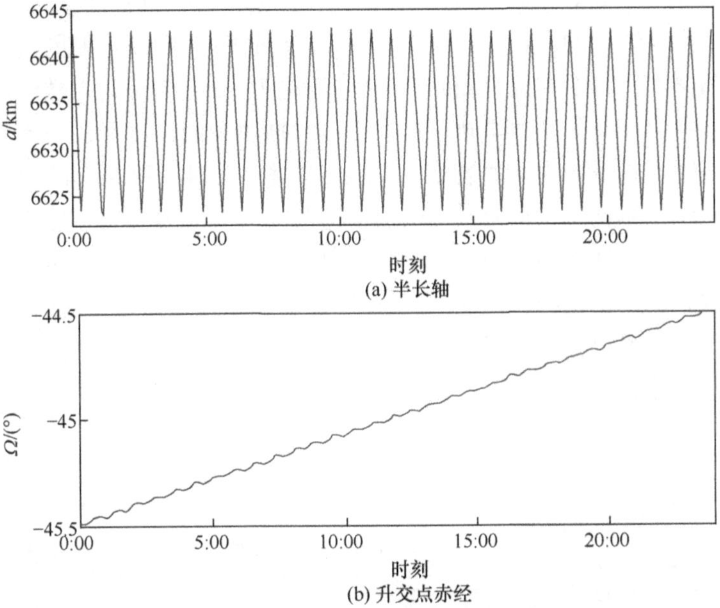

图 2.5 GOCE 卫星的轨道半长轴和升交点赤经(2009 年 11 月 2 日)

2.2.3 简化动力学轨道

即使是 GPS 数据或 K 波段测距等高精度跟踪数据精度，也难以得到 LEO 卫星的真实动力学参数。因此，几十年前人们就引入了简化动力学轨道确定概念，以便更好地利用 GPS 载波相位测量等精确跟踪数据[161,162]。简化动力学轨道是通过在确定性轨道模型上附加其他随机参数并同时对两者进行修正而实现的。

本章介绍的伪随机轨道模型可以理解为简化动力学轨道确定的一种特殊实现，详见文献[64]。它利用了 GNSS 卫星观测的几何图形强度，并且卫星轨道是确定性运动方程的特解。“伪”这一概念属性将该方法与随机轨道模型区分开来，在随机轨道模型中，卫星轨道作为随机差分方程的解[73]。相反地，伪随机轨道建模将附加的经验参数 $P_1, P_2, \cdots, P_S$ 引入确定性运动方程式(2.12)，其中的经验参数称为伪随机轨道参数，于是卫星运动方程变为

$$\ddot{\boldsymbol{r}}=-\mathrm{GM}\frac{\boldsymbol{r}}{r^3}+\boldsymbol{f}_p\left(t,\boldsymbol{r},\dot{\boldsymbol{r}},Q_1,Q_2,\cdots,Q_d,P_1,P_2,\cdots,P_S\right)=\boldsymbol{f} \tag{2.14}$$

“随机”来自实践，根据期望值、先验权重等已知的统计特性可以有选择性地表征这些附加参数，这样可以将估计参数限制为用户指定的期望值。

如图 2.1(b)、(c)所示，LEO 卫星简化动力学轨道也就是卫星星历，可以在轨道弧段内的任何时刻对其进行估计。因此，可以按照 SP3 格式要求在规则网格上提供简化动力学轨道的位置，如图 2.6 所示，它截取了 GOCE 卫星简化动力学轨道的位置和速度，其中单位为 dm/m，时间间隔为 10s。与纯动力学轨道不同，由于采用经验参数，简化动力学轨道更多是由数据驱动的，并且在一定程度上允许“偏移”，否则这些偏移将无法被受力模型所描述。因此，高精度的跟踪数据可以更好地被利用，而且简化动力学方法非常适合在卫星受力模型不足的情况下计算出高质量的 LEO 卫星轨道。如下所示，经验参数可以补偿未建模的非引力干扰，甚至可以应对快速变化的加速度。但是，简化动力学轨道依赖实际的参数化情况，所以卫星轨道在很大程度上仍然取决于受力模型。因此，不建议把简化动力学轨道位置作为随后单独的地球重力场恢复过程中的伪观测数据来使用[65]。

```
*  2009 11  2  0  0  0.00000000
PL15   -391.718353   6623.836682     79.317661 999999.999999
VL15  13710.157683   1908.731015 -77015.601314 999999.999999
*  2009 11  2  0  0 10.00000000
PL15   -377.980705   6625.284690      2.298385 999999.999999
VL15  13764.602016    987.250587 -77021.193676 999999.999999
*  2009 11  2  0  0 20.00000000
PL15   -364.190222   6625.811136    -74.721213 999999.999999
VL15  13815.825127     65.631014 -77016.232293 999999.999999
*  2009 11  2  0  0 30.00000000
PL15   -350.350131   6625.415949   -151.730567 999999.999999
VL15  13863.820409   -855.995477 -77000.719734 999999.999999
*  2009 11  2  0  0 40.00000000
PL15   -336.463660   6624.099187   -228.719134 999999.999999
VL15  13908.581905  -1777.497047 -76974.660058 999999.999999
*  2009 11  2  0  0 50.00000000
PL15   -322.534047   6621.861041   -305.676371 999999.999999
VL15  13950.104280  -2698.741871 -76938.058807 999999.999999
*  2009 11  2  0  1  0.00000000
PL15   -308.564533   6618.701833   -382.591743 999999.999999
VL15  13988.382807  -3619.598277 -76890.923043 999999.999999
```

图 2.6　从 2009 年 11 月 2 日开始的 GOCE 卫星简化动力学轨道位置

2009 年 5 月 7 日，GOCE 卫星处于调试阶段。图 2.7 显示了 GOCE 卫星简化动力学轨道确定过程中用到的估计经验参数。将经验参数设置为 6min 内的分段恒定加速度(见 2.3.2 节)，主要用于补偿卫星所受的未明确建模的大气阻力。在中午，所估算的迹向加速度变化特征与 GOCE 卫星离子推进装置调试有关。在 2009 年春季的调试阶段，出现了意想不到的低阻力，GOCE 卫星在这一天转入科学模式。GOCE 卫星推力器在最大推力输出时偏差为 4mN、其他推力输出时偏差为 2～2.5mN，这使 GOCE 卫星实现了有史以来的第一次阻力补偿飞行。图 2.7(b)说明在第一次阻力补偿飞行期间，沿飞行方向的阻力在很大程度上得到了补偿。残余加速度被减小到了与径向上加速度相近的量级。然而，由于在当时卫星所处的轨道高度上大气密度极低，闭环阻力补偿飞行的持续时间尚不能超过几天。2009 年 5 月 26 日，GOCE 卫星开始了新一轮的、时间稍长的测试，此时轨道高度为 272.5km。但是，GOCE 卫星只有在 2009 年 9 月 14 日达到最终的轨道高度 259.56km(指平均球面高度，若是相对于平均半长轴则高度为 254.9km)之后，才开始闭环阻力补偿控制[68]。

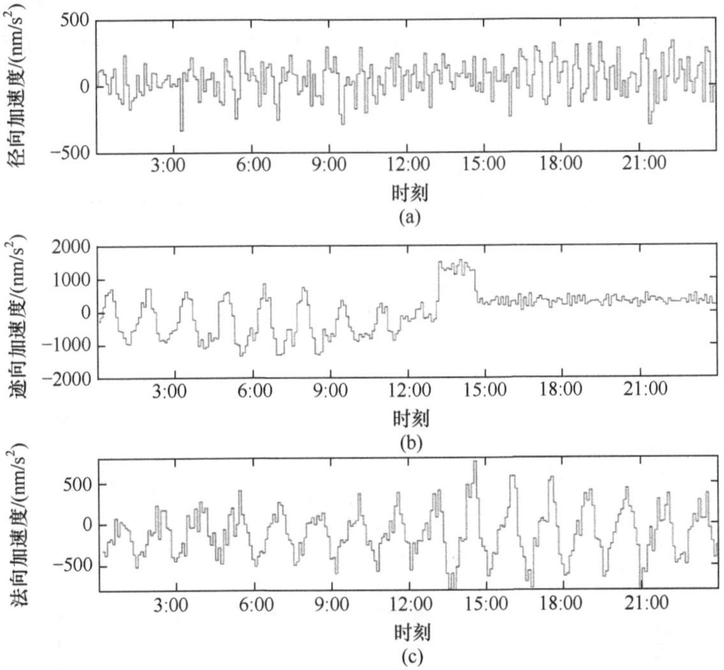

图 2.7　在调试阶段，GOCE 卫星简化动力学轨道中的分段恒定加速度(2009 年第 127 天)

2.2.4　不同轨道的比较

通过阐述运动学和简化动力学轨道之间的差异，可以进一步说明两者的特征。这是一种广泛用于评估两类轨道一致性的方法，见文献[18]和文献[145]。尽管这些差异不能提供有关轨道精度的直接信息，但是运动学位置对这些差异特别敏感，因此它们是噪声、数据中断等方面 GPS 数据质量好坏的重要指标。

以 GOCE 卫星任务早期阶段为例，图 2.8 显示了 30h 弧段内 GOCE 卫星运动学和简化动力学轨道之间的差异。这些差异只能在运动学轨道位置的离散时刻进行计算，然后分解到径向、迹向和轨道面法向上，就像根据简化动力学轨道得出的一样。如图 2.8 所示，两类轨道在厘米级水平上保持一致。两类轨道差异的发散是由运动学位置引起的，运动学位置是在没有任何平滑或约束的情况下在后续历元之间得出的。因此，高频位置噪声主要是由 GPS 载波相位噪声产生的。由于在每个测量时刻运动学位置估计和接收机时钟校正同步进行，因此噪声在径向上是最大的。图 2.8 中的低频变化可能是由两类轨道共同引起的，原因可能是系统载波相位误差，如接收机天线相位中心变化(phase center variation，PCV)这些误差对运动学和简化动力学轨道的影响不同[66]；也可能是动力学模型误差，这些误差没有被简化动力学轨道中的经验参数有效补偿[48]；还可能是运动学轨道中的有色噪声[70]。运动学和简化动力学轨道之间的平均偏差非常小，这主要是由于简化动力学轨道中特殊参数的应用，其中估算了作用于整个轨道弧段上的恒定经验加速度[66]。

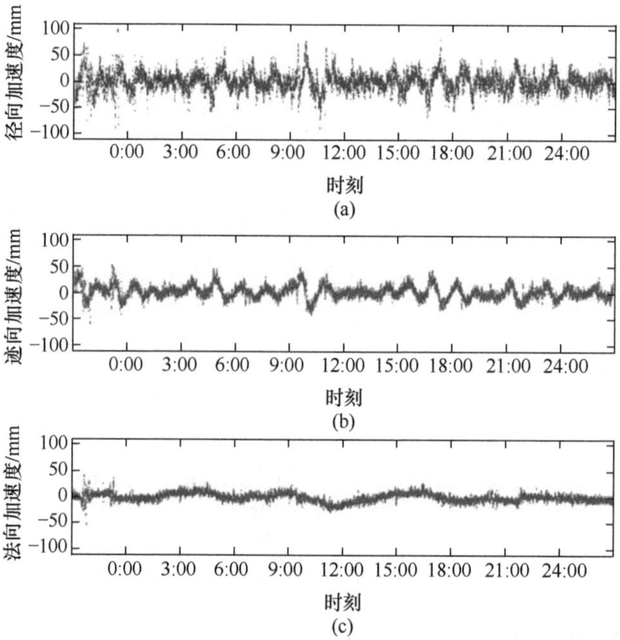

图 2.8　GOCE 卫星运动学轨道相对于简化动力学轨道的差异(2009 年第 120 天)

应该强调的是，简化动力学轨道确定过程中每个附加(经验)参数的引入削弱了对其他(非经验)参数的估计。由于重力场模型的不断改进，以及作用于 LEO 卫星上非引力干扰获取精度的提高(如通过宏观模型来更好地对其进行描述或通过星载加速度计直接测量表面干扰力)，可以通过更严格的约束来估计纯经验参数(见 2.3.3 节)，从而提高简化动力学轨道的动态刚性，保证高质量的轨道[41,49,146]。

在 GOCE 卫星任务中，星载加速度计性能优越，这样可以完全避免使用任何经验参数，并以非常高的水平实现纯动力学轨道确定任务[148]。

2.3 轨 道 确 定

由于接收器的运动不受任何限制，因此运动学定位的应用场合十分广泛。但是，运动学位置对于性能较差的测量量、不利的几何观测结构和数据中断非常敏感。因此，运动学定位基本上局限于基于星载 GNSS 跟踪数据的 LEO 轨道确定，或基于 IGS 跟踪站数据的 GNSS 轨道确定[151]。相反，动力学和简化动力学轨道使用的是卫星运动的物理模型。因此，基本轨道确定方法也适用于只能稀疏地覆盖轨道弧段的测量系统，如卫星激光测距系统[138]。在基于 GNSS 数据的 LEO 卫星轨道确定中，动力学和简化动力学方法允许对不同测量时刻的大规模测量结果进行某种“平均”，这使得位置估算结果更不容易出现不良测量和数据中断。因此，可以忽略数据中断而合理地扩展卫星轨道，特别是在精确动力学模型情况下。本节重点阐述了动力学和简化动力学轨道确定技术层面的知识，介绍动力学和简化动力学轨道确定数学描述中所用到的基本方程、变分方程和参数估算方法。

2.3.1 基本方程

根据 2.2.2 节和 2.2.3 节可知，在描述卫星动力学或简化动力学轨道时，卫星运动被看成运动方程的一个特解。式(2.12)和式(2.14)通常被称为轨道确定问题的基本方程。加速度 $\boldsymbol{f}_p$ 包含引力和所有非引力干扰。通常，干扰力模型包括由解析模型给出的已知加速度部分，以及在轨道确定过程中需要修正的受力模型参数。关于在高精度动力学轨道确定过程中用到的典型模型概述，见文献[8]。

2.3.1.1 数值积分

对于精确轨道确定中的基本方程和变分方程，为保证解的精度，需要使用数值积分方法。有多种方法被成功应用于轨道确定问题，其中众所周知的方法如龙格库塔法、多步法和外推法。关于这些方法的详细概述，可以参考文献[24]和[132]等，或者参考提供概述和详细方法比较的文献[7,104]。

本节概述了利用 Bernese GNSS 软件[29]对卫星轨道进行数值积分时用到的组合方法[7]。它们通过 q 次多项式来近似计算初值问题式(2.12)和式(2.14)，该次数大大高于基本微分方程组的阶数 $n=2$ 。当 $q=n$ 时，该方法退化为莱昂哈德·欧拉(Leonhard Euler)早在 1768 年就提出的一种方法，因此该方法通常也被称为欧拉法。多项式次数 q 称为方法的阶数。在双精度浮点运算环境中，最多到 10～14 的阶数通常都是有意义的。积分区间细分(图 2.9)和初值问题左积分边界定义都与欧拉方法相同，不同之处在于前一区间 q 阶的组合方法被用于定义新的初值。

关于区间 $I_k, k=0,1,\cdots,N-1$ 的初值问题可以表示为

$$\ddot{\boldsymbol{r}}_k = \boldsymbol{f}\left(t, \boldsymbol{r}_k, \dot{\boldsymbol{r}}_k\right) \tag{2.15}$$

初始条件为

$$\boldsymbol{r}_k\left(t_k\right)=\boldsymbol{r}_{k0},\ \dot{\boldsymbol{r}}_k\left(t_k\right)=\dot{\boldsymbol{r}}_{k0} \tag{2.16}$$

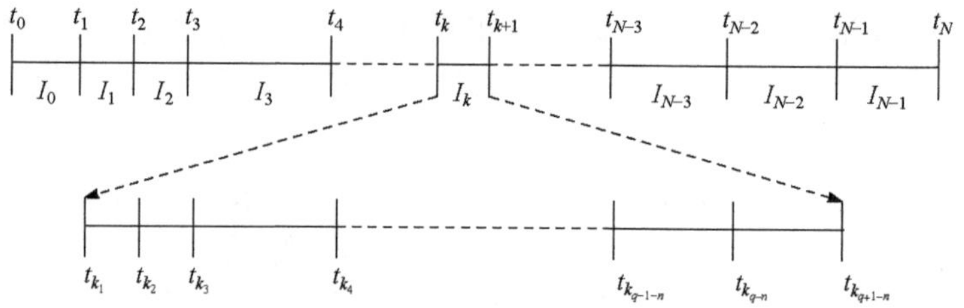

图 2.9　组合算法中积分区间 I_k 的细分(图片来自文献[7])

当 $i=0,1$ 时，初值被定义为

$$\boldsymbol{r}_{k0}^{(i)}=\begin{cases}\boldsymbol{r}_0^{(i)}, & k=0\\ \boldsymbol{r}_{k-1}^{(i)}\left(t_k\right), & k>0\end{cases} \tag{2.17}$$

在区间 $I_k=[t_k, t_{k+1}]$ 上，q 阶组合算法通过 q 次多项式近似计算初值问题：

$$\boldsymbol{r}_k\left(t\right)=\sum_{l=0}^{q}\frac{1}{l!}\left(t-t_k\right)^l \boldsymbol{r}_{k0}^{(l)} \tag{2.18}$$

其中，系数 $\boldsymbol{r}_{k0}^{(l)}, l=0,1,\cdots,q$ 是通过数值求解微分方程组得到的，初始条件为式(2.17)，求解时的历元时刻包括 $q-1$ 个不同的时刻 $t_{k_j}, j=1,2,\cdots,q-1$，求解区间为区间 I_k (图 2.9，$n=2$)。

根据式(2.18)的定义，尽管第一个条件自动满足，但是第二个条件需要通过在不同的时刻 t_{k_j} 用式(2.18)来替换微分方程组式(2.15)中的 $\boldsymbol{r}_k\left(t\right)$ 及其时间导数而得

$$\sum_{l=2}^{q}\frac{\left(t_{k_j}-t_k\right)^{l-2}}{\left(l-2\right)!}\boldsymbol{r}_{k0}^{(l)}=\boldsymbol{f}\left[t_{k_j}, \boldsymbol{r}_k\left(t_{k_j}\right), \dot{\boldsymbol{r}}_k\left(t_{k_j}\right)\right],\ j=1,2,\cdots,q-1 \tag{2.19}$$

上面提到的条件方程是代数方程，并且通常未知数 $\boldsymbol{r}_{k0}^{(l)}, l=2,3,\cdots,q$ 是非线性的，这是因为它们也间接地显示在式(2.19)的右边，必须用式(2.18)的右边项替换式(2.19)中的 $\boldsymbol{r}_k^{(i)}\left(t_{k_j}\right)$。未知数和条件方程的数目相等，在文献[7]中可以找到基于

迭代法的有效解决策略。

相比于 GPS 载波相位测量或 SLR 数据等经典跟踪数据，尽管上述积分方法可以毫无困难地以更高的精度来表示轨道弧段，但是从中得到初值问题式(2.15)的解并不容易。对于时长达 1d 的轨道弧段，根据式(2.15)已经能够以约 1μm 的精度得到星间距离。

为了保证 K 波段星间测距所要求的星间距离精度优于 1μm，在保持弧长为 1d 的情况下，需要对组合过程进行修改，以比双精度更高的精度来表示与子区间相关的初始状态矢量。有关这一内容的详细信息，请参考文献[11]。

未来 GRACE Follow-On 任务中的微米级 K 波段星间测距系统会得到测量精度为 50～100nm 的激光干涉测距仪的补充[133]，显然未来利用高精度星间测距数据的重力卫星任务对数值积分的要求更高。最近一项研究针对 GRACE Follow-On 双星激光测距方式，进行了全尺寸闭环仿真，结果表明双精度的处理标准可能是充分利用激光干涉仪纳米精度的限制因素。此研究提出了一种提高精度的方案，其在操作过程中的不同环节分别使用了双精度和四倍精度[31]。

2.3.1.2 轨道改进

假设先验轨道 $\boldsymbol{r}_0(t)$ 是可用的，它用先验参数值 $P_{0,i}$ 来表示。根据 GPS 测距码得到运动学轨道，进而通过动力学拟合得到 LEO 卫星位置，或者通过对前一天卫星轨道进行外推，均可以得到先验轨道 $\boldsymbol{r}_0(t)$。因此，本章讨论的定轨实际上是轨道改进，其中实际轨道 $\boldsymbol{r}(t)$ 表示为关于先验轨道参数 P_i 的截断泰勒级数：

$$\boldsymbol{r}(t)=\boldsymbol{r}_0(t)+\sum_{i=1}^{n}\frac{\partial \boldsymbol{r}_0(t)}{\partial P_i}\cdot\left(P_i-P_{0,i}\right) \tag{2.20}$$

其中，$n=6+d$ 为轨道参数的个数，$\partial \boldsymbol{r}_0(t)/\partial P_i$ 描述了参数变化引起的轨道变化。假设轨道参数修正量 $p_i=P_i-P_{0,i}$ 是已知的(例如，通过卫星跟踪数据的最小二乘平差获得，见 2.3.3 节)，并且先验轨道相对轨道参数的偏导数也是已知的，那么就可以根据式(2.20)改进先验轨道。

式(2.20)称为原始非线性定轨问题的线性化解。此外，还可以根据动力学模型和改进的动力学参数，通过数值积分来传播改进的初始状态矢量。但是，严格地说，后一种方法并不完全符合改进后的轨道参数。

2.3.2 变分方程

在轨道改进中，需要已知先验轨道对被估参数的偏导数，该偏导数是时间的函数。假设 P_i 是运动方程式(2.12)中定义的初始条件或动力学参数之一，先验轨道

$\boldsymbol{r}_0(t)$ 对该参数的偏导数可以表示为

$$\boldsymbol{z}_{P_i}(t) = \frac{\partial \boldsymbol{r}_0(t)}{\partial P_i} \tag{2.21}$$

通过求解运动方程式(2.12)的偏导数，可以得到与偏导数式(2.21)有关的初值问题。采用链式法则，得到关于参数 P_i 的变分方程如下：

$$\ddot{\boldsymbol{z}}_{P_i} = \boldsymbol{A}_0 \cdot \boldsymbol{z}_{P_i} + \boldsymbol{A}_1 \cdot \dot{\boldsymbol{z}}_{P_i} + \frac{\partial \boldsymbol{f}_p}{\partial P_i} \tag{2.22}$$

其中，三阶雅可比矩阵定义如下：

$$A_{0[i;k]} = \frac{\partial f_i}{\partial r_{0,k}},\ A_{1[i;k]} = \frac{\partial f_i}{\partial \dot{r}_{0,k}} \tag{2.23}$$

其中，f_i 为式(2.12)中总加速度 $\boldsymbol{f}$ 的分量 i；$r_{0,k}$ 为式(2.12)中地心位置矢量的分量 k。

对于 $P_i \in \{a, e, i, \Omega, \omega, u_0\}$，变分方程式(2.22)是二阶线性齐次微分方程组，初值为 $\boldsymbol{z}_{P_i}(t_0) \neq \boldsymbol{0}$，$\dot{\boldsymbol{z}}_{P_i}(t_0) \neq \boldsymbol{0}$。对于 $P_i \in \{Q_1, Q_2, \cdots, Q_d\}$，方程式(2.22)将变成非齐次方程组，初值为 0，这是因为卫星初始状态并不依赖动力学参数。重要的是，对于动力学参数和初始条件参数而言，方程式(2.22)的齐次部分是相同的，这会使求解过程非常高效。

2.3.2.1　一般解

假设函数 $\boldsymbol{z}_{O_j}(t), j=1,2,\cdots,6$ 为先验轨道 $\boldsymbol{r}_0(t)$ 对轨道根数 $O_j, j=1,2,\cdots,6$ 的偏导数，这 6 个根数定义了 t_0 时刻的初始条件。这 6 个函数的集合构成了变分方程式(2.22)齐次部分的完整解，这样可以用常数变易法得到非齐次方程组的解。因此，方程的解及其一阶导数可以写成齐次解 $\boldsymbol{z}_{O_j}(t)$ 的函数：

$$\boldsymbol{z}_{P_i}^{(k)}(t) = \sum_{j=1}^{6} \boldsymbol{\alpha}_{O_j P_i}(t) \cdot \boldsymbol{z}_{O_j}^{(k)}(t),\ k=0,1 \tag{2.24}$$

其中，系数函数定义为

$$\boldsymbol{\alpha}_{P_i}(t) = \int_{t_0}^{t} \boldsymbol{Z}^{-1}(t') \cdot \boldsymbol{h}_{P_i}(t') \mathrm{d}t' \tag{2.25}$$

其中，$\boldsymbol{\alpha}_{P_i}$ 表示列矢量 $\left(\alpha_{O_1 P_i}, \cdots, \alpha_{O_6 P_i}\right)^{\mathrm{T}}$；$\boldsymbol{Z}$ 表示大小 6×6 的矩阵 $\boldsymbol{Z}_{[1,2,3;j]} = \boldsymbol{z}_{O_j}$、$\boldsymbol{Z}_{[4,5,6;j]} = \dot{\boldsymbol{z}}_{O_j}$；$\boldsymbol{h}_{P_i}$ 表示列矢量 $\left(0^{\mathrm{T}}, \partial \boldsymbol{f}_p{}^{\mathrm{T}} / \partial P_i\right)^{\mathrm{T}}$。

变分方程式(2.22)的解 $\boldsymbol{z}_{P_i}(t)$ 及其一阶导数均可以用相同的函数 $\alpha_{O_j P_i}(t)$ 分别

表示为齐次解 $z_{O_j}(t)$ 和 $\dot{z}_{O_j}(t)$ 的线性组合。在这种表示下，实际上只有与初始条件相关的 6 个初值问题必须作为微分方程组。然而，所有与动力学参数有关的变分方程都可以化简为定积分，可以利用高斯正交法等数值方法进行有效求解[7]。

2.3.2.2　分段恒定加速度

沿预定方向 $\boldsymbol{e}(t)$ 估计 m 个恒定加速度 A_i，分段时间为 $t_{i-1} \leqslant t < t_i, i=1,2,\cdots,m$。参数 $P_i = A_i$ 对式(2.14)中 $\boldsymbol{f}_p$ 的贡献为 $A_i \cdot \boldsymbol{e}(t)$，其中时间范围为 $t_{i-1} \leqslant t < t_i$。相应的变分方程表示为

$$\ddot{\boldsymbol{z}}_{A_i} = \boldsymbol{A}_0 \cdot \boldsymbol{z}_{A_i} + \boldsymbol{A}_1 \cdot \dot{\boldsymbol{z}}_{A_i} + \begin{cases} \boldsymbol{e}(t), & t_{i-1} \leqslant t \leqslant t_i \\ \boldsymbol{0}, & \text{其他} \end{cases} \tag{2.26}$$

考虑到 2.3.2 节中关于变分方程的一般数学性质，变分方程式(2.26)很容易求解。在分段恒加速度的特殊情况下，方程式(2.25)表示为

$$\boldsymbol{\alpha}_{A_i}(t) = \int_{t_0}^{t} \boldsymbol{Z}^{-1}(t') \cdot \boldsymbol{h}_{A_i}(t')\mathrm{d}t' = \int_{t_{i-1}}^{t^*} \boldsymbol{Z}^{-1}(t') \cdot \boldsymbol{h}_{A_i}(t')\mathrm{d}t' \tag{2.27}$$

其中，积分上限由下式给出：

$$t^* = \begin{cases} t_{i-1}, & t < t_{i-1} \\ t, & t_{i-1} \leqslant t < t_i \\ t_i, & t \geqslant t_i \end{cases} \tag{2.28}$$

参照方程式(2.24)，得到解 $\boldsymbol{z}_{A_i}(t)$ 及其对参数 A_i 的一阶时间导数可以表示为

$$\boldsymbol{z}_{A_i}^{(k)}(t) = \begin{cases} 0, & t < t_{i-1} \\ \sum\limits_{j=1}^{6} \boldsymbol{\alpha}_{O_j A_i}(t) \cdot \boldsymbol{z}_{O_j}^{(k)}(t), & t_{i-1} \leqslant t < t_i \\ \sum\limits_{j=1}^{6} \boldsymbol{\alpha}_{O_j A_i}(t_i) \cdot \boldsymbol{z}_{O_j}^{(k)}(t), & t \geqslant t_i \end{cases} \tag{2.29}$$

注意，$\boldsymbol{z}_{A_i}(t)$ 是在整个弧段上关于时间的一次连续可微函数。当 $t \geqslant t_i$ 时，非零系数 $\alpha_{O_j A_i}(t)$ 是常数。这意味着参数 A_i 的变化不仅影响区间 $[t_{i-1}, t_i)$ 内的轨道，还会对 $t \geqslant t_{i-1}$ 时的所有位置和速度产生影响。关于有效解法策略的详细讨论，请参考文献[64]。

2.3.2.3　脉冲

我们简要说明在 t_i 时刻沿预定方向 $\boldsymbol{e}(t_i)$ 的瞬时速度 V_i 变化，并阐述它如何符合目前提出的形式体系。参数 $P_i = V_i$ 对方程式(2.14)中 $\boldsymbol{f}_p$ 的贡献可以写成

$V_i \cdot \delta(t-t_i) \cdot \boldsymbol{e}(t_i)$，其中$\delta(t)$是狄拉克函数。此时，对应的变分方程为

$$\ddot{\boldsymbol{z}}_{V_i} = \boldsymbol{A}_0 \cdot \boldsymbol{z}_{V_i} + \boldsymbol{A}_1 \cdot \dot{\boldsymbol{z}}_{V_i} + \delta(t-t_i) \cdot \boldsymbol{e}(t) \tag{2.30}$$

使用 2.3.2.1 节的符号，但注意区分$\boldsymbol{h}_{V_i}$与式(2.27)中的$\boldsymbol{h}_{A_i}$，在$t \geqslant t_i$时定积分式(2.27)可以简化为

$$\boldsymbol{\alpha}_{V_i}(t) = \int_{t_0}^{t} \delta(t'-t_i) \cdot \boldsymbol{Z}^{-1}(t') \cdot \boldsymbol{h}_{V_i}(t') \mathrm{d}t' = \boldsymbol{Z}^{-1}(t_i) \cdot \boldsymbol{h}_{V_i}(t_i) = \boldsymbol{\beta}_{V_i} \tag{2.31}$$

显然，$\alpha_{O_j V_i}(t)$在$t < t_i$时等于 0，而在$t \geqslant t_i$时为非零常数。因此，偏导数$z_{V_i}(t)$可以表示为 6 个偏导数$z_{O_j}(t)$的线性组合，其中$z_{O_j}(t)$是指先验轨道对t_0时刻初始状态的偏导数。参数化产生了一个连续的位置矢量$\boldsymbol{r}(t)$，但是与 2.3.2.2 节参数化相对照，改进轨道的速度矢量$\dot{\boldsymbol{r}}(t)$在脉冲时刻t_i处是不连续的。这种参数化可以看作整个弧段上短弧表示(见 2.3.2.5 节)的一种特殊情况，其中，要求单个短弧在弧边界处连续。

2.3.2.4　不同经验参数化方法的比较

图2.10显示了基于脉冲的轨道与基于分段恒定加速度的轨道在迹向上的差异放大图，其中轨道弧段长度为 6min，此外，给出了基于 6min 分段线性加速度的轨道与基于分段恒定加速度的轨道之间的差异。从图 2.10 可以看出，只要基本参数的子区间长度不太长，并且选取的先验标准差合适，各种伪随机轨道模型所引起的差异是非常小的。图 2.10 表明，从轨道(位置)建模的角度来看，使用更精细的伪随机参数(如用分段线性加速度代替分段恒定加速度)，并没有显著的预期效果。每 6min 在脉冲周期出现一个尖锐的峰值，因而可以很好地观测到瞬时速度

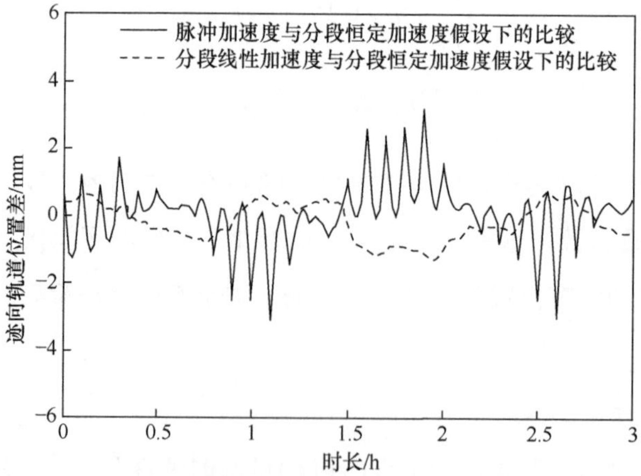

图 2.10　CHAMP 卫星轨道迹向分量比较(图片来自文献[64])

变化的影响，但是脉冲和加速度解之间的差异仍然很小。从图 2.10 可以看出，选择分段恒定加速度作为经验参数的重要原因在于，它不但可以避免轨道上明显不符合物理规律的现象，而且与分段线性加速度等更复杂的参数化方法相比也更容易使用。

2.3.2.5　与其他参数化方法的关系

短弧参数化方法使用一组新的 6 个初始密切根数或者两个边值[97]来表示每个子区间内的解，由此得到的轨道具有速度矢量和位置矢量不连续的特征。将原来的轨道划分为几个短弧段，并且在每个短弧段的起点设置新的初始条件，这样不仅有可能得到上述轨道，并且有可能求出一组初始密切轨道根数、瞬时速度改变 V_i(见 2.3.2.3 节)以及在 t_i 时刻沿预定方向 $\boldsymbol{e}(t_i)$ 的瞬时位置改变 X_i。

利用 2.3.2.2 节的符号表示，注意区分 $\boldsymbol{h}_{X_i}$ 和 $\left[\boldsymbol{e}^{\mathrm{T}}(t_i),\boldsymbol{0}^{\mathrm{T}}\right]$，则偏导数 $\boldsymbol{z}_{X_i}(t)$ 的系数可类比 2.3.2.3 节得到：

$$\boldsymbol{\alpha}_{X_i}(t)=\int_{t_0}^{t}\delta(t'-t_i)\cdot\boldsymbol{Z}^{-1}(t')\cdot\boldsymbol{h}_{X_i}(t')\mathrm{d}t'=\boldsymbol{Z}^{-1}(t_i)\cdot\boldsymbol{h}_{X_i}(t_i)=\boldsymbol{\beta}_{X_i} \tag{2.32}$$

其中，$t \geqslant t_i$。为了表现得更为完整和清晰，在待求解的两个线性代数方程组中，偏导数 $\boldsymbol{z}_{X_i}(t)$ 和 $\boldsymbol{z}_{V_i}(t)$ 的系数 $\alpha_{O_jX_i}(t_i)$ 和 $\alpha_{O_jV_i}(t_i)$ 分别可以显式地写为

$$\begin{cases}\displaystyle\sum_{j=1}^{6}\beta_{O_jX_i}\cdot\boldsymbol{z}_{O_j}(t_i)=\boldsymbol{e}(t_i)\\ \displaystyle\sum_{j=1}^{6}\beta_{O_jX_i}\cdot\dot{\boldsymbol{z}}_{O_j}(t_i)=\boldsymbol{0}\\ \displaystyle\sum_{j=1}^{6}\beta_{O_jV_i}\cdot\boldsymbol{z}_{O_j}(t_i)=\boldsymbol{0}\\ \displaystyle\sum_{j=1}^{6}\beta_{O_jV_i}\cdot\dot{\boldsymbol{z}}_{O_j}(t_i)=\boldsymbol{e}(t_i)\end{cases} \tag{2.33}$$

这表明，对于参数 X_i 而言，只允许在 t_i 时刻沿 $\boldsymbol{e}(t_i)$ 方向改变轨道位置，而不允许改变 t_i 时刻的轨道速度。对于参数 V_i 而言，相反的陈述是成立的。

这种替代公式的优点是原始弧长在形式上保持不变，即在原始弧长不变的情况下很容易求解确定性的轨道参数。如果确定性的轨道参数是用引力位系数来标识的，这可能很重要。这样做并不能减少短弧长轨道计算中的许多大型法方程组，但是可以降低每天需要求解的法方程组的数量。有关进一步概述的讨论，如以轨道周期为变化周期的分段加速度方法，请参考文献[64]，这些内容也被广泛用于轨道确定，如被应用在月球引力任务 GRAIL 中[92]。

2.3.3 参数估计

经典最小二乘平差(批量最小二乘平差)是本章使用精确卫星跟踪数据实现精密定轨的数学方法。2.3.3.1 节将概述这一最重要的公式。有关参数估计方法的详细介绍，请参阅第 1 章。关于其他用于轨道确定的参数估计算法(如序列估计)，可以参考文献[141]。

2.3.3.1 最小二乘平差概述

假设每个观测值都可以表示为给定数学模型参数的函数。基于模型函数 $\boldsymbol{F}$，我们可以将考虑观测误差的观测方程表示为

$$\boldsymbol{L}' + \boldsymbol{\varepsilon} = \boldsymbol{F}\left(\boldsymbol{X}\right) \tag{2.34}$$

如果 $\boldsymbol{F}$ 是参数的非线性方程，可以通过下式进行线性化：

$$\boldsymbol{L}' + \boldsymbol{\varepsilon} = \boldsymbol{F}\left(\boldsymbol{X}_0\right) + \boldsymbol{A}\boldsymbol{x} \tag{2.35}$$

其中，列矢量 $\boldsymbol{L}'$ 是真实观测值；$\boldsymbol{\varepsilon}$ 是观测值修正量(或残差)；$\bar{\boldsymbol{L}} = \boldsymbol{L}' + \boldsymbol{\varepsilon}$ 是修正后的观测值；$\boldsymbol{X} = \boldsymbol{X}_0 + \boldsymbol{x}$ 是修正后的模型参数；$\boldsymbol{X}_0$ 是近似模型参数(或先验模型参数)；$\boldsymbol{x}$ 是关于解矢量 $\boldsymbol{X}_0$ 的模型参数修正值；$\boldsymbol{A}$ 是第一设计矩阵(或雅可比矩阵)，定义如下：

$$\boldsymbol{A} = \left.\frac{\partial \boldsymbol{F}\left(\boldsymbol{X}\right)}{\partial \boldsymbol{X}}\right|_{\boldsymbol{X}=\boldsymbol{X}_0} \tag{2.36}$$

重新排列线性化的观测方程，得

$$\boldsymbol{\varepsilon} = \boldsymbol{A}\boldsymbol{x} - \left(\boldsymbol{L}' - \boldsymbol{F}\left(\boldsymbol{X}_0\right)\right) = \boldsymbol{A}\boldsymbol{x} - \boldsymbol{l} \tag{2.37}$$

其中，$\boldsymbol{l} = \boldsymbol{L}' - \boldsymbol{F}\left(\boldsymbol{X}_0\right)$ 通常被称为观测值减计算值(observed-minus-computed，O-C)。

观测误差的特征是具有随机性，随机模型可以用观测值的权重矩阵来描述：

$$\boldsymbol{P} = \boldsymbol{Q}_{ll}^{-1} = {\sigma_0}^2 \boldsymbol{C}_{ll}^{-1} \tag{2.38}$$

其中，$\boldsymbol{Q}_{ll}$ 是观测值的辅助因子矩阵；σ_0 是单位权重的先验标准偏差；$\boldsymbol{C}_{ll}$ 是观测值的协方差矩阵。注意，如果观测值互不相关，则权重矩阵 $\boldsymbol{P}$ 是对角的。在这种情况下，对角元素为 $P_{ll} = {\sigma_0}^2 / {\sigma_l}^2$，${\sigma_l}^2$ 是相应观测值的先验方差。

在最小二乘平差中，观测方程式(2.37)的解是通过最小化二次型 $\boldsymbol{\varepsilon}^{\mathrm{T}}\boldsymbol{P}\boldsymbol{\varepsilon}$ 获得的。可以用拉格朗日乘子求解基本变分问题，从而得到法方程组：

$$\left(\boldsymbol{A}^{\mathrm{T}}\boldsymbol{P}\boldsymbol{A}\right)\boldsymbol{x} - \boldsymbol{A}^{\mathrm{T}}\boldsymbol{P}\boldsymbol{l} = \boldsymbol{N}\boldsymbol{x} - \boldsymbol{b} = \boldsymbol{0} \tag{2.39}$$

其中，$\boldsymbol{N}=\boldsymbol{A}^{\mathrm{T}}\boldsymbol{PA}$ 是法方程矩阵；$\boldsymbol{b}=\boldsymbol{A}^{\mathrm{T}}\boldsymbol{Pl}$ 是法方程矩阵的右端项；$\boldsymbol{N}$ 是根据定义得到的二次对称矩阵。如果它是正则的，解矢量为

$$\boldsymbol{x}=\left(\boldsymbol{A}^{\mathrm{T}}\boldsymbol{PA}\right)^{-1}\boldsymbol{A}^{\mathrm{T}}\boldsymbol{Pl}=\boldsymbol{N}^{-1}\boldsymbol{b} \tag{2.40}$$

其中，$\boldsymbol{N}^{-1}$ 为法方程矩阵的逆。单位权重的估计(后验)标准差计算公式为

$$m_0=\sqrt{\frac{\boldsymbol{\varepsilon}^{\mathrm{T}}\boldsymbol{P\varepsilon}}{f}} \tag{2.41}$$

其中，$f>0$，$f=n-u$ 为最小二乘平差的自由度，n 为观测量的个数，u 为平差模型参数的个数。注意，二次型(加权残差平方和)可以使用式(2.37)来计算，这样有必要计算第一个设计矩阵 $\boldsymbol{A}$，或者使用更有效但在数值上不那么稳定的公式：

$$\boldsymbol{\varepsilon}^{\mathrm{T}}\boldsymbol{P\varepsilon}=\boldsymbol{l}^{\mathrm{T}}\boldsymbol{Pl}-\boldsymbol{x}^{\mathrm{T}}\boldsymbol{b} \tag{2.42}$$

平差模型参数的协方差矩阵由下式给出：

$$\boldsymbol{C}_{xx}=m_0^2\boldsymbol{Q}_{xx}=m_0^2\boldsymbol{N}^{-1} \tag{2.43}$$

其中，$\boldsymbol{Q}_{xx}$ 为平差模型参数的辅助因子矩阵。平差模型参数的(后验)标准差由下式给出：

$$m_x=\sqrt{C_{xx}}=m_0\sqrt{Q_{xx}} \tag{2.44}$$

其中，C_{xx} 和 Q_{xx} 分别为协方差矩阵和辅助因子矩阵的对角元素。

1. 参数预消除

参数预消除技术是一种高效处理大量模型参数的方法，例如在 GNSS 数据分析中，需要处理接收机在特定时刻的时间偏移量。将法方程式(2.39)细分成两部分：

$$\begin{bmatrix}\boldsymbol{N}_{11} & \boldsymbol{N}_{12}\\ \boldsymbol{N}_{21} & \boldsymbol{N}_{22}\end{bmatrix}\cdot\begin{bmatrix}\boldsymbol{x}_1\\ \boldsymbol{x}_2\end{bmatrix}=\begin{bmatrix}\boldsymbol{b}_1\\ \boldsymbol{b}_2\end{bmatrix} \tag{2.45}$$

假设我们对解的子矢量 $\boldsymbol{x}_2$ 实际值不感兴趣，在这种情况下，可以通过预先消除模型参数 $\boldsymbol{x}_2$ 来化简法方程式(2.45)，这样得到修正后的法方程为

$$\boldsymbol{N}_{11}^{*}\boldsymbol{x}_1=\boldsymbol{b}_1^{*} \tag{2.46}$$

其中，$\boldsymbol{N}_{11}^{*}=\boldsymbol{N}_{11}-\boldsymbol{N}_{12}\boldsymbol{N}_{22}^{-1}\boldsymbol{N}_{21}$ 为模型参数 $\boldsymbol{x}_1$ 的法方程矩阵，$\boldsymbol{b}_1^{*}=\boldsymbol{b}_1-\boldsymbol{N}_{12}\boldsymbol{N}_{22}^{-1}\boldsymbol{b}_2$ 为相应的法方程右端项。在法方程式(2.46)中，虽然模型参数 $\boldsymbol{x}_2$ 不可用，即没有专门的回代过程，但是该法方程仍然正确考虑了模型参数 $\boldsymbol{x}_2$ 的作用。必须注意，不能在任意时间执行参数预消除步骤。只有当其余观测值不再直接影响与法方程式(2.45)解的子矢量 $\boldsymbol{x}_2$ 相关的元素时，才能进行参数预消除。

2. 参数约束

通常，将选定的模型参数约束为其先验值(绝对约束)，或约束为其他参数(相对约束)。这种方法用来抑制不完全确定模型参数与其先验值或邻近参数值之间的大偏差。在近地轨道确定问题中，通常将该方法应用于伪随机轨道参数。然而，通过这一过程将先验信息引入了法方程，这对于某些应用来说可能是不需要的。另外，在迭代最小二乘平差中，参数也可能会被真正限制为零，但这需要对先验参数值进行转换。有关法方程的高级参数修正方法概述，可以参考文献[21]。在这里，我们只将绝对约束作为最简单和最常用的参数约束形式。

方差为 σ_{abs}^2 的人为定义观测量可能会引入参数约束。引入的观测量必须被附加到观测方程式(2.35)中。如果将相对于先验值的变化量作为人工观测方程的实际参数，那么权重为

$$W = \frac{\sigma_0^2}{\sigma_{\text{abs}}^2} \tag{2.47}$$

因为在这种特殊情况下 O-C 的值为零，因此只需要将权重添加到法方程矩阵 $\boldsymbol{N}$ 的相应对角元素上。注意，此时自由度需要增加 1。

2.3.3.2　对轨道参数的偏导数

为了便于计算与第 r 个观测值和轨道参数 P_i 有关的偏导数式(2.36)，用式(2.21)定义的函数 $\boldsymbol{z}_{P_i}$ 表示第一设计矩阵式(2.36)中的元素是有利的：

$$\frac{\partial F_r(\boldsymbol{X})}{\partial P_i} = \left(\nabla F_r(\boldsymbol{X})\right)^{\mathrm{T}} \cdot \boldsymbol{z}_{P_i} \tag{2.48}$$

其中，F_r 表示模型函数 $\boldsymbol{F}$ 的第 r 个分量，其梯度由下式给出：

$$\left(\nabla F_r(\boldsymbol{X})\right)^{\mathrm{T}} = \left(\frac{\partial F_r(\boldsymbol{X})}{\partial r_{0,1}},\quad \frac{\partial F_r(\boldsymbol{X})}{\partial r_{0,2}},\quad \frac{\partial F_r(\boldsymbol{X})}{\partial r_{0,3}}\right) \tag{2.49}$$

如果观测值不仅依赖地心位置矢量，而且还依赖速度矢量，或者它们与多个时刻的观测值相关，那么式(2.48)的结果可能会稍微复杂一些。由式(2.48)可知，只有梯度与观测值类型有关。然而，函数 $\boldsymbol{z}_{P_i}$ 与观测类型无关，这很好地将特定的观测(几何)部分与动力学部分分开。

2.3.3.3　与轨道参数有关的法方程结构

利用法方程中与轨道有关的部分，可以建立有效的求解策略，突出伪随机轨

道建模方法与滤波策略的密切关系。然后，以初始条件和脉冲为唯一参数，推导得到简化的定轨问题。关于更复杂的内容介绍，详见文献[64]。

观测量个数为 r 的定轨问题观测方程式(2.37)可以表示为

$$\varepsilon_r=\sum_{k=1}^{6}\frac{\partial F_r}{\partial O_k}\cdot o_k+\sum_{m=1}^{i}\sum_{j=1}^{3}\frac{\partial F_r}{\partial V_{m,j}}\cdot v_{m,j}-l_r \tag{2.50}$$

其中，$o_k,k=1,2,\cdots,6$ 表示对 6 个初始条件的修正；$v_{i,j},j=1,2,\cdots,3$ 分别表示在 $t_i,i=1,2,\cdots,n-1$ 等各个时刻的 3 个脉冲。假设观测时间 t_l 是子区间 $[t_i,t_{i+1})$ 的一部分。由具有恒定系数 $\beta_{O_kV_{m,j}}$ 的式(2.48)和式(2.24)得

$$\frac{\partial F_r}{\partial V_{m,j}}=(\nabla F_r)^{\mathrm{T}}\cdot \boldsymbol{z}_{V_{m,j}}=(\nabla F_r)^{\mathrm{T}}\cdot\sum_{k=1}^{6}\beta_{O_kV_{m,j}}\cdot \boldsymbol{z}_{O_k}(t) \tag{2.51}$$

因此，观测方程式(2.50)可以重新表示为

$$\varepsilon_r=\sum_{k=1}^{6}(\nabla F_r)^{\mathrm{T}}\cdot \boldsymbol{z}_{O_k}\cdot\left(o_k+\sum_{m=1}^{i}\sum_{j=1}^{3}\beta_{O_kV_{m,j}}\cdot v_{m,j}\right)-l_r \tag{2.52}$$

括号中的术语有重要意义，它并不代表在 t_0 时刻对密切轨道根数 O_k 进行校正时的初始解，它完全表征了子区间 $[t_0,t_1)$ 上这一特定定轨问题的解。由于初始密切轨道根数 O_k 的变化是由脉冲变化引起的，因此 $V_{i,j}$ 可以通过下式进行计算：

$$\Delta O_k=\frac{\partial O_k}{\partial V_{i,j}}\cdot\Delta V_{i,j}=\beta_{O_kV_{i,j}}\cdot\Delta V_{i,j} \tag{2.53}$$

式(2.52)中的项表示在 t_0 时刻对不同初始密切轨道根数 $O_{i,k}$ 的修正量 $o_{i,k}$，它充分表征了第一个 $3i$ 脉冲发生后子区间 $[t_i,t_{i+1})$ 的解。由式(2.52)可知，脉冲定轨也可以理解为 2.3.2.5 节中要求短弧边界连续性时短弧参数化的特例。新定义的密切轨道根数 $O_{i,k}$ 在 t_0 时刻的性质将在 2.3.3.4 节中加以利用。当脉冲周期将轨道弧段划分为 n 个子区间时，可以将子区间 $I_i=[t_i,t_{i+1})$ 的所有 n_{oi} 个观测方程表示为矩阵形式：

$$\boldsymbol{\varepsilon}_i=\boldsymbol{A}_i\boldsymbol{o}+\boldsymbol{A}_i\sum_{m=1}^{i}\boldsymbol{B}_m\boldsymbol{v}_m-\boldsymbol{l}_i \tag{2.54}$$

其中，列矢量 $\boldsymbol{\varepsilon}_i$ 是子区间 I_i 的残差；$\boldsymbol{l}_i$ 是子区间 I_i 的 O-C 项；$\boldsymbol{o}$ 是初始密切轨道根数的修正项；$\boldsymbol{v}_i$ 是 t_i 时刻的脉冲修正项；矩阵 $\boldsymbol{A}_i$ 表示子区间 I_i 上的 $n_{oi}\times 6$ 的第一设计矩阵，这些矩阵与 6 个初始密切轨道根数相关，$\boldsymbol{B}_m$ 表示由 $B_{m[k;j]}=\beta_{O_kV_{m,j}}$ 定义的系数矩阵，大小为 6×3。

考虑所有区间 $I_i, i=0,1,\cdots,n-1$ 上的观测方程，组合起来形成总的法方程式(2.39)，其矩阵表示形式如下：

$$\begin{bmatrix} \boldsymbol{N} & \sum_{i=1}^{n-1}\boldsymbol{N}_i\boldsymbol{B}_1 & \cdots & \sum_{i=n-1}^{n-1}\boldsymbol{N}_i\boldsymbol{B}_{n-1} \\ \vdots & \boldsymbol{B}_1^{\mathrm{T}}\sum_{i=1}^{n-1}\boldsymbol{N}_i\boldsymbol{B}_1 & \cdots & \boldsymbol{B}_1^{\mathrm{T}}\sum_{i=n-1}^{n-1}\boldsymbol{N}_i\boldsymbol{B}_{n-1} \\ \vdots & \vdots & & \vdots \\ \cdots & \cdots & \cdots & \boldsymbol{B}_{n-1}^{\mathrm{T}}\sum_{i=n-1}^{n-1}\boldsymbol{N}_i\boldsymbol{B}_{n-1} \end{bmatrix}\begin{bmatrix} \boldsymbol{o} \\ \boldsymbol{v}_1 \\ \vdots \\ \boldsymbol{v}_{n-1} \end{bmatrix}=\begin{bmatrix} \boldsymbol{A}^{\mathrm{T}}\boldsymbol{Pl} \\ \boldsymbol{B}_1^{\mathrm{T}}\sum_{i=1}^{n-1}\boldsymbol{A}_i^{\mathrm{T}}\boldsymbol{P}_i\boldsymbol{l}_i \\ \vdots \\ \boldsymbol{B}_{n-1}^{\mathrm{T}}\sum_{i=n-1}^{n-1}\boldsymbol{A}_i^{\mathrm{T}}\boldsymbol{P}_i\boldsymbol{l}_i \end{bmatrix} \tag{2.55}$$

其中，$\boldsymbol{N}_i=\boldsymbol{A}_i^{\mathrm{T}}\boldsymbol{P}_i\boldsymbol{A}_i$ 是在观测区间 I_i 上与 6 个初始密切轨道根数相关的法方程矩阵中的部分。同理，$\boldsymbol{A}_i^{\mathrm{T}}\boldsymbol{P}_i\boldsymbol{l}_i$ 是在相同的观测区间上与 6 个初始密切轨道根数相关的法方程右端项部分。下面分别是在无脉冲的确定性问题中法方程矩阵和右端项：

$$\boldsymbol{N}=\sum_{i=0}^{n-1}\boldsymbol{A}_i^{\mathrm{T}}\boldsymbol{P}_i\boldsymbol{A}_i,\quad \boldsymbol{A}^{\mathrm{T}}\boldsymbol{Pl}=\sum_{i=0}^{n-1}\boldsymbol{A}_i^{\mathrm{T}}\boldsymbol{P}_i\boldsymbol{l}_i \tag{2.56}$$

显然，根据式(2.56)可知，$\boldsymbol{N}_i$ 和 $\boldsymbol{A}_i^{\mathrm{T}}\boldsymbol{P}_i\boldsymbol{l}_i, i=0,1,\cdots,n-1$ 不仅构成动力学精密定轨的完整法向方程，而且与矩阵 $\boldsymbol{B}_i$ 共同建立了基于脉冲的简化动力学精密定轨的完整法方程式(2.55)。

由式(2.55)可知，法方程矩阵具有简单的结构。不过，在最后一次观测结果被纳入法方程之前，不可能对任何伪随机参数应用参数预消除(见 2.3.3.1 节)。这可以从式(2.55)的求和极限中看出，该求和包含了直到最后一个子区间的所有子区间。然而，仍可以找到一种与滤波算法密切相关的有效解决方案，将在下一节中介绍。

2.3.3.4 与滤波解的关系

式(2.52)隐含地引入了如下变换：

$$\boldsymbol{o}_i=\boldsymbol{o}+\sum_{m=1}^{i}\boldsymbol{B}_m\boldsymbol{v}_m \tag{2.57}$$

将初始解的修正量 $\boldsymbol{o}$ 引入到初始时刻 t_0 时的密切轨道根数先验值 $\boldsymbol{O}$ 上，修正后的密切轨道根数表示为 $\boldsymbol{o}_0$；将修正量 $\boldsymbol{o}_i$ 引入到初始时刻 t_0 时的密切轨道根数 $\boldsymbol{O}_i$ 上，其中解被定义在子区间 $[t_i,t_{i+1})$ 上。对于下面的讨论，可以将式(2.57)按照阶数递降的顺序表示为递归形式，具体如下：

$$\begin{cases} \boldsymbol{o}_0 = \boldsymbol{o}, & i = 0 \\ \boldsymbol{o}_{i-1} = \boldsymbol{o}_i - \boldsymbol{B}_i \boldsymbol{v}_i = \left(\boldsymbol{I}_6 - \boldsymbol{B}_i\right) \cdot \begin{bmatrix} \boldsymbol{o}_i \\ \boldsymbol{v}_i \end{bmatrix}, & i \geqslant 1 \end{cases} \tag{2.58}$$

其中，$\boldsymbol{I}_6$为 6 阶单位矩阵。

在 GPS 观测数据采集过程中，考虑初始条件和初始脉冲存在时的法方程。假设已经合并了 $t_l \leqslant t_i$ 时间段内所有的观测结果，并可以简化方程组为

$$\bar{\boldsymbol{N}}_{i-1} \boldsymbol{o}_{i-1} = \bar{\boldsymbol{b}}_{i-1} \tag{2.59}$$

对于方程式(2.59)中的法方程矩阵 $\bar{N}_{i-1}$ 和右端项 $\bar{b}_{i-1}$，可以根据 $t_l \leqslant t_i$ 观测时段内确定性问题对正态方程组的贡献计算得到，$\boldsymbol{N}_l$ 和 $\boldsymbol{b}_l$ 的表达式具体如下：

$$\begin{cases} \begin{cases} \bar{\boldsymbol{N}}_0 = \boldsymbol{N}_0 \\ \bar{\boldsymbol{b}}_0 = \boldsymbol{b}_0 \end{cases}, & i = 1 \\ \begin{cases} \bar{\boldsymbol{N}}_{i-1} = \bar{\boldsymbol{N}}_{i-2}^* + \boldsymbol{N}_{i-1} \\ \bar{\boldsymbol{b}}_{i-1} = \bar{\boldsymbol{b}}_{i-2}^* + \bar{\boldsymbol{b}}_{i-1} \end{cases}, & i \geqslant 2 \end{cases} \tag{2.60}$$

其中，$\bar{\boldsymbol{N}}_{i-2}^*$ 和 $\bar{\boldsymbol{b}}_{i-2}^*$ 由式(2.63)给出。

通过用式(2.58)替换法方程式(2.59)左边的 $\boldsymbol{o}_{i-1}$，并将式(2.59)两边同时左乘矩阵 $\left(\boldsymbol{I}_6 - \boldsymbol{B}_i\right)^{\mathrm{T}}$，可以将法方程式(2.59)扩展成以 $\boldsymbol{o}_i$ 和 $\boldsymbol{v}_i$ 为未知数的方程组：

$$\begin{bmatrix} \bar{\boldsymbol{N}}_{i-1} & -\bar{\boldsymbol{N}}_{i-1}\boldsymbol{B}_i \\ -\boldsymbol{B}_i^{\mathrm{T}}\bar{\boldsymbol{N}}_{i-1} & \boldsymbol{B}_i^{\mathrm{T}}\bar{\boldsymbol{N}}_{i-1}\boldsymbol{B}_i \end{bmatrix} \begin{bmatrix} \boldsymbol{o}_i \\ \boldsymbol{v}_i \end{bmatrix} = \begin{bmatrix} \bar{\boldsymbol{b}}_{i-1} \\ -\boldsymbol{B}_i^{\mathrm{T}}\bar{\boldsymbol{b}}_{i-1} \end{bmatrix} \tag{2.61}$$

方程式(2.61)是定轨问题高效求解的关键。由观测方程式(2.52)可知，在子区间 $\boldsymbol{I}_i, \boldsymbol{I}_{i+1}, \cdots, \boldsymbol{I}_{n-1}$ 中包含的观测值并不显式地依赖 $\boldsymbol{v}_i$，因为它们的影响已经被密切根数 $\boldsymbol{o}_i$ 考虑进去。因此，可以将参数预消除方法(见 2.3.3.1 节)应用于伪随机参数。应用参数预消除之后的法方程为

$$\bar{\boldsymbol{N}}_{i-1}^* \boldsymbol{o}_i = \bar{\boldsymbol{b}}_{i-1}^* \tag{2.62}$$

其中，

$$\begin{cases} \bar{\boldsymbol{N}}_{i-1}^* = \bar{\boldsymbol{N}}_{i-1} - \bar{\boldsymbol{N}}_{i-1}\boldsymbol{B}_i\left(\boldsymbol{B}_i^{\mathrm{T}}\bar{\boldsymbol{N}}_{i-1}\boldsymbol{B}_i\right)^{-1}\boldsymbol{B}_i^{\mathrm{T}}\bar{\boldsymbol{N}}_{i-1} \\ \bar{\boldsymbol{b}}_{i-1}^* = \bar{\boldsymbol{b}}_{i-1} - \bar{\boldsymbol{N}}_{i-1}\boldsymbol{B}_i\left(\boldsymbol{B}_i^{\mathrm{T}}\bar{\boldsymbol{N}}_{i-1}\boldsymbol{B}_i\right)^{-1}\boldsymbol{B}_i^{\mathrm{T}}\bar{\boldsymbol{b}}_{i-1} \end{cases} \tag{2.63}$$

伪随机参数的先验权重(见 2.3.3.1 节)可以用相同权值矩阵给出的绝对约束形式表示：

$$\boldsymbol{W} = {\sigma_0}^2 {\boldsymbol{C}_{vv}}^{-1} \tag{2.64}$$

对于所有脉冲时刻，必须在对式(2.61)中法方程矩阵的子矩阵 $\boldsymbol{B}_i^{\mathrm{T}}\bar{N}_{i-1}\boldsymbol{B}_i$ 应用预消除前加入先验权重。

必须重复计算方程式(2.59)、式(2.61)、式(2.62)以及式(2.60)描述的过程，直到子区间 $\boldsymbol{I}_{n-1}$ 上的最后一次观测结果被纳入化简后的法方程。在数据采集完成后，可以求出最后一个子区间 $\boldsymbol{I}_{n-1}$ 上的初始密切轨道根数修正量：

$$\boldsymbol{o}_{n-1}=\bar{\boldsymbol{N}}_{n-1}^{-1}\bar{\boldsymbol{b}}_{n-1}=\boldsymbol{Q}_{o_{n-1}o_{n-1}}\bar{\boldsymbol{b}}_{n-1} \tag{2.65}$$

其中，$\boldsymbol{Q}_{o_{n-1}o_{n-1}}$ 为求修正值 $\boldsymbol{o}_{n-1}$ 时的辅助因子矩阵。关于算法细节以及相关的回代过程，可以参考文献[64]。

式(2.65)表明，原则上不需要计算数据收集过程中的中间修正量 $\boldsymbol{o}_{i-1}, i=1,2,\cdots, n-1$。实际上，它们表示基于区间 $[t_0,t_i)$ 上所有观测值的滤波解，并且很容易得到。但是必须指出，这里对滤波解的定义与文献中常用的术语略有不同：它表示所考虑的定轨问题的最小二乘解，该解使用了从第一个时刻到实际进程时刻的所有观测值。这意味着轨道仍然用伪随机参数表示，如每 n min 设置一次。因此，在每隔 n min 会提供一个新的滤波解，而不是在每个新合并值对应的观测时刻之后提供。只有在将伪随机参数设置为观测数据采样频率这一特殊情况下，上述算法才能提供与经典滤波解相同的结果。其中，需要在每个测量时刻随机参数设置，动力建模的关键是控制过程噪声[105]。

图 2.11 显示了在大于 15min 的时段内，基于分段恒加速度估计的定轨问题最小二乘解与不同滤波解在轨道迹向上的差异。每收集 15min 的数据，计算滤波轨

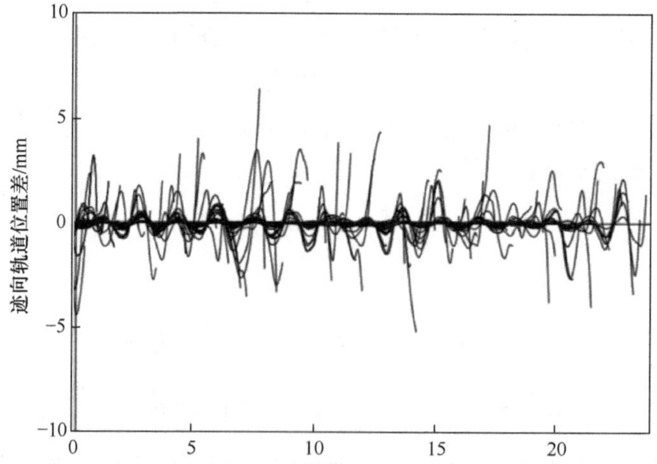

图2.11　CHAMP卫星轨道滤波解与最小二乘简化动力学解在迹向上的差异(图片来自文献[64])

道，并在收集数据后的回代过程中计算最小二乘解(即最后一个滤波解)。可以看出，在前 15min 两者差异较大，这可能是由于仅根据 15min 的数据确定轨道的效果较差。如果数据批处理的时段较长，单个滤波解和最终的最小二乘解之间的一致性可显著提高。例如，当批处理的时间达到 8h 后，初始弧段的轨道差异达到亚毫米量级。然而，图 2.11 还表明，在处理时段的边界上轨道解不能被跟踪数据很好地约束，这可以从本实验中各个滤波解的右端部分看出。轨道一致性可能严重地下降几厘米。由于这个原因，通常处理的弧段比实际需要的更长。在 GOCE 高水平处理设备上生成 GOCE 卫星精密科学轨道时，需要每天分析 30h 弧段的 GPS 载波相位数据来确定轨道，从而尽量减少中间的 24h 左右边界上的轨道质量下降，以供用户使用[16]。

2.3.4 基于 GPS 的 LEO 卫星定轨质量

近二十年来，大量对定轨精度要求严格的近地轨道卫星装备了高质量双频 GPS 接收机。例如，测高卫星 TOPEX/Poseidon、Jason-1、Jason-2[44,91,101]，重力场测量卫星 CHAMP、GRACE、GOCE[37,121,142]，合成孔径雷达卫星 TerraSAR-X、TanDEM-X[24, 88]，地磁场测量卫星 Swarm[43]，以及目前发射的各种地球观测卫星。针对这些任务，许多研究小组提出了高质量的轨道确定方法。对于选编的分析结果和相关出版物，我们将在后几节重点介绍。关于基于单频 GPS 数据的定轨方法概述，可以参考文献[14]。

高精度 GPS 星历、地球自转参数、GPS 卫星时钟校正等 IGS 的核心产品[36]，是近地轨道卫星精密定轨的重要支撑条件。在使用非差 GPS 数据进行精密定轨时，GPS 卫星时钟校正是必不可少的。在卫星编队飞行的两个星载接收机之间，或者在 IGS 地面跟踪网的星载接收机与地面接收机之间，可以形成双重差分，以实现对 LEO 卫星的相对定位[64]。我们着重介绍 GRACE 和 GOCE 轨道确定的结果，这些结果使用了非差 GPS 数据以及欧洲轨道确定中心(Center for Orbit Determination in Europe，CODE)的轨道和时钟产品。考虑到星载 GPS 接收机观测数据的采样率通常为 0.1～1Hz，高频率的时钟校正具有至关重要的作用，可以避免长时间范围内 GPS 卫星时钟校正的插值误差，保证最佳的定轨结果[15]。

2.3.4.1 SLR 验证

对于装备有激光反射阵列的近地轨道卫星，其独立的 SLR 测量数据被国际激光测距机构(International Laser Ranging Service，ILRS)[114]的跟踪网收集，用于比较卫星的 SLR 观测距离并根据基于 GPS 的简化动力学或运动学星历得到的计算距离。这使得我们可以在 SLR 跟踪站和近地轨道卫星连线的视线方向上进行绝对验证，即可以直接评估该方向上的一维轨道精度。对于高仰角观测，视线方向基本上对应轨道径向方向。然而，如果卫星以足够低的高度绕地球运行，那么以低仰角收集的 SLR 数据也可以用来恢复迹向和轨道面法向轨道误差。对于 GOCE 卫星的极低飞行高度来说，这是显而易见的，由未建模的 GPS 天线相位中心变化引起的轨道面法向漂移可以被 SLR 数据直接验证[17,68]。近年来，人们根据处于较高轨道上的 TerraSAR-X 卫星高精度动态轨道模型[48]，从其 SLR 残差数据中量化了轨道面法向漂移。

图 2.12 显示了在整个任务周期上，GOCE 卫星简化动力学和运动学精密科学轨道的 SLR 残差[18]。为了消除单个异常值对验证的影响，剔除了大于 20cm 的 SLR 残差。简化动力学轨道总的 SLR 均方根误差为 1.84cm，验证了高性能的伪随机轨道建模方法。对于运动学轨道，SLR 均方根误差为 2.42cm，这一结果稍差，但仍然是一个很好的验证。这是在预料之中的，因为运动学轨道对 GPS 数据更敏感。由于 GOCE 装载有多达 12 个 GPS 接收机，其运动学位置的质量良好。目前的低轨卫星大多配备了 8 通道接收机(如 Swarm 任务卫星)，根本无法产生相同质量的运动学轨道[72]。然而，根据图 2.12 可知，在任务接近结束时 GOCE 卫星两种轨道的精度均在下降，这是出乎意料的，这种情况与 GOCE 卫星 GPS 数据异常有关[18,71]。

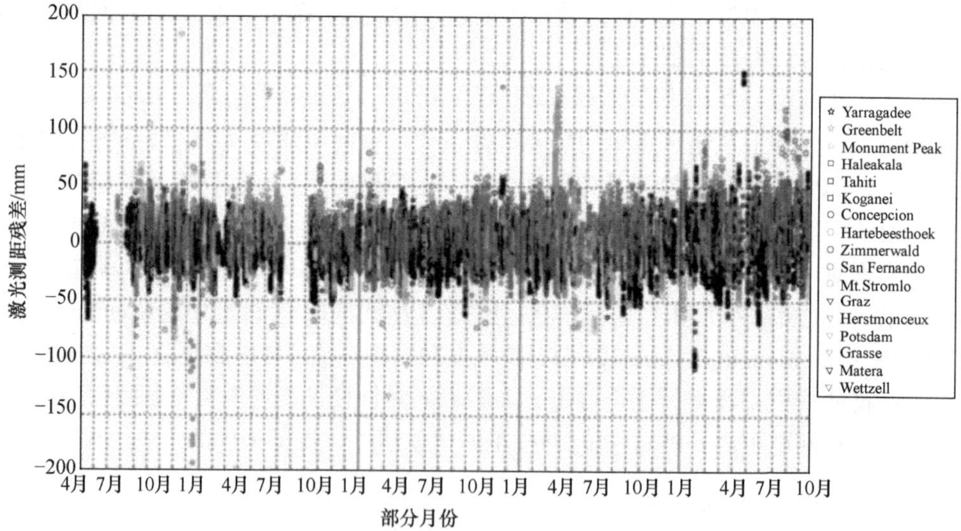

(a) 简化动力学轨道验证(2009~2013年)

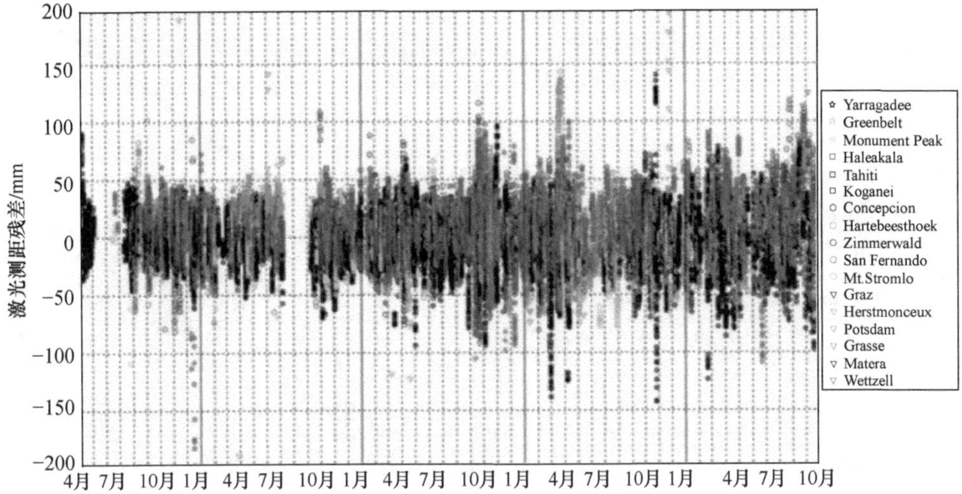

(b) 运动学轨道验证(2009~2013年)

图 2.12　GOCE 精密科学轨道的 SLR 验证(图片来自文献[18])

2.3.4.2　K 波段验证

对于在同一轨道上相距约 200km 的 GRACE 双星，可以对其轨道质量进行额外的独立验证。K 波段测量可用于比较两个 GRACE 卫星的星间距离，星间距离变化可以被超高精度的 K 波段测距系统直接观测到[36]。图 2.13(a)显示了 2007 年中每天的 K 波段测距标准差，该标准差是根据 GRACE-A 和 GRACE-B 卫星间隔为 5s 的简化动力学轨道计算得到的。在 GRACE 卫星简化动力学轨道计算过程中，利用了零差或双差 GPS 载波相位数据，其中分两种情况，分别是考虑和未考虑接收机天线相位中心偏差(phase center variation, PCV)的经验值。图 2.13(a)结果表明，采用零差分 GPS 载波相位观测时，GRACE 简化动力学定轨的相对轨道精度约为 1cm；而采用双差 GPS 载波相位观测并将模糊度固定为整数值时，相对轨道精度约为 1mm[64]。在这两种情况下，通过对天线相位中心变化进行经验建模等手段，可以降低系统载波相位测量误差，这对于获取高精度轨道至关重要[66]。同样的结论也适用于对系统载波相位误差特别敏感的运动学轨道。图 2.13(b)显示，未建模的接收机 PCV 甚至可以影响到广义定轨问题框架下由 GRACE 运动学位置导出的重力场解。进一步地，在 GOCE 和 Swarm 任务中也进行了系统载波相位误差确定，该误差可能与高阶电离层校正项建模有关[18,145]。它们通过轨道确定传播进入重力场模型估计中，具体内容见文献[71]、[72]。

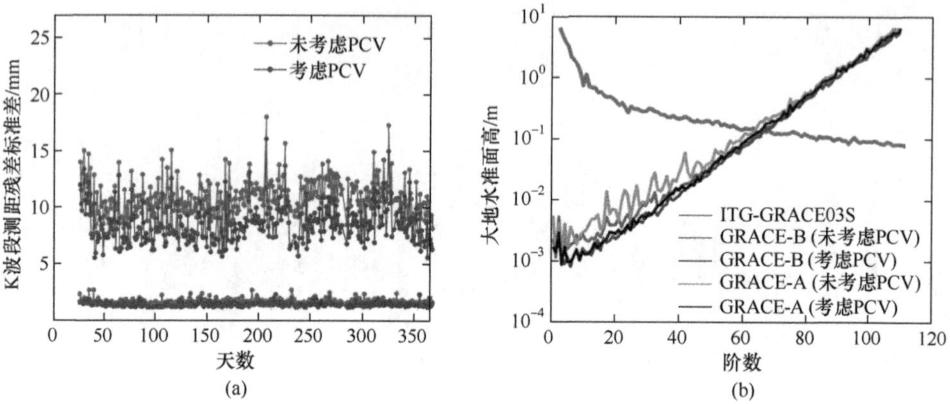

图 2.13　PCV 建模对每天的 K 波段测距残差标准差的影响，基于 GRACE-A 和 GRACE-B 简化动力学轨道得到星间距离。(a)上部分曲线对应非差 GPS 数据，下部分曲线对应双差 GPS 数据，其中估计得到了载波相位模糊。(b)显示了 PCV 建模对重力场恢复阶数的影响，其中使用了 GRACE 卫星一年的运动学轨道(图片来自文献[67])

2.3.5　广义轨道确定

根据 2.3.1.2 节可知，对给定的先验轨道 $\boldsymbol{r}_0(t)$ 进行轨道改进，除了使用特定的弧段轨道参数外，还可以通过引入不同类型的轨道参数进行一般化推广。重力场恢复尤其可以被视为一个广义的轨道改进问题，并通过对大量轨道弧段的分析与处理来实现。

与 2.3.1.2 节类似，一个卫星实际轨道 $\boldsymbol{r}(t)$ 的每个弧段可以表示为关于未知轨道参数 O_i (特定的弧段参数)和地球重力场模型未知系数 Q_i (全局参数)的截断泰勒级数，先验轨道可以利用 $O_{0,i}$ 和 $Q_{0,i}$ 来表示：

$$\boldsymbol{r}(t)=\boldsymbol{r}_0(t)+\sum_{i=1}^{n_o}\frac{\partial\boldsymbol{r}_0(t)}{\partial O_i}\cdot o_i+\sum_{i=1}^{d}\frac{\partial\boldsymbol{r}_0(t)}{\partial Q_i}\cdot q_i \tag{2.66}$$

其中，$o_i=O_i-O_{0,i}$ 表示 n_o 个待估计的特定弧段轨道参数修正值；$q_i=Q_i-Q_{0,i}$ 表示 d 个地球重力场模型全局系数修正值。

类似地，基于星间测距的地球重力场恢复也可以理解为广义微分轨道改进过程，如 GRACE 卫星利用 K 波段测距系统进行星间测距。两个卫星的实际轨道差值 $\boldsymbol{r}_a(t)-\boldsymbol{r}_b(t)$ 可以在先验轨道差附近进行级数展开，表示为关于未知参数的截断泰勒级数。对于 GRACE-A 卫星，存在 n_{ao} 个弧段参数 O_{ai}；对于 GRACE-B 卫星，存在 n_{bo} 个弧段参数 O_{bi}。对于 GRACE-A 和 GRACE-B 卫星，存在共同的 d 个全局参数(如重力场模型系数)。截断后的泰勒级数展开可以表示为

$$
\begin{aligned}
\boldsymbol{r}_a(t)-\boldsymbol{r}_b(t)=\boldsymbol{r}_{a0}(t)-\boldsymbol{r}_{b0}(t)
&+\sum_{i=1}^{n_{ao}}\frac{\partial \boldsymbol{r}_{a0}(t)}{\partial O_{ai}}\cdot o_{ai} \\
&-\sum_{i=1}^{n_{bo}}\frac{\partial \boldsymbol{r}_{b0}(t)}{\partial O_{bi}}\cdot o_{bi} \\
&+\sum_{i=1}^{d}\left(\frac{\partial \boldsymbol{r}_{a0}(t)}{\partial Q_i}-\frac{\partial \boldsymbol{r}_{b0}(t)}{\partial Q_i}\right)\cdot q_i
\end{aligned}
\tag{2.67}
$$

方程式(2.66)和式(2.67)中的偏导数可通过求解 2.3.2.1 节所示的相应变分方程得到。注意，2.3.2.1 节的方程式(2.24)和式(2.25)适用于任何轨道参数，特别是地球重力场位系数。因此，与重力场参数相关的变分方程求解过程可以简化为数值积分过程。

为了建立观测方程，需要将先验轨道的偏导数和观测值关联。例如，根据 2.3.3.2 节的 GPS 数据或在 K 波段测距存在的情况下，将方程式(2.67)中的各项投影在卫星 GRACE-A 和 GRACE-B 的星间连线上。需要特别注意的是，在存在超高精度星间测距的情况下，紧密编队构型下两星的很多数据相似，因此应避免降低与轨道参数有关的数值计算精度。将两颗卫星的原始轨道参数转换为和/差的形式，便可以大大缓解这一问题[11]。当将 GPS 数据或运动学位置作为卫星轨道的伪观测值时，观测方程可以表示为矩阵形式：

$$
\boldsymbol{\varepsilon}=\boldsymbol{A}_o\boldsymbol{o}+\boldsymbol{A}_q\boldsymbol{q}-\boldsymbol{l}
\tag{2.68}
$$

其中，$\boldsymbol{o}$ 包含定义初始条件的所有参数、所有卫星和特定弧段的动力学参数以及所有伪随机参数；$\boldsymbol{q}$ 包含所有全局动力学参数(如重力场系数)；$\boldsymbol{A}_o$ 和 $\boldsymbol{A}_q$ 分别是与参数 $\boldsymbol{o}$ 和 $\boldsymbol{q}$ 对应的第一设计矩阵。根据式(2.39)，法方程可以表示为

$$
\begin{bmatrix}\boldsymbol{N}_{oo} & \boldsymbol{N}_{oq}\\ \boldsymbol{N}_{oq}^{\mathrm{T}} & \boldsymbol{N}_{qq}\end{bmatrix}\cdot\begin{bmatrix}\boldsymbol{o}\\ \boldsymbol{q}\end{bmatrix}=\begin{bmatrix}\boldsymbol{b}_o\\ \boldsymbol{b}_q\end{bmatrix}
\tag{2.69}
$$

其中，$\boldsymbol{N}_{oo}=\boldsymbol{A}_o^{\mathrm{T}}\boldsymbol{P}\boldsymbol{A}_o$；$\boldsymbol{N}_{oq}=\boldsymbol{A}_o^{\mathrm{T}}\boldsymbol{P}\boldsymbol{A}_q$；$\boldsymbol{N}_{qq}=\boldsymbol{A}_q^{\mathrm{T}}\boldsymbol{P}\boldsymbol{A}_q$；$\boldsymbol{b}_o=\boldsymbol{A}_o^{\mathrm{T}}\boldsymbol{P}\boldsymbol{l}$；$\boldsymbol{b}_q=\boldsymbol{A}_q^{\mathrm{T}}\boldsymbol{P}\boldsymbol{l}$。

对于 K 波段测距等其他观测量，也可以建立类似的 NEQ。但是，两个卫星的轨道参数必须包含在 $\boldsymbol{o}$ 中。因此，当法方程中不存在 GPS 的贡献，而试图单独利用 K 波段数据进行求解时，基本法方程矩阵是奇异的。通过采用与测量有关的权重因子，可以将每个轨道弧段上观测数据对法方程的贡献叠加起来，详见文献[10]和文献[11]。此外，还可以根据式(2.46)预先消除特定弧段的参数，从而得到简化后的方程：

$$
\left(\boldsymbol{N}_{qq}-\boldsymbol{N}_{oq}^{\mathrm{T}}\boldsymbol{N}_{oo}^{-1}\boldsymbol{N}_{oq}\right)\boldsymbol{q}=\boldsymbol{b}_q-\boldsymbol{N}_{oq}^{\mathrm{T}}\left(\boldsymbol{N}_{oo}^{-1}\boldsymbol{b}_o\right)
\tag{2.70}
$$

观测弧段特定参数 ***o*** 的数量决定了所得法方程的维数，当求解重力场系数时需要正确考虑这些参数的影响。为了求解得到这些系数并使之具有期望的精度，在获得先验参数修正值之前，必须将大量弧段的观测数据纳入法方程，以达到所需要的空间覆盖率。其中，根据式(2.40)求解累积法方程的逆可以得到先验参数的修正值。

2.3.5.1　基于运动学位置的重力场恢复

图 2.14 展示了利用多组 LEO 卫星运动学位置作为伪观测值，求解广义定轨问题，由此得到静态重力场恢复的典型能力。相对于由 GRACE 卫星 K 波段星间测距和 GOCE 卫星重力梯度仪观测等得到的高阶重力场模型，图 2.14 给出了仅利用 GPS 数据的重力场恢复结果，对比了不同重力场恢复下的阶误差方差的平方根[98,99]。图 2.14(a)显示了仅基于 GPS 数据的重力场恢复结果，其中使用的 GPS 数据量不同，只有基于 GOCE 和 GRACE-B 运动学位置的解利用的数据时间跨度相似。因此，对于低阶位系数可以期望得到类似的恢复水平。然而，对于高阶位系数恢复而言，由于轨道高度较低，GOCE 卫星的 GPS 数据明显比 GRACE 卫星 GPS 数据更适合重力场反演，这可以从图 2.14(a)中斜率最小看出来。CHAMP 解利用了大量的观测数据，因此它优于其他解。图 2.14(b)给出了时间更近、结果更好的重力场恢复结果，分别是基于 GRACE-A、GRACE-B 以及 Swarm-A、Swarm-C 一年的运动学位置得到的。同样，Swarm 卫星数据也很适合推导出地球重力场的长波部分，与 GRACE 卫星的 GPS 数据效果类似。Swarm 任务有望填补 GRACE 和 GRACE Follow-On 之间的时间空白，继续监测地球时变重力场的长波部分[40]。

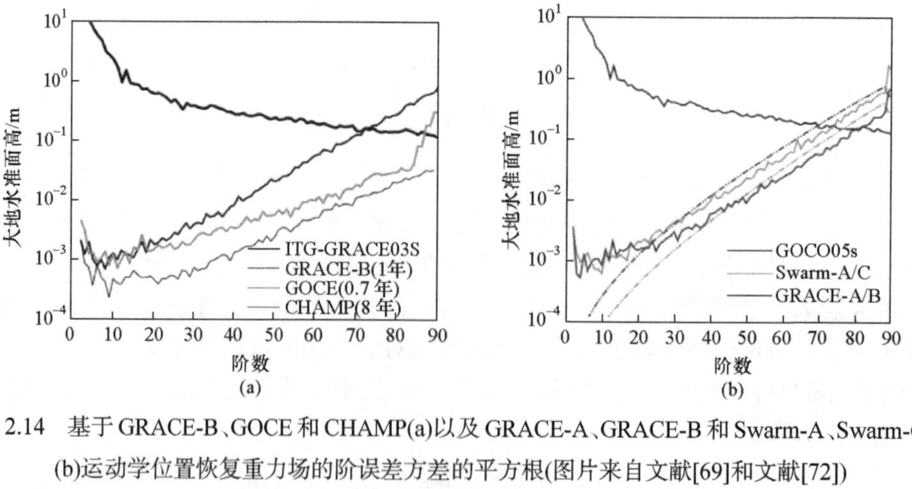

图 2.14　基于 GRACE-B、GOCE 和 CHAMP(a)以及 GRACE-A、GRACE-B 和 Swarm-A、Swarm-C (b)运动学位置恢复重力场的阶误差方差的平方根(图片来自文献[69]和文献[72])

文献[71]、[72]、[158]、[163]介绍了基于 CHAMP、GRACE、GOCE 和 Swarm GPS 数据的重力场恢复结果。然而，对于图 2.14(b)中的 20 阶以上的重力场恢复，GRACE 解优于 Swarm 解。这与 Swarm 卫星轨道高度较高的关系较小(可以从 Swarm 误差斜率略大这一现象看出)，主要与 Swarm 卫星的 GPS 数据质量问题较大有关[72]。

2.3.5.2　轨道分离与重力场确定

为避免冗杂，本节不再赘述前一节中描述的处理方案，将特定弧段的参数固定为以前确定的值，同时对重力场参数的修正值进行估计。这可以通过使用先验力学模型显式地求解特定弧段的参数，然后从 NEQ 方程中删除它们来实现，而不是遵循方程式(2.70)所描述的隐式的、正确的解。这个过程意味着以下子方程可以独立求解，而不用考虑式(2.69)中的其余部分：

$$\boldsymbol{N}_{oo}\boldsymbol{o}' = \boldsymbol{b}_o \tag{2.71}$$

并且参数 $\boldsymbol{o}'$ 作为已知量引入到下列重力恢复步骤中，剩下的法方程可以表示为

$$\boldsymbol{q}' = \boldsymbol{b}_q - \boldsymbol{N}_{oq}^{\mathrm{T}}\boldsymbol{o}' = \boldsymbol{b}_g - \boldsymbol{N}_{oq}^{\mathrm{T}}\left(\boldsymbol{N}_{oo}^{-1}\boldsymbol{b}_o\right) \tag{2.72}$$

这不可避免地导致重力模型参数的解 $\boldsymbol{q}'$ 不同于方程式(2.70)中的解 $\boldsymbol{q}$。在分别求解卫星轨道和重力场系数的情况下，轨道参数 $\boldsymbol{o}'$ 完全依赖先验重力模型，并忽略了轨道和重力场参数之间的相关性。这样，被估重力场参数 $\boldsymbol{q}'$ 也偏向于先验重力场。关于这种方法的后果的详细信息，可以参考文献[103]，其中研究了对重力场恢复的影响，并指出用于分离轨道和重力场确定的条件 $\boldsymbol{N}_{oq}\boldsymbol{q} = \boldsymbol{0}$ [比较方程式(2.70)和式(2.72)]等效于对重力场参数施加特殊的正则化，从而导致恢复结果偏向先验重力场。

2.3.5.3　与加速度法的关系

假设有关位置矢量的二阶导数可以观测得到。实际上，它们是通过运动位置的数值微分推导得出的。根据方程式(2.68)，通过分析运动位置的观测值并对其求二次导数，可得到特定历元时刻的加速度法观测方程：

$$\varepsilon_r = \sum_{k=1}^{n_0} \frac{\partial \ddot{\boldsymbol{r}}(t_r)}{\partial O_k} \cdot o_k + \sum_{k=1}^{d} \frac{\partial \ddot{\boldsymbol{r}}(t_r)}{\partial Q_k} \cdot q_k - \Delta \ddot{\boldsymbol{r}}_r \tag{2.73}$$

其中，$\Delta \ddot{\boldsymbol{r}}_r$ 表示观测加速度与计算加速度之差。式(2.73)等号右端第二项可用变分方程式(2.22)的右端项替换为

$$\frac{\partial \ddot{\boldsymbol{r}}(t_r)}{\partial Q_k}=\frac{\partial \boldsymbol{f}(t_r)}{\partial \boldsymbol{r}(t_r)}\cdot\frac{\partial \boldsymbol{r}(t_r)}{\partial Q_k}+\frac{\partial \boldsymbol{f}(t_r)}{\partial \dot{\boldsymbol{r}}(t_r)}\cdot\frac{\partial \dot{\boldsymbol{r}}(t_r)}{\partial Q_k}+\frac{\partial \boldsymbol{f}(t_r)}{\partial Q_k} \tag{2.74}$$

在上式中，我们也代入了方程式(2.23)。在加速度法中使用的观测方程可以简化为[6]

$$\varepsilon_r=\sum_{k=1}^{d}\frac{\partial \boldsymbol{f}(t_r)}{\partial Q_k}\cdot q_k-\Delta\ddot{\boldsymbol{r}}_r \tag{2.75}$$

从定轨的角度来看，这意味着需要做出如下近似：

$$\sum_{k=1}^{n_0}\frac{\partial \ddot{\boldsymbol{r}}(t_r)}{\partial O_k}\cdot o_k+\sum_{k=1}^{d}\left(\frac{\partial \boldsymbol{f}(t_r)}{\partial \boldsymbol{r}(t_r)}\cdot\frac{\partial \boldsymbol{r}(t_r)}{\partial Q_k}+\frac{\partial \boldsymbol{f}(t_r)}{\partial \dot{\boldsymbol{r}}(t_r)}\cdot\frac{\partial \dot{\boldsymbol{r}}(t_r)}{\partial Q_k}\right)=\boldsymbol{0} \tag{2.76}$$

因此，在加速度法中存在如下假定：由重力场估计参数 q_k 导致的轨道二阶导数变化会与特定弧段参数 o_k 改变导致的轨道二阶导数变化相互抵消。如果加速度法中用于计算 $\Delta\ddot{\boldsymbol{r}}_r$ 的先验轨道等于经典定轨法中估计的后验轨道，则显然满足该假设。如果不是上述情况，那么该假设无法完全满足。如果要更深入地讨论、比较本章介绍的定轨方法与其他定轨方法(如短弧法等)的差异，可以参考文献[11]。

2.4 课 后 练 习

以下练习所需的数据和文件可在线访问：

http://aiuws.unibe.ch/WEHeraeusAS2015/Chapter2-OrbitDetermination.zip

1. 使用最小二乘法和滤波法进行定轨

在本练习中，使用了二体轨道作为真实轨道，根据该轨道创建了大量伪随机观测量。读者的主要任务是使用传统的最小二乘法和滤波法进行轨道确定。通过完成 MATLAB 文件 **ex1.m** 来成功实现任务。在这个文件中，不完整的行会被注释掉(用字符%表示)，并标记为“TO BE COMPLETED”。在此任务中，下列 MATLAB 函数可供使用。

➢ [*x* *v*] = ephem(GM,ele,tOsc,*t*)

该函数输入参数包括地球引力常数 **GM** 以及矢量 **ele**,其中 **ele** 包含 6 个元素，分别是开普勒轨道根数：

ele(1)：半长轴 *a*

ele(2)：偏心率 *e*

ele(3)：倾角 i

ele(4)：升交点赤经 Ω

ele(5)：近地点角距 ω

ele(6)：历元时刻的纬度幅角 u_0

输入参数还包括密切历元时刻 **tOsc**(在所有练习中均设为零)和任意历元时刻 $\boldsymbol{t}$。该函数的输出参数为矢量 $\boldsymbol{x}$ 和 $\boldsymbol{v}$，分别表示历元时刻 $\boldsymbol{t}$ 时卫星在地心惯性坐标系中的位置和速度矢量。该二体问题公式可用于轨道预报。

➢ ele = xyzele(GM,*x*,*v*,tOsc,*t*)

该函数是 **ephem** 函数的反函数，它的输入参数包括地球引力常数 **GM**、密切历元时刻 **tOsc**(在所有练习中均设为零)、任意时刻历元 $\boldsymbol{t}$、矢量 $\boldsymbol{x}$ 和 $\boldsymbol{v}$，这两个矢量分别为卫星在历元时刻 $\boldsymbol{t}$ 时的位置和速度矢量。函数输出参数是包括 6 个轨道根数的矢量 **ele**。

➢ [drdele dvdele] = rvpder(ini,GM,*t*,tOsc,ele)

该函数计算开普勒轨道的位置和速度对轨道根数的偏导数。输入参数包括地球引力常数 **GM**、历元时刻 $\boldsymbol{t}$(计算偏导数的时刻)、密切历元时刻 **tOsc**(在所有练习中均设为零)和开普勒轨道根数 **ele**。在第一次调用时，第一个输入参数 **ini** 设置为 1，从而初始化计算。该函数将输出参数(即偏导数)保存在 **drdele** 和 **dvdele** 矩阵中，矩阵大小为 3×6。

在 MATLAB 文件 **ex1.m** 开头部分，定义了二体问题的 6 个开普勒轨道根数(密切历元时刻为 0)：

$a = 6800$ km

$e = 0.05$

$i = 89^\circ$

$\Omega = 130^\circ$

$\omega = 30^\circ$

$u_0 = 30^\circ$

这些参数定义了在本练习中需要确定的真实轨道。使用函数 **ephem** 每 30s 计算一次卫星的位置矢量，计算过程持续一个整天。这些位置矢量会添加呈正态分布的噪声，随后将被存储到矩阵 **psdObs**(行：分量，列：历元时刻)。存储后的位置矢量用作下述定轨问题中的伪观测值。

(1) 对于初始轨道确定，选取当天的前 **nObsIni** = 10 个观测量，并使用

MATLAB 命令 **polyfit**[1]，针对每个分量分别拟合次数为 **polDeg** = 4 的多项式。使用 $t-t_{\mathrm{Avg}}$ 为多项式的时间参数，其中 t_{Avg} 是初始观测时间段的中心时刻。需要使用这些多项式计算卫星在 t_{Avg} 时刻的位置和速度矢量。根据这些计算的矢量，使用函数 **xyzele** 找出相应的轨道参数。那么这些轨道参数的具体值是多少呢？注意这些参数应是定轨问题中的先验轨道参数[2]。

(2) 分别在地心坐标系 (x,y,z) 和局部坐标系 (R,S,C) (R 径向；S 迹向；C 轨道面法向)中，计算并绘制全天所有历元时刻先验轨道和真实轨道的差异。其中，先验轨道是根据练习(1)中得到的先验轨道参数计算得到的。请问先验轨道和真实轨道哪个分量的差异最大？为什么？

(3) 计算得到定轨问题的传统最小二乘解，即求解 6 个轨道参数。在 **psdObs** 中使用具有同等权重的伪观测值，并将练习(1)中计算得到的轨道参数作为先验值代入，执行以下步骤。

① 对所有历元进行循环遍历。

(i) 使用函数 **ephem** 和先验轨道参数计算卫星位置。

(ii) 计算“观测量减计算量”项。

(iii) 使用函数 **rvpder** 计算第一设计矩阵。

(iv) 建立法方程。

② 求解法方程[3]，并计算单位权重的后验标准差。

③ 更新轨道参数。

请问：更新后的轨道根数是多少？

(4) 用两种方式计算残差。

① 考虑最小二乘平差中的线性化问题，并计算线性化观测方程中的残差。

② 基于更新后的轨道参数，使用函数 **ephem** 进行预报轨道。对于每个历元，计算预报轨道和观测值之间的差异。

绘制这两种残差的 z 分量，并考虑它们为什么不一样。

(5) 基于用于求解法方程逆的递归滤波公式(见在线数据)，计算定轨问题的滤波解。在 **psdObs** 中使用具有同等权重的伪观测值，并将练习(1)中计算得到的轨道参数作为先验值引入。执行以下步骤。

---

1) 用法：p = polyfit(x，y，n)，p 是 n 次多项式 $p(x)$的系数，该函数对 y 中数据的进行最佳拟合(最小二乘意义上)，得到系数 p。数组 p 中的系数沿幂降序排列，p 的长度是 $n+1$。

2) 在实际情况中，这种初始定轨方式并不常见。存在更严密的方法，可以更精准地确定初始轨道。

3) 可以通过矩阵求逆并乘上法方程右端项来求解法方程(使用 MATLAB 命令 inv)。实际上，更快更稳健地求解线性方程组的方法是使用命令 mldivide(矩阵左除)：利用函数 x = mldivide(A，b)求解线性方程组 $Ax=b$。mldivide 的缩写是反斜杠运算符：$x=A\backslash b$。

① 对最初两个历元进行循环遍历，初始化滤波器。

(i) 使用函数 **ephem** 和先验轨道参数计算卫星位置。

(ii) 计算“观测量减计算量”项。

(iii) 使用函数 **rvpder** 计算第一设计矩阵。

(iv) 建立法方程。

② 求解初始化的法方程。

③ 对其余的所有历元进行循环遍历，执行以下滤波步骤。

(i) 使用函数 **ephem** 和先验轨道参数计算卫星位置。

(ii) 计算“观测量减计算量”项。

(iii) 使用函数 **rvpder** 计算第一设计矩阵。

(iv) 计算讲座幻灯片中的代入项(见在线数据)。

(v) 计算讲座幻灯片中的增益矩阵(见在线数据)。

(vi) 更新解矢量，并在每一滤波步骤中存储解矢量。

绘制在所有滤波步骤中确定的半长轴 a，并考虑它将在什么时候收敛。绘制每个滤波步骤中代入项的 x 分量。

(6) 以循环迭代的形式实现传统最小二乘平差。在循环的每个步骤中，使用前一步骤中更新的轨道参数作为后一步骤的先验参数。提出循环迭代停止的合理准则。在最后一次迭代之后，计算并绘制出线性化残差及真实残差。

2. 具有伪随机脉冲的定轨问题

在这里，我们使用一个“真实”轨道，它不仅可通过二体问题运动方程得出，而且还可以根据迹向扰动加速度的数值积分得到。基于该轨道创建大量的伪观测值。读者的主要任务是在二体问题框架下使用这些伪观测值进行定轨。此外，额外求解的伪随机脉冲可能会对扰动加速度产生补偿，需要再次执行传统最小二乘平差及滤波算法。

读者将通过完成 MATLAB 文件 **ex2.m** 来实现任务，其中需要使用与练习 1.中相同的 MATLAB 函数。在 MATLAB 文件 **ex2.m** 开头，将会定义与练习 1.中相同的 6 个开普勒根数。从这些参数定义的初始条件开始，利用文件 **GRCA.ACC** 中以 10s 为间隔的分段恒定迹向加速度，对运动方程进行数值积分，创建扰动轨道。数值积分产生的轨道位置和速度将以 30s 的采样间隔写入文件 **STOCH_ORB**(第 1 列，时间；第 2～4 列，地心惯性系中的位置；第 5～7 列，地心惯性系中的速度)。使用 MATLAB 命令“**load**”读取该文件。使用函数 **xyzele** 每隔 30s 计算一组密切轨道根数。最终，在位置数据中添加正态分布的噪声，然后将其存储到矩阵 **psdObs** 中。这些位置将在后续定轨中作为伪观测值，读者只需处理前两个小时的观测值即可。

(1) 对定轨问题执行传统最小二乘解法。计算轨道参数和每个观测历元时刻沿速度方向的脉冲。使用 **psdObs** 中具有同等权重的伪观测值，并将未扰动轨道的轨道参数(在 **ex2.m** 文件开头定义)作为先验参数引入。执行以下步骤。

① 循环遍历所有历元，对于每个历元执行以下步骤。

(i) 使用函数 **ephem** 和先验轨道参数计算卫星位置(二体问题中的轨道预报)。

(ii) 计算先验轨道位置和速度对轨道参数的偏导数(使用函数 **rvpder**)。

(iii) 计算常系数 $\beta_k, k=1,2,\cdots,6$，这些系数将轨道对脉冲的偏导数表示为对 6 个轨道根数偏导数的线性组合。

(iv) 计算“观测量减计算量”项和第一设计矩阵。

② 建立法方程。

③ 在法方程上赋以权重，使脉冲约束至零。

④ 求解法方程。

需要求解的参数有多少个？法方程矩阵有多大？第一个脉冲的估计值又是多少？

(2) 在使用不同的伪观测值先验标准差 **sig0** 的条件下，绘制估计得到的脉冲，其中 **sig0** = 1 和 **sig0** =10^{-7}。读入 **GRCA.ACC** 文件中的加速度值，并将其转换为速度变化。将这些变化与估计脉冲一起绘制到图上。思考：如果改变 **sig0**，那将会有什么变化？

(3) 在地心惯性系(x,y,z)下，针对所有的历元时刻计算并绘制轨道残差，以及改进轨道和真实轨道的差异。在这里，我们无法通过采用更新后的轨道参数和轨道预报来计算“真实”残差值(在练习 1.问题(4)中的第二部分这样做过)，这是因为轨道预报需要基于 **GRCA.ACC** 文件中的加速度和估计脉冲进行轨道积分。这样，就涉及计算线性化问题中的残差。同样，针对轨道差异，在先验轨道基础上增加线性化的校正量，然后将其与文件 **STOCH_ORBIT** 中的真实轨道进行比较。其中，线性化的轨道校正量是根据练习 2.问题(1)计算得到的，先验轨道是利用 **ephem** 函数对轨道根数 **eleTru** 进行预报得到的。随后，在不同的 **sig0** 值下进行重复操作。

(4) 在每个历元中，伪随机脉冲将会引起初始条件的变化，其中初始条件是在初始历元时刻定义的。计算并绘制不同历元时刻轨道半长轴与先验轨道半长轴的差异。同时，计算得到真实密切轨道半长轴与其先验值的差异。比较这两种差异。在不同的 **sig0** 值下进行重复操作。

(5) 通过预先消除每个历元中的脉冲，可以对仅含有 6 个未知数的定轨问题进行滤波求解。在最开始时这是不可能实现的，因为对于每个新历元来说，截至该新历元时刻的所有脉冲都将加在观测方程中。然而，如果进行了 2.3.3.3 节和 2.3.3.4 节中讨论的参数变换，那么预消除就可能实现了。需要在 **psdObs** 中使用具有同等权重的伪观测值，并将 **eleTru** 中的轨道参数作为先验值引入。循环遍历所有历元，执行以下步骤。

① 使用函数 **ephem** 和先验轨道参数计算卫星位置。

② 使用函数 **rvpder** 计算第一设计矩阵。

③ 计算“观测量减计算量”项。

④ 用当前历元时刻的观测方程来更新法方程。

⑤ 进行参数变换，在脉冲中添加伪观测值(具有相应的权重)，并对脉冲进行预消除。

⑥ 生成并保存轨道参数数据、残差以及与真实轨道的差异。

请问：第 5 次滤波后轨道参数的估计值是多少？

(6) 计算并绘制每个滤波步骤中实时的半长轴、轨道残差以及与地心惯性系 (x, y, z) 中真实轨道之间的差异。

第 3 章　经典变分法

斯里尼瓦斯·贝塔普尔和克里斯托弗·麦卡洛

3.1　微 分 校 正

差分校正过程的基本理论已经有一个多世纪的历史，其前沿应用涉及高保真建模、先进数值技术及前所未有的高精度/高准确性观测。本章将介绍基本的数学公式，并且讨论基于重力场恢复和气候实验卫星的重力场参数估计过程。

3.1.1　轨道运动

卫星轨道运动方程如下：

$$\begin{cases}\ddot{\boldsymbol{r}}=-\dfrac{\mu}{r^2}\hat{\boldsymbol{e}}_r+\boldsymbol{f}_p\left(\boldsymbol{r},\dot{\boldsymbol{r}},\alpha\right)=\boldsymbol{g}\left(\boldsymbol{r},\dot{\boldsymbol{r}},\mu,\alpha\right)\\ \boldsymbol{r}\left(t_0\right)=\boldsymbol{r}_0,\ \ \dot{\boldsymbol{r}}\left(t_0\right)=\boldsymbol{v}_0\end{cases}\tag{3.1}$$

其中，$\boldsymbol{r}$ 为卫星位置矢量，大小为 3×1；$\dot{\boldsymbol{r}}$ 为卫星速度矢量，大小为 3×1；$\ddot{\boldsymbol{r}}$ 为卫星加速度矢量，大小为 3×1；μ 为中心天体的引力常数；r 为卫星到中心天体质心的距离；$\hat{\boldsymbol{e}}_r$ 为从中心天体质心指向卫星质心的单位矢量；$\boldsymbol{f}_p$ 为扰动加速度；α 为动力学模型参数；$\boldsymbol{r}_0$ 为卫星初始位置矢量，大小为 3×1；$\boldsymbol{v}_0$ 为卫星初始速度矢量，大小为 3×1。

对式(3.1)积分，可得

$$\dot{\boldsymbol{r}}\left(t\right)=\dot{\boldsymbol{r}}_0+\int_{t_0}^{t}\boldsymbol{g}\Big(\boldsymbol{r}\left(\tau\right),\dot{\boldsymbol{r}}\left(\tau\right),\mu,\boldsymbol{f}_p\left(\tau\right)\Big)\mathrm{d}\tau\tag{3.2}$$

再次积分可得

$$\boldsymbol{r}\left(t\right)=\boldsymbol{r}_0+\dot{\boldsymbol{r}}_0\left(t-t_0\right)+\int_{t_0}^{t}\int_{t_0}^{s}\boldsymbol{g}\Big(\boldsymbol{r}\left(\tau\right),\dot{\boldsymbol{r}}\left(\tau\right),\mu,\boldsymbol{f}_p\left(\tau\right)\Big)\mathrm{d}\tau\mathrm{d}s\tag{3.3}$$

因此，为了计算得到卫星正确的位置、正确的速度，我们必须做到以下几点。

(1) 给定正确的初始条件 $\boldsymbol{r}_0$ 和 $\dot{\boldsymbol{r}}_0$。

(2) 已知所有过程中的被积函数，即已知精确的动力学模型参数。

实际上，通过运动微分方程数值积分可以求解任意时刻的位置和速度，这样就可以生成卫星星历。

3.1.2　观测

如何判断卫星星历是否存在错误？如果我们有一套仪器系统，可以得到卫星位置和速度的观测量(通常是非线性函数)：

$$Y = G\left(\boldsymbol{r}(t), \dot{\boldsymbol{r}}(t), \cdots\right) \tag{3.4}$$

并且，该观测过程存在一个数学模型，我们可以得到观测量实际值 Y_0 和观测量预测值之间的非零残差：

$$y(t) = Y_0 - G\left(\boldsymbol{r}(t), \dot{\boldsymbol{r}}(t), \cdots\right) \tag{3.5}$$

如何使用这些观测序列来实现轨道校正？与标准的点参数估计问题不同，我们将直接校正轨道。一种选择是采用所谓的运动学方法，利用某一历元时刻的观测数据独立地校正该历元时刻的轨道，并且这样的一系列校正用于推断动力学模型校正量。另一种选择是通过变分方程将动力学模型参数误差和初始条件误差映射至观测历元，并对其进行估计。我们将在下面讨论后一种方法。

3.1.3　公式

回顾卫星的运动方程如下：

$$\ddot{\boldsymbol{r}} = -\frac{\mu}{r^2}\hat{\boldsymbol{e}}_r + \boldsymbol{f}_p\left(\boldsymbol{r}, \dot{\boldsymbol{r}}, \alpha\right) \tag{3.6}$$

其中，α 表示参数化的动力学模型，例如大气阻力、引力等。卫星状态可以定义为

$$\boldsymbol{X}(t) = \begin{bmatrix} \boldsymbol{r}(t) \\ \dot{\boldsymbol{r}}(t) \end{bmatrix} \tag{3.7}$$

从而，有

$$\begin{cases} \dot{\boldsymbol{X}}(t) = \begin{bmatrix} \dot{\boldsymbol{r}}(t) \\ \ddot{\boldsymbol{r}}(t) \end{bmatrix} = \begin{bmatrix} \dot{\boldsymbol{r}}(t) \\ -\dfrac{\mu}{r^2}\hat{\boldsymbol{e}}_r + \boldsymbol{f}_p\left(\boldsymbol{r}, \dot{\boldsymbol{r}}, \alpha\right) \end{bmatrix} = \boldsymbol{F}\left(\boldsymbol{X}, \alpha\right) \\ \boldsymbol{X}(t_0) = \begin{bmatrix} \boldsymbol{r}_0 \\ \dot{\boldsymbol{r}}_0 \end{bmatrix} \end{cases} \tag{3.8}$$

观测值通常是轨道位置、速度及其他参数的非线性函数：

$$Y(t) = G\left(\boldsymbol{r}(t), \dot{\boldsymbol{r}}(t), \beta\right) \tag{3.9}$$

其中，β 是观测模型参数的集合。例如，从地面站到卫星的距离由下式给出：

$$\begin{cases}\boldsymbol{\rho}(t)=\boldsymbol{r}_{\mathrm{SAT}}(t)-\boldsymbol{r}_{\mathrm{STA}}(t)\\ \rho(t)=\left\|\boldsymbol{r}_{\mathrm{SAT}}(t)-\boldsymbol{r}_{\mathrm{STA}}(t)\right\|\end{cases} \tag{3.10}$$

其中，$\boldsymbol{\rho}(t)$ 为地面站与卫星之间连线的矢量，大小为 3×1；$\boldsymbol{r}_{\mathrm{SAT}}(t)$ 为卫星位置矢量，大小为 3×1；$\boldsymbol{r}_{\mathrm{STA}}(t)$ 为地面站位置矢量，大小为 3×1；$\rho(t)$ 为地面站和卫星之间的视线距离。

用上标“*”以表示初始条件和动力学模型参数的最佳先验值(又称为“背景模型”)，从而得

$$C=G\left(\boldsymbol{r}^*(t),\dot{\boldsymbol{r}}^*(t),\beta^*\right) \tag{3.11}$$

其中，$\boldsymbol{r}^*(t)$ 为卫星位置的最佳先验值；$\dot{\boldsymbol{r}}^*(t)$ 为卫星速度的最佳先验值；β^* 为最佳的观测参数，如式(3.10)中的 $\boldsymbol{r}_{\mathrm{STA}}$；$G$ 为观测数学模型，如式(3.10)，一般假定该模型是完整的。

所以有

$$\begin{cases}y(t)=O-C\\ O:O\left(\boldsymbol{r}(t),\dot{\boldsymbol{r}}(t),\beta\right)\end{cases} \tag{3.12}$$

其中，O 是已知的观测量；$\boldsymbol{r}(t)$、$\dot{\boldsymbol{r}}(t)$ 和 β 均是未知的。那么，该如何使用 $y(t)$？已知有

$$y(t)=O\left(\boldsymbol{r}(t),\dot{\boldsymbol{r}}(t),\beta\right)-G\left(\boldsymbol{r}^*(t),\dot{\boldsymbol{r}}^*(t),\beta^*\right) \tag{3.13}$$

令

$$\begin{cases}\boldsymbol{r}(t)=\boldsymbol{r}^*(t)+\delta\boldsymbol{r}(t)\\ \dot{\boldsymbol{r}}(t)=\dot{\boldsymbol{r}}^*(t)+\delta\dot{\boldsymbol{r}}(t)\\ \beta=\beta^*+\delta\beta\end{cases} \tag{3.14}$$

那么，此时有

$$\begin{aligned}y(t)&=G\left(\boldsymbol{r}^*(t)+\delta\boldsymbol{r}(t),\dot{\boldsymbol{r}}^*(t)+\delta\dot{\boldsymbol{r}}(t),\beta^*+\delta\beta\right)-G\left(\boldsymbol{r}^*(t),\dot{\boldsymbol{r}}^*(t),\beta^*\right)\\ &=\frac{\partial G}{\partial\boldsymbol{r}}\delta\boldsymbol{r}(t)+\frac{\partial G}{\partial\dot{\boldsymbol{r}}}\delta\dot{\boldsymbol{r}}(t)+\frac{\partial G}{\partial\beta}\delta\beta\end{aligned} \tag{3.15}$$

利用先验值估计偏导数，可得

$$\begin{cases} y(t_1)=\tilde{\boldsymbol{H}}_{\boldsymbol{r}_1^*}\cdot\delta\boldsymbol{r}(t_1)+\tilde{\boldsymbol{H}}_{\dot{\boldsymbol{r}}_1^*}\cdot\delta\dot{\boldsymbol{r}}(t_1)+\tilde{\boldsymbol{H}}_{\beta^*}\cdot\delta\beta^* \\ \vdots \\ y(t_k)=\tilde{\boldsymbol{H}}_{\boldsymbol{r}_k^*}\cdot\delta\boldsymbol{r}(t_k)+\tilde{\boldsymbol{H}}_{\dot{\boldsymbol{r}}_k^*}\cdot\delta\dot{\boldsymbol{r}}(t_k)+\tilde{\boldsymbol{H}}_{\beta^*}\cdot\delta\beta^* \\ \vdots \\ y(t_m)=\tilde{\boldsymbol{H}}_{\boldsymbol{r}_m^*}\cdot\delta\boldsymbol{r}(t_m)+\tilde{\boldsymbol{H}}_{\dot{\boldsymbol{r}}_m^*}\cdot\delta\dot{\boldsymbol{r}}(t_m)+\tilde{\boldsymbol{H}}_{\beta^*}\cdot\delta\beta^* \end{cases} \tag{3.16}$$

在这一问题上，需要注意以下两点。

(1) 通常，$\dim(y)<\dim(\delta\boldsymbol{r}\text{ or }\delta\boldsymbol{r}\text{ or }\delta\beta)$。所以，必须使参数序列$\{\delta\boldsymbol{r}(t_k),\delta\dot{\boldsymbol{r}}(t_k)\},k=1,2,\cdots,m$中的参数个数尽量少。

(2) 必须确定观测量与α之间的依赖关系。

为了在变分法中实现这些目标，我们认为对于所有的时刻t_k来说，$\delta\boldsymbol{r}(t_k)$、$\delta\dot{\boldsymbol{r}}(t_k)$不是任意选择的，而是根据初始条件和动力学模型参数得到的，并与这些参数保持动力学一致性：

$$\begin{cases} \delta\boldsymbol{r}(t_k)=\dfrac{\partial\boldsymbol{r}(t_k)}{\partial\boldsymbol{r}_0}\delta\boldsymbol{r}_0+\dfrac{\partial\boldsymbol{r}(t_k)}{\partial\dot{\boldsymbol{r}}_0}\delta\dot{\boldsymbol{r}}_0+\dfrac{\partial\boldsymbol{r}(t_k)}{\partial\alpha}\delta\alpha \\ \delta\dot{\boldsymbol{r}}(t_k)=\dfrac{\partial\dot{\boldsymbol{r}}(t_k)}{\partial\boldsymbol{r}_0}\delta\boldsymbol{r}_0+\dfrac{\partial\dot{\boldsymbol{r}}(t_k)}{\partial\dot{\boldsymbol{r}}_0}\delta\dot{\boldsymbol{r}}_0+\dfrac{\partial\dot{\boldsymbol{r}}(t_k)}{\partial\alpha}\delta\alpha \\ \begin{bmatrix}\delta\boldsymbol{r}(t_k)\\ \delta\dot{\boldsymbol{r}}(t_k)\end{bmatrix}=\begin{bmatrix}\dfrac{\partial\boldsymbol{r}(t_k)}{\partial\boldsymbol{r}_0} & \dfrac{\partial\boldsymbol{r}(t_k)}{\partial\dot{\boldsymbol{r}}_0} & \dfrac{\partial\boldsymbol{r}(t_k)}{\partial\alpha} \\ \dfrac{\partial\dot{\boldsymbol{r}}(t_k)}{\partial\boldsymbol{r}_0} & \dfrac{\partial\dot{\boldsymbol{r}}(t_k)}{\partial\dot{\boldsymbol{r}}_0} & \dfrac{\partial\dot{\boldsymbol{r}}(t_k)}{\partial\alpha}\end{bmatrix}\begin{bmatrix}\delta\boldsymbol{r}_0\\ \delta\dot{\boldsymbol{r}}_0\\ \delta\alpha\end{bmatrix} \end{cases} \tag{3.17}$$

式(3.17)是状态转移矩阵$\boldsymbol{\Phi}$的显式形式。如果系统状态$\boldsymbol{X}$由运动方程决定，那么有

$$\dot{\boldsymbol{X}}=F(\boldsymbol{X}) \tag{3.18}$$

$\boldsymbol{X}$的变化量为$\boldsymbol{x}$，从而有

$$\dot{\boldsymbol{X}}^*+\dot{\boldsymbol{x}}=\boldsymbol{F}\left(\boldsymbol{X}^*+\boldsymbol{x}\right)=\boldsymbol{F}\left(\boldsymbol{X}^*\right)+\left.\frac{\partial\boldsymbol{F}}{\partial\boldsymbol{X}}\right|_{\boldsymbol{X}^*}\boldsymbol{x}(t)+H.O.T \tag{3.19}$$

可得

$$\dot{\boldsymbol{x}}(t)=\boldsymbol{A}(t)\boldsymbol{x}(t) \tag{3.20}$$

其中，

$$\boldsymbol{A}(t)=\left.\frac{\partial \boldsymbol{F}}{\partial \boldsymbol{X}}\right|_{\boldsymbol{X}^*} \tag{3.21}$$

联立式(3.17)～式(3.20)，可得

$$\begin{cases}\boldsymbol{x}(t)=\boldsymbol{\Phi}(t,t_0)\boldsymbol{x}(t_0)\\ \dot{\boldsymbol{x}}(t)=\dot{\boldsymbol{\Phi}}(t,t_0)\boldsymbol{x}(t_0)=\boldsymbol{A}(t)\boldsymbol{x}(t)=\boldsymbol{A}(t)\boldsymbol{\Phi}(t,t_0)\boldsymbol{x}(t_0)\\ \dot{\boldsymbol{\Phi}}(t,t_0)=\boldsymbol{A}(t)\boldsymbol{\Phi}(t,t_0),\ \boldsymbol{\Phi}(t_0,t_0)=\boldsymbol{I}\end{cases} \tag{3.22}$$

现在，详细分析状态转移矩阵 $\boldsymbol{\Phi}$ 的分量：

$$\begin{cases}\dfrac{\partial \boldsymbol{r}(t)}{\partial \boldsymbol{r}_0}=\boldsymbol{\Phi}_{rr_0}(t,t_0)\\ \dot{\boldsymbol{\Phi}}_{rr_0}(t,t_0)=\dfrac{\mathrm{d}}{\mathrm{d}t}\left[\dfrac{\partial \boldsymbol{r}(t)}{\partial \boldsymbol{r}_0}\right]=\dfrac{\partial}{\partial \boldsymbol{r}_0}\dfrac{\mathrm{d}\boldsymbol{r}(t)}{\mathrm{d}t}=\dfrac{\partial \dot{\boldsymbol{r}}(t)}{\partial \boldsymbol{r}_0}=\boldsymbol{\Phi}_{vr_0}(t,t_0)\end{cases} \tag{3.23}$$

$$\begin{cases}\dfrac{\partial \boldsymbol{r}(t)}{\partial \boldsymbol{v}_0}=\boldsymbol{\Phi}_{rv_0}(t,t_0)\\ \dfrac{\mathrm{d}}{\mathrm{d}t}\left[\dfrac{\partial \boldsymbol{r}(t)}{\partial \boldsymbol{v}_0}\right]=\dfrac{\partial}{\partial \boldsymbol{v}_0}\dfrac{\mathrm{d}\boldsymbol{r}(t)}{\mathrm{d}t}=\dfrac{\partial \boldsymbol{v}(t)}{\partial \boldsymbol{v}_0}=\boldsymbol{\Phi}_{vv_0}(t,t_0)\end{cases} \tag{3.24}$$

$$\begin{cases}\dfrac{\partial \boldsymbol{r}(t)}{\partial \alpha}=\boldsymbol{\Phi}_{r\alpha}(t,t_0)\\ \dfrac{\mathrm{d}}{\mathrm{d}t}\left[\dfrac{\partial \boldsymbol{r}(t)}{\partial \alpha}\right]=\dfrac{\partial}{\partial \alpha}\dfrac{\mathrm{d}\boldsymbol{r}(t)}{\mathrm{d}t}=\dfrac{\partial \boldsymbol{v}(t)}{\partial \alpha}=\boldsymbol{\Phi}_{v\alpha}(t,t_0)\end{cases} \tag{3.25}$$

$$\begin{cases}\dfrac{\partial \dot{\boldsymbol{r}}(t)}{\partial \boldsymbol{r}_0}=\boldsymbol{\Phi}_{vr_0}(t,t_0)\\ \dfrac{\mathrm{d}}{\mathrm{d}t}\left[\dfrac{\partial \dot{\boldsymbol{r}}(t)}{\partial \boldsymbol{r}_0}\right]=\dfrac{\partial}{\partial \boldsymbol{r}_0}\left(-\dfrac{\mu}{r^2}\hat{\boldsymbol{e}}_r+\boldsymbol{f}_p\right)=\dfrac{\partial}{\partial \boldsymbol{r}_0}\left[\boldsymbol{f}(\boldsymbol{r},\dot{\boldsymbol{r}},\alpha)\right]\end{cases} \tag{3.26}$$

$$\begin{cases}\dfrac{\partial \dot{\boldsymbol{r}}(t)}{\partial \dot{\boldsymbol{r}}_0}=\boldsymbol{\Phi}_{vv_0}(t,t_0)\\ \dfrac{\mathrm{d}}{\mathrm{d}t}\left[\dfrac{\partial \dot{\boldsymbol{r}}(t)}{\partial \dot{\boldsymbol{r}}_0}\right]=\dfrac{\partial \boldsymbol{f}}{\partial \boldsymbol{r}}\boldsymbol{\Phi}_{rv_0}(t,t_0)+\dfrac{\partial \boldsymbol{f}}{\partial \boldsymbol{v}}\boldsymbol{\Phi}_{vv_0}(t,t_0)\end{cases} \tag{3.27}$$

$$\begin{cases}\dfrac{\partial \dot{\boldsymbol{r}}(t)}{\partial \alpha}=\boldsymbol{\Phi}_{v\alpha}(t,t_0)\\ \dfrac{\mathrm{d}}{\mathrm{d}t}\left[\dfrac{\partial \dot{\boldsymbol{r}}(t)}{\partial \alpha}\right]=\dfrac{\partial}{\partial \alpha}\left(\dfrac{\mathrm{d}\dot{\boldsymbol{r}}}{\mathrm{d}t}\right)=\dfrac{\partial \boldsymbol{f}}{\partial \alpha}=\dfrac{\partial \boldsymbol{f}}{\partial \boldsymbol{r}}\boldsymbol{\Phi}_{r\alpha}+\dfrac{\partial \boldsymbol{f}}{\partial \boldsymbol{v}}\boldsymbol{\Phi}_{v\alpha}+\dfrac{\partial \boldsymbol{f}}{\partial \alpha}\end{cases} \tag{3.28}$$

将上述公式联立，得

$$\frac{\mathrm{d}}{\mathrm{d}t}\begin{bmatrix}\boldsymbol{\Phi}_{rr_0} & \boldsymbol{\Phi}_{rv_0} & \boldsymbol{\Phi}_{r\alpha}\\ \boldsymbol{\Phi}_{vr_0} & \boldsymbol{\Phi}_{vv_0} & \boldsymbol{\Phi}_{v\alpha}\end{bmatrix}=\begin{bmatrix}\mathbf{0} & \boldsymbol{I}\\ \dfrac{\partial \boldsymbol{f}}{\partial \boldsymbol{r}} & \dfrac{\partial \boldsymbol{f}}{\partial \boldsymbol{v}}\end{bmatrix}\begin{bmatrix}\boldsymbol{\Phi}_{rr_0} & \boldsymbol{\Phi}_{rv_0} & \boldsymbol{\Phi}_{r\alpha}\\ \boldsymbol{\Phi}_{vr_0} & \boldsymbol{\Phi}_{vv_0} & \boldsymbol{\Phi}_{v\alpha}\end{bmatrix}+\begin{bmatrix}\mathbf{0} & \mathbf{0} & \mathbf{0}\\ \mathbf{0} & \mathbf{0} & \dfrac{\partial \boldsymbol{f}}{\partial \alpha}\end{bmatrix} \tag{3.29}$$

3.1.4　状态转移矩阵的简单示例

考虑开普勒椭圆轨道，轨道根数为 (a,e,i,Ω,ω,M)，半长轴变化量为 Δa_0。在这种情况下，仅有两个轨道根数会受到影响：

$$\begin{cases}\Delta a(t)=\Delta a_0\\ \Delta M(t)=-\dfrac{3n^*}{2a^*}\Delta a_0,\ n^*=\sqrt{\dfrac{\mu}{a^{*3}}}\end{cases} \tag{3.30}$$

$$\begin{bmatrix}\Delta a(t)\\ \Delta e(t)\\ \Delta i(t)\\ \Delta\omega(t)\\ \Delta\Omega(t)\\ \Delta M(t)\end{bmatrix}=\begin{bmatrix}1 & 0 & 0 & 0 & 0 & 0\\ 0 & 1 & 0 & 0 & 0 & 0\\ 0 & 0 & 1 & 0 & 0 & 0\\ 0 & 0 & 0 & 1 & 0 & 0\\ 0 & 0 & 0 & 0 & 1 & 0\\ -3n^*/2a^* & 0 & 0 & 0 & 0 & 1\end{bmatrix}\begin{bmatrix}\Delta a_0\\ \Delta e_0\\ \Delta i_0\\ \Delta\omega_0\\ \Delta\Omega_0\\ \Delta M_0\end{bmatrix} \tag{3.31}$$

3.1.5　小结

(1) 时间序列 $\delta\boldsymbol{r}(t_k)$ 与动力学参数 α 之间具有确定的关系，即变分方程。因此，观测残差 y_k 与动力学参数 α 之间也具有确定的关系。从这个意义上讲，我们可以讲“……轨道是可观测的……”。

(2) 对于任意给定的序列 $\delta\boldsymbol{r}(t_k)$ 和 $\delta\dot{\boldsymbol{r}}(t_k)$，可以令 $\delta\alpha=0$，并且找到满足变分方程的点 $(\delta\boldsymbol{r}_0,\delta\dot{\boldsymbol{r}}_0)$。对于每个时刻 t_k 来说，$(\delta\boldsymbol{r}_0,\delta\dot{\boldsymbol{r}}_0)$ 是不同的。t_k 和 t_0 之间的时间间隔越短、动力学模型参数和初始条件中的误差越小，该近似会越精确。或者，可以令 $(\delta\boldsymbol{r}_0,\delta\dot{\boldsymbol{r}}_0)=\mathbf{0}$，仅校正 $\delta\alpha$。$\delta\boldsymbol{r}_0$、$\delta\dot{\boldsymbol{r}}_0$ 或 $\delta\alpha$ 的误差(特别是在低频情况下的误差)将导致 $\delta\boldsymbol{r}$ 内相似信号变化的双重性，这会给轨道和重力场估计带来困难，在后续练习中我们将进一步探讨这个问题。

(3) “弧”的概念。

① “弧”定义为一个时间段，在该时间段上对初始条件进行校正。

② 可以在任意历元时刻定义弧，弧的起点不一定在观测数据的起始时刻。

3.2 最小二乘平差和扰动谱

本节探讨变分方程的细节，以满足基于 GRACE 任务数据的重力场参数估计特殊要求。

3.2.1 卫星运动模型

让我们回顾一下卫星运动的数学模型：

$$\ddot{\boldsymbol{r}} = -\frac{\mu}{r^2}\hat{\boldsymbol{e}}_r + \boldsymbol{f}_p \tag{3.32}$$

其中，$\boldsymbol{f}_p$ 表示扰动加速度，包括引力加速度、非引力加速度、经验加速度等。

3.2.1.1 非引力

利用加速度计可以测量得到非引力干扰。加速度计提供真实非引力干扰的标量值及可能的测量偏差。因此，可以以表格形式将加速度输入到轨道预报器，以允许调整加速度的标量值及其偏差。尽管用户在估计初始条件和重力场模型参数时，不会对每个加速度标量值/偏差都进行估计，但该模型可以表示为

$$f_{\mathrm{NG}}^{\mathrm{ACC}} = b_x + s_x f_x^{\mathrm{ACC}} + b_y + s_y f_y^{\mathrm{ACC}} + b_z + s_z f_z^{\mathrm{ACC}} \tag{3.33}$$

在这种情况下，b_i、s_i 是动力学参数 α 的分量。

3.2.1.2 引力

在地球固连坐标系(Earth centered earth fixed，ECEF)或地心惯性坐标系(Earth centered inertial，ECI)中，地球引力可以表示为

$$\begin{cases} \boldsymbol{f}_G^{\mathrm{ECEF}} = \nabla U \\ U = \sum_{l=2}^{N_{\mathrm{MAX}}} \left(\frac{a_e}{r}\right)^l \sum_{m=0}^{l} P_{lm}(\sin\phi) \begin{bmatrix} (\langle C_{lm}\rangle + \delta C_{lm}(t))\cos(m\lambda) \\ +(\langle S_{lm}\rangle + \delta S_{lm}(t))\sin(m\lambda) \end{bmatrix} \\ \boldsymbol{f}_G^{\mathrm{ECI}} = \boldsymbol{M}_{\mathrm{ECEF}}^{\mathrm{ECI}} \boldsymbol{f}_G^{\mathrm{ECEF}} \end{cases} \tag{3.34}$$

其中，$\langle\cdot\rangle$ 表示时间平均值。上述公式的唯一例外情况是三体问题和地球固体潮汐加速度，它们都是根据日月星历计算得到的。在典型的 GRACE 任务分析中，背景或先验重力场模型反映了我们目前掌握的地球重力场变化的最佳信息。由于存在陆地水循环变化、冰盖变化和非潮汐海洋动力，有些地球动力学过程尚未存在良好的模型，而只能从 GRACE 数据中估算出来，这些地球过程将被表示为以分

段常数 $\delta C_{lm}(t)$ 、$\delta S_{lm}(t)$ 为参数的形式。然而，我们不一定要使用球谐函数公式，因为有很多其他出色的理论可以实现引力加速度的参数化表示。

3.2.1.3　经验参数

众所周知，平均加速度和 1-cpr 加速度(其周期等于轨道周期)对轨道运动都有特殊效应。我们可以采用一组由典型开普勒轨道参数[37,38]定义的非奇异坐标来说明这一点，其中“i”是虚数单位，纬度幅角为 $u=\omega+M$ ：

$$\begin{cases}\Delta U(t)=\dfrac{\Delta a}{\overline{a}}+\mathrm{i}\left(\Delta u+\Delta\Omega\cos\overline{I}\right)\\ \Delta P(t)=\left(\Delta e-\mathrm{i}\Delta\omega\right)\mathrm{e}^{-\mathrm{i}\overline{\varpi}}\\ \Delta Q(t)=\Delta I-\mathrm{i}\Delta\Omega\sin\overline{I}\end{cases} \tag{3.35}$$

在式(3.35)中，带有上标横线的量表示平均量。长于一个轨道周期的卫星平均运动方程为

$$\begin{cases}\Delta\dot{U}+\mathrm{i}\left(\dfrac{3\overline{n}}{2}-\dot{\overline{\mu}}_a\right)\Delta U_r-\mathrm{i}\dot{\overline{\mu}}_I\Delta Q_r=\dfrac{2}{\overline{an}}\left(\overline{T}-\mathrm{i}\overline{R}\right)\\ \Delta\dot{P}+\mathrm{i}\overline{\varpi}\Delta P=\dfrac{2}{\overline{an}}\left[\left(T_c+\dfrac{1}{2}R_s\right)-\mathrm{i}\left(T_s-\dfrac{1}{2}R_c\right)\right]\\ \Delta\dot{Q}-\mathrm{i}\dot{\overline{v}}_I\Delta Q_r-\mathrm{i}\dot{\overline{v}}_a\Delta U_r=\dfrac{1}{2\overline{an}}\left(N_c-\mathrm{i}N_s\right)\end{cases} \tag{3.36}$$

其中，扰动加速度为

$$\begin{cases}f_r=\overline{R}+R_c\cos\overline{u}+R_s\sin\overline{u}\\ f_\tau=\overline{T}+T_c\cos\overline{u}+T_s\sin\overline{u}\\ f_v=\overline{N}+N_c\cos\overline{u}+N_s\sin\overline{u}\end{cases} \tag{3.37}$$

其中，$\dot{\overline{\mu}}_a$ 、$\dot{\overline{\mu}}_I$ 、$\dot{\overline{v}}_a$ 和 $\dot{\overline{v}}_I$ 是 J_2 项的耦合常数[37,38]。另外，需要注意卫星的径向(r)、迹向(τ)和法向(v)坐标的变化均由下式给出：

$$\begin{cases}\Delta z=\Delta r+\mathrm{i}\Delta\tau=\overline{a}\Delta U+\dfrac{1}{2}\overline{a}\left(\Delta Pe^{\mathrm{i}\overline{u}}-3\Delta P^{*}\mathrm{e}^{-\mathrm{i}\overline{u}}\right)\\ \Delta v=\overline{a}\Re\left(-\mathrm{i}\Delta Q\mathrm{e}^{\mathrm{i}\overline{u}}\right)\end{cases} \tag{3.38}$$

在轨道和重力场迭代过程中，通常在估计初始条件或重力场参数的同时，估计平均加速度和 1-cpr 加速度的大小。这些方程有助于我们理解同时进行“经验加速度”估计的效果。这些方程中的符号含义如下：

(1) $\overline{R}$ 对应 a 中的平均偏移或 ΔM 中的线性漂移。

(2) $\bar{T}$ 对应 a 中的线性偏移或沿轨道的二次项漂移。

(3) R_c、T_c、R_s、T_s 对应 (e,ω) 中的缓慢变化或轨道平面 $(\Delta r,\Delta\tau)$ 中的 1-cpr 变化。

(4) N_c、N_s 对应 (I,Ω) 中的缓慢变化或法线方向 Δv 上的 1-cpr 变化。

通常，这些分段恒定参数可以在一个弧段内求解。在这些情况中，可以利用分段常数拟合出轨道参数的缓慢变化。那么，究竟为什么要重视这些情况呢?

(1) 在对轨道运动存在影响的所有信号/噪声中，除了会在其自然时间尺度上对轨道产生扰动外，还会对轨道产生缓慢扰动和 1-cpr 扰动。这可以从数学的角度上进行解释，因为变分微分方程的特定积分中会存在齐次解。

(2) 在估计过程中，无法区分这些缓慢数据漂移是由所关注的地球物理信号引起的，还是在轨道积分过程引入任务数据时由仪器或系统的效应引起的，如加速度计或星敏感器中出现的效应。

3.2.1.4 观测经验值

随着卫星所飞过的近地环境的变化，或者太阳光照改变导致输入到卫星内部能量的变化，卫星环境也会发生变化。这些影响还可能在观测数据中产生缓慢的和 1-cpr 的数据变化，如 GRACE 任务中的星间测距信号。在估计过程中，这些影响与上文中讨论的地球物理信号的影响是无法分开的。通过引入下式所示的经验性观测参数，来尝试缓解这个问题:

$$\delta\dot{\rho} = A + Bt + Ct^2 + E\cos(nt) + F\sin(nt) \tag{3.39}$$

参数 β 中含有 A～E 或其若干子集。

3.2.2 重组变分问题

在一个弧段中重新组合变分问题，如下:

$$\begin{bmatrix} y_1 \\ y_2 \\ \vdots \\ y_m \end{bmatrix} = \begin{bmatrix} \boldsymbol{H}_{\boldsymbol{r}_1} & \boldsymbol{H}_{\dot{\boldsymbol{r}}_1} & \boldsymbol{H}_\alpha & \boldsymbol{H}_\beta \\ \boldsymbol{H}_{\boldsymbol{r}_2} & \boldsymbol{H}_{\dot{\boldsymbol{r}}_2} & \boldsymbol{H}_\alpha & \boldsymbol{H}_\beta \\ \vdots & \vdots & \vdots & \vdots \\ \boldsymbol{H}_{\boldsymbol{r}_m} & \boldsymbol{H}_{\dot{\boldsymbol{r}}_m} & \boldsymbol{H}_\alpha & \boldsymbol{H}_\beta \end{bmatrix} \begin{bmatrix} \Delta r_0 \\ \Delta\dot{r}_0 \\ \Delta\alpha \\ \Delta\beta \end{bmatrix} \tag{3.40}$$

其中，

$$\boldsymbol{H}_{\boldsymbol{r}_k} = \tilde{\boldsymbol{H}}_{\boldsymbol{r}_k}\boldsymbol{\Phi}_{rr_0}(t_k,t_0) \tag{3.41}$$

将这些弧段上的信息方程联立，用于同时求解每个弧段上的初始条件以及重力场参数 $\Delta\beta$ 。求解这种方程组的方法将在其他章节中讨论。

感兴趣的读者可以参考文献[141]，了解更多的细节内容。

3.3 课后练习

以下练习所需的数据和文件可在线访问：

http://www.geoq.uni-hannover.de/autumnschool-data

http://extras.springer.com

重要提示：通过阅读每个函数顶部的注释，或者在 MATLAB 命令行中输入“help 函数名”，可以了解该函数的功能。

1. 初始条件校正

运行 Exercise_1 程序，该程序可以实现很多功能，具体如下。

(1) 读入两个独立计算的 GRACE 轨道解(每个轨道均由 get_traj 子程序读取)。这些轨道受到地球引力、三体引力、时变重力场、非引力干扰等作用力的影响。当运行 Exercise_1 程序时，其中一条轨道以红色曲线显示。

(2) 对于每个轨道来说，在每个步骤中可以计算得到二体轨道(仅受二体问题中心引力项作用的轨道)。对于每个弧段，通过数值积分得到至初始历元时刻的轨道。当运行 Exercise_1 时，这些二体轨道以黑色曲线形式表示在图中。注意它们的分散情况。黑色曲线的平均初始条件是根据同一初始条件得到的。

(3) 根据每个 GRACE 轨道解，可以计算得到不同轨道初始条件的差异。在对初始条件进行校正时，不同初始条件的差异提供了不同轨道间误差的估计值(在没有完整轨道解的情况下)。初始条件的差异会在 MATLAB 的命令窗口中输出。

在 Exercise_1 案例中，每天调整一次初始条件(弧长为 86400.0s)。重复此操作以获得更小的弧长，例如，每 6h 或一个卫星轨道周期(5660.0s)调整一次。

请问：随着弧长的缩短，初始条件的差异将会如何变化？弧长越短，则误差越小。

提示：通过更频繁地调整初始条件，在某种程度上轨道会适应任何力的作用。因此如果过于频繁地调整初始条件，它们可能会对重力场恢复产生不利影响。

2. 消去齐次解(重建模)

运行程序 Exercise_2，该程序可以计算星间距离和距离变化率残差。按照如下步骤得到残差。

(1) 在考虑地球中心引力并沿星下点轨迹布置 1 个 2000 亿吨点质量干扰的情

况下，通过轨道预报得到 GRACE 卫星模拟轨道，进而差分得到星间距离和星间距离变化率，以此作为本练习中的观测数据。

(2) 在仅考虑二体问题中心引力项的情况下进行轨道预报，得到 GRACE 卫星模拟轨道，进而差分得到星间距离和星间距离变化率。

(3) 上述轨道之间的差异反映了点质量的影响，是由解的齐次部分(长期效应和 1-cpr 效应)和点质量瞬态效应导致的。

由 Exercise_2 得到 4 张曲线图：距离残差、距离变化率残差、有限消除齐次解效应后的距离残差，以及有限消除齐次解效应后的距离变化率残差。通过重新构建子程序来消去齐次解。通常，输入"help remodel"将会显示有关重建模的内容，它用于在 GRACE 重力场恢复过程中，模拟估计的星间跟踪测量经验值。

调整重建模参数(Exercise_2 中的第 64 和 65 行)，以更充分地消去残差的齐次部分，并揭示由点质量引起的距离变化率特性。注意：轨道周期为 5668.0s。

完成此操作后，将白噪声加速度添加到轨道观测值中。在 Exercise_2 中，改变第 11 行的白噪声 σ 值变量 sig，合理的量级约为 $2\times10^{-10}\,\mathrm{m/s^2}$。请问：白噪声如何影响重建模的输出？增加白噪声会发生什么？

提示：轨道扰动的主要影响来自微分方程的齐次解(长期效应和 1-cpr 效应)。这些会淹没 GRACE 卫星敏感的高频部分信号。对轨道扰动进行适当处理，对高精度重力场恢复非常重要。增加白噪声会在所有的频率上增加额外信号，从而进一步减少残差。

3. 状态转移矩阵

运行程序 Exercise_3。该程序利用数值方法计算状态转移矩阵，从起始历元时刻开始获取轨道参数以及其他参数的扰动。这样，就可以有效地计算任意标称轨道的扰动。在这种情况下，标定轨道是指类似 GRACE 的轨道，其中考虑了中心引力项、J_2 项摄动、简单模型下的大气阻力、迹向和法向上的 1-cpr 经验加速度对轨道的影响。

在初始运行 Exercise_3 时，可以得到对半长轴扰动的影响。同样，应该单独地在其他参数上添加扰动，并观测它们对轨道参数的影响。注意，状态转移矩阵中的参数如下：

① 半长轴(米)，建议扰动量为 1mm；

② 偏心率，建议扰动量为 1×10^{-4}；

③ 倾角(弧度)，建议扰动量为 1 arcmin；

④ 近地点角距(弧度)，建议扰动量为 1 arcmin；

⑤ 升交点赤经(弧度)，建议扰动量为 1 arcmin；

⑥ 平近点角(弧度)，建议扰动量为 1 arcmin；

⑦ $J_2(C_{20})$，建议扰动量为1×10^{-8}；

⑧ 弹道系数(比例阻力系数)，建议扰动量为1×10^{-3}；

⑨ 1-cpr 经验加速度幅值，建议扰动量为$1\times10^{-7}\,\text{m/s}^2$，这里包括最后 4 个参数。

运行程序 Exercise_3v2，针对在不同的受力模型，得到预定义扰动的影响曲线。其中，预定义扰动在 Exercise_3v2 文件的 75～86 行。观测这些曲线图，并注意各种受力模型对轨道参数的影响。

提示：状态转移矩阵允许计算轨道任意点上任意扰动的影响。这对于最小二乘法求解过程至关重要，因为它考虑到了调整后的参数(如最小二乘初始条件的解、重力场系数等)与其对轨道观测值影响之间的映射关系。最后，当运行 Exercise_3v2 时，请注意每个受力模型在扰动存在时的不同效应。

(1) 中心引力，轨道参数表现出与输入扰动相当的恒定偏移，这是由二体问题定义决定的。

(2) 中心引力+J_2项摄动，轨道参数具有正弦变化，并且由于地球扁率的影响，升交点赤经表现出长期变化趋势。

(3) 中心引力+J_2项摄动+大气阻力，由于大气阻力的存在，半长轴和偏心率逐渐降低，表现为轨道变低、变圆。

(4) 中心引力+J_2项摄动+大气阻力+1-cpr 经验加速度扰动，偏心率和倾角存在明显变化趋势，并且由于 1-cpr 经验加速度扰动的存在，升交点赤经存在长期漂移。

4. 空间分辨率(简化为一维情况)

运行程序 Exercise_4。另外，阅读子程序 FitLegendre 中的注释，以了解函数功能和输出参数。该程序计算直至$n_{\max}$阶的勒让德多项式($n_{\max}$由用户指定)，并创建用户指定带宽的瞬态空间信号。比例参数可以与瞬态空间信号最佳匹配，其表达式如下：

$$y=\sum_{n=0}^{n_{\max}}a_k P_n(x) \tag{3.42}$$

上式在非常简化的情况下，模拟了用一组有限的球谐函数拟合高空间分辨率特征的效果。

运行程序 Exercise_4 可以得到三张图。

(1) 信号比较。该图显示了最高阶数(即最高空间分辨率)勒让德多项式相对于瞬态信号的空间范围。注意空间分辨率的差异。

(2) 瞬态信号与拟合信号。该图显示了勒让德多项式的拟合和瞬态信号。这是勒让德多项式与瞬态信号匹配程度的直观表示。

(3) 信号残差。该图显示了勒让德多项式拟合和瞬态信号之间的差异。这是勒让德多项式与瞬态信号匹配程度的另一个直观表示。

在不同大小的空间信号下进行实验，观测勒让德多项式拟合结果与瞬态信号的匹配程度。

重新运行 FitLegendre 函数，以获得各种空间大小的信号，并绘制百分比峰值误差随瞬态信号大小变化的曲线图。在1.0° ～ 20.0° 的范围内调整空间尺度，并注意每个空间尺度与峰值幅度的拟合程度。

提示：上述例子都是高度简化的，只考虑了一维情况，并且没有考虑卫星所在高度上的观测量与地面的关系。但是，这些例子均显示出截断球谐函数对高空间分辨率特征表示的影响。

第4章 加 速 度 法

马蒂亚斯·韦格特

摘要： GRACE 任务是监测和理解地球质量分布变化的关键手段。该任务的主要观测量是带偏差的星间距离，它是一种几何观测量。因此，需要将这种观测量与在物理上有意义的重力场相结合，也就是将运动学观测量与动力学模型联系起来。有多种方法可以实现这一目的。这里重点介绍加速度法，它通过将观测到的星间距离对时间变化的二阶导数(即星间加速度)与重力梯度联系起来，在理论上尽量避免求解变分方程。实际上，它需要星间加速度观测值、具有匹配精度的三维卫星姿态及其变化。然而，对于 GRACE 来说，目前这些观测值都是不可用的。存在三种可能的解决方案，具体如下：①近似解，将基本方程的阶数减少到残差个数，忽略观测精度低的项；②严格解，将观测精度低的项视为未知数，通过变分方程进行求解；③基于旋转量的替代描述。只有第二种方法能够产生与其他方法精度水平相当的解，但是需要求解变分方程，因此在概念上或计算上没有优势。第一种方法主要会导致重力场长波信号的误建模，但是仍可用于局部或区域重力场恢复。目前，第三种方法是不可行的，因为所需的姿态精度远远不够。然而，它为理解观测系统提供了有趣的视角。它将 GRACE 描述为一个二维观测系统，从数学上解释了 GRACE 任务方案由东-西方向上敏感性不足而导致的条纹状误差。

4.1 引　　言

GRACE 任务以前所未有的精度确定地球的重力场及其随时间的变化[140]。该任务的关键载荷是高精度 K 波段微波测距系统，它不断地跟踪测量两颗卫星的相对运动，获取两星在视线方向(line-of-sight，LOS)上的距离 ρ 。星间距离变化率 $\dot{\rho}$ 和星间加速度 $\ddot{\rho}$ 可以通过数值推导得到，见文献[85]。由于差分引起的相关性常常被忽略，因此 $\dot{\rho}$ 和 $\ddot{\rho}$ 经常被作为基本的观测量。为了成功恢复地球重力场，需要将这些运动学量与引力势函数势 V 或其任意函数相关联，如引力(引力势函数的一阶导数)或引力梯度(引力势函数的二阶导数)。这就是加速度法的基本原理。

还有多种方法取得了不同程度的成功。最值得注意的是基于经典变分方程解的方法[119,140]，该方法由美国得克萨斯大学奥斯汀分校的空间研究中心、德国地球科学研究中心和美国国家航空航天局喷气推进实验室开发使用。该方法用于产生静态重力场模型和时间分辨率为 1 月的时变重力场模型。变分法的基础是伯尔尼大学天文学研究所开发的天体力学方法(celestial mechanics approach，CMA)[10,11]和文献[95]提出的短弧法。

另外，还存在可以概括为原位观测法的方法。这些方法旨在形成(伪)观测量，并将这些(伪)观测量与重力场点值直接关联，以避免对变分方程进行积分运算。能量守恒法将星间距离变化率观测值 $\dot{\rho}$ 与引力势函数联系起来[74]。这里讨论的加速度法利用了与重力梯度 ∇V 相关的星间加速度(见 4.2.1 节)。该方法有几种不同的形式，如差分重力测量法[93]、星间距离插值法[165]等。一个在概念上非常有趣的方法是视线梯度测量法[82]，此方法将星间加速度沿两星连线进行划分形成伪观测量，并将其与重力梯度张量分量 V_{ij} 在星间连线上的投影相关联。

变分法和原位观测法都有其特定的优点和缺点。从理论的角度来看，所有方法得到的解的质量都相同，因为它们都是基于牛顿运动方程得到的，见 4.1.1 节。主要观测量或导出的伪观测量的不同误差特性，以及这些误差在处理过程中的传播会导致差异的出现，但是对其性能进行比较超出了本节的范畴。一般来说，变分法需要复杂的轨道积分方法，而基于原位观测的方法需要增加额外的观测量，例如 GPS 观测量。这种组合往往不利于推导重力场的解，因此在现阶段变分法似乎表现得要稍好一些。

4.1.1 节介绍牛顿运动方程的基础知识，4.1.2 节介绍运动学和动力学量的差异。4.2 节介绍的 GRACE 系统几何结构构成 4.2.1 节中的加速度法严格解的基础。这种重力场解的方法仍然需要变分方程的解。顾名思义，这最终导致在特定假设下有效近似解的发展。4.2.2 节讨论这种经常实施的方法，并说明这种方法的局限性。最后，4.2.3 节提出另一种同样重要的方法，即基于转动量(转速及其变化)的方法。它构成了一个理论框架，在转动量能够以与星间测距相匹配的观测精度获取的条件下，根据该理论框架可以更好地理解和利用低低星星跟踪系统。但是，现在转动量的观测精度无法满足要求。

4.1.1 牛顿运动方程

加速度法需要两个基本方程，首先是牛顿第二运动定律：

$$\boldsymbol{F} = m\boldsymbol{a} \tag{4.1}$$

其中，$\boldsymbol{F}$ 是力；m 是物体的质量；$\boldsymbol{a}$ 是加速度。式(4.1)以欧拉介绍的形式给出。

在牛顿给出的最初形式中，右边是以冲量形式给出的[111]。重要的是，要注意式(4.1)符号的左边(即力)与右边(即加速度)之间的差异。左边包含的是动力学量，而右边包含的是运动学量。虽然这一差异似乎微不足道，但对于空间大地测量和随后的讨论是至关重要的。在 4.1.2 节对这两个量的处理中，差异将会变得更加明显。最后，通过使运动学量和动力学量相等来构造运动方程，如式(4.1)所示。

对于卫星运动来说，第二个重要方程是牛顿万有引力定律：

$$\boldsymbol{F}_{12}=-G\frac{m_1m_2}{r_{12}^2}\boldsymbol{e}_{12} \tag{4.2}$$

其中，$\boldsymbol{F}_{12}$ 是作用在质量分别为 m_1 和 m_2 的两个物体间的万有引力矢量；两个物体之间的距离为 r_{12}；两物体连线方向的单位矢量为 $\boldsymbol{e}_{12}$；G 是万有引力常数。式(4.2)表明，两个物体之间的吸引力与物体质量成正比，与距离的平方成反比。显然，$\boldsymbol{F}_{12}=-\boldsymbol{F}_{21}$ 成立。请注意，式(4.2)仅适用于点质量、均质球体或壳体。

在卫星应用中，使用单位质量是方便的，即假设 $m_1=M$ 且 $m_2=1$。通过组合式(4.1)和式(4.2)，得到卫星运动方程：

$$\boldsymbol{F}_{12}=-\frac{\mathrm{GM}}{r_{12}^3}\boldsymbol{r}_{12}=\boldsymbol{a}=\ddot{\boldsymbol{r}} \tag{4.3}$$

这就是二体问题的基本方程。显然，加速度等于位置矢量 $\boldsymbol{r}$ 的二阶导数，该方程为二阶微分方程。方程的解可以是解析解或数值解。解析解最好采用开普勒解的描述方式，二阶微分方程的 6 个积分常数就是开普勒根数。一般来说，解析解适用于简单情况。对于地球这样的非均匀质量天体，只能采用数值方法计算绕其运动的卫星轨道。由于初始条件经常表示为卫星的初始位置和初始速度，最好将积分常数表示为初始条件。实际上，式(4.3)和给定的初始条件可以唯一地定义卫星轨道。反之，通过观测卫星位置可以推断出初始条件和作用力。在实际应用中，这两种情况都会出现，这取决于人们对卫星位置还是对控制其运动的作用力感兴趣。加速度法是针对后一种情况的。

到目前为止，我们只考虑了均匀点质量的力。叠加原理允许考虑作用在卫星上的各种作用力，从而扩展式(4.3)的左边。通常，这些力包括：

① 地球引力非球形摄动部分 $\boldsymbol{f}_E$；

② 太阳和月球的三体引力 $\boldsymbol{f}_S$ 和 $\boldsymbol{f}_M$；

③ 潮汐作用 $\boldsymbol{f}_T$；

④ 大气阻力 $\boldsymbol{f}_D$；

⑤ 太阳辐射 $\boldsymbol{f}_{\mathrm{SP}}$；

⑥ 地球反照作用 $\boldsymbol{f}_A$；

⑦ 相对论效应 $\boldsymbol{f}_R$；

⑧ 其他行星和天体的三体引力 $\boldsymbol{f}_P$。

关于这些力的量级及其影响，读者可以参考大量文献，例如文献[104]等。

4.1.2 运动学量和动力学量

在将加速度法应用到低低星星跟踪重力场测量任务之前，需要重新考虑移动框架下运动学量[式(4.1)右侧]的行为特征，特别是从微分的角度进行考虑。假设已经有如下关系：

$$\boldsymbol{r}_I = \boldsymbol{R}_I{}^E \boldsymbol{r}_E \tag{4.4}$$

其中，$\boldsymbol{r}_I$ 描述了物体或卫星在惯性系中的位置矢量，它等于旋转矩阵 $\boldsymbol{R}_I{}^E$ 乘以移动坐标系 E 中的位置矢量。为了更容易理解，此处的移动坐标系参照了地球固连坐标系，用 E 来表示，但是对于任何与式(4.4)中惯性系相关的移动坐标系而言，推导都是有效的。为了进行微分过程，必须考虑到旋转矩阵不是时间不变的，因此时间导数项 $\dot{\boldsymbol{R}}_I{}^E$ 不等于零。应用乘法法则，求解移动坐标系中的速度得

$$\dot{\boldsymbol{r}}_E = \boldsymbol{R}_E^I \dot{\boldsymbol{r}}_I - \boldsymbol{R}_E^I \dot{\boldsymbol{R}}_I^E \boldsymbol{r}_E \tag{4.5}$$

引入 Cartan 矩阵 $\boldsymbol{\Omega} = \boldsymbol{R}_E^I \dot{\boldsymbol{R}}_I^E$ 和旋转矢量 $\boldsymbol{\omega}$，式(4.5)可以表示为

$$\dot{\boldsymbol{r}}_E = \boldsymbol{R}_E^I \dot{\boldsymbol{r}}_I - \boldsymbol{\Omega} \boldsymbol{r}_E = \boldsymbol{R}_E^I \dot{\boldsymbol{r}}_I - \boldsymbol{\omega} \times \boldsymbol{r}_E \tag{4.6}$$

移动坐标系中加速度是由另一种微分法推导得出的：

$$\ddot{\boldsymbol{r}}_E = \boldsymbol{R}_E^I \ddot{\boldsymbol{r}}_I - 2\boldsymbol{\omega} \times \dot{\boldsymbol{r}}_E - \boldsymbol{\omega} \times (\boldsymbol{\omega} \times \boldsymbol{r}_E) - \dot{\boldsymbol{\omega}} \times \boldsymbol{r}_E \tag{4.7}$$

其中，等号右侧第二项通常称为科里奥利加速度；第三项称为离心加速度；最后一项称为欧拉加速度。

然后，通过使运动学量和动力学量相等，得到与惯性量情况相同的运动方程：

$$\ddot{\boldsymbol{r}}_E + 2\boldsymbol{\omega} \times \dot{\boldsymbol{r}}_E + \boldsymbol{\omega} \times (\boldsymbol{\omega} \times \boldsymbol{r}_E) + \dot{\boldsymbol{\omega}} \times \boldsymbol{r}_E = \boldsymbol{R}_E^I \boldsymbol{F}_I \tag{4.8}$$

参照式(4.3)，并注意对运动学量和动力学量的不同处理方法。动力学量或力仅根据物体运动而改变方向。而对于运动学量，需要考虑所谓的视加速度，它反过来取决于参考系的运动。

4.2　加速度法的数学描述

在进行加速度法的详细推导之前，必须先了解 GRACE 任务的几何观测结构。图 4.1 给出了一般情形下的观测结构。

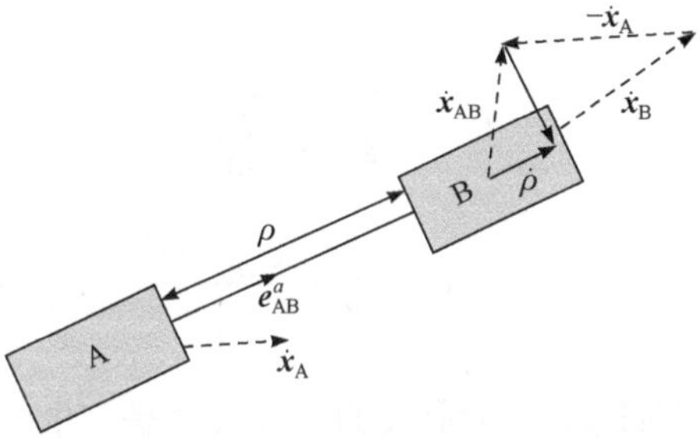

图 4.1　GRACE 系统的几何观测结构(来自文献[127])

观测到的距离 ρ 是两颗卫星 A 和 B 之间的距离，它等于从卫星 A 指向卫星 B 的位置矢量 $\boldsymbol{x}_{AB}$ 在两星连线方向上的投影，具体如下，其中 $\boldsymbol{e}^a_{AB}$ 表示从卫星 A 指向卫星 B 方向的单位矢量：

$$\rho = \boldsymbol{x}_{AB} \cdot \boldsymbol{e}^a_{AB} = \left(\boldsymbol{x}_B - \boldsymbol{x}_A\right) \cdot \boldsymbol{e}^a_{AB} \tag{4.9}$$

类似地，通过计算两个速度矢量 $\dot{\boldsymbol{x}}_A$ 和 $\dot{\boldsymbol{x}}_B$ 之间的差，可以得到相对速度矢量 $\dot{\boldsymbol{x}}_{AB}$，它几乎垂直于两星的视线方向，因此星间距离变化率 $\dot{\rho}$ 的数值很小：

$$\dot{\rho} = \dot{\boldsymbol{x}}_{AB} \cdot \boldsymbol{e}^a_{AB} = \left(\dot{\boldsymbol{x}}_B - \dot{\boldsymbol{x}}_A\right) \cdot \boldsymbol{e}^a_{AB} \tag{4.10}$$

因此，从理论上讲，将两颗卫星沿径向分布形成编队构型会更好。但是，由于卫星速度不同，这样的编队构型显然会漂移。事实上，在文献[127]中已经讨论过这个概念，只有沿迹向的跟飞构型才是可行的。

为了推导加速度法，重新排列式(4.9)，从而将惯性系中的相对位置矢量 $\boldsymbol{x}_{AB}$ 表示为星间距离与视线方向上单位矢量的乘积。进行两次微分，得到等号左边为相对速度矢量 $\dot{\boldsymbol{x}}_{AB}$、相对加速度矢量 $\ddot{\boldsymbol{x}}_{AB}$ 和等号右边为星间观测量组合的表达式。

$$\boldsymbol{x}_{AB} = \rho \boldsymbol{e}^a_{AB} \tag{4.11a}$$

$$\dot{\boldsymbol{x}}_{AB} = \dot{\rho} \boldsymbol{e}^a_{AB} + \rho \dot{\boldsymbol{e}}^a_{AB} \tag{4.11b}$$

$$\ddot{\boldsymbol{x}}_{AB} = \ddot{\rho} \boldsymbol{e}^a_{AB} + 2\dot{\rho} \dot{\boldsymbol{e}}^a_{AB} + \rho \ddot{\boldsymbol{e}}^a_{AB} \tag{4.11c}$$

将式(4.11b)两边同时乘以 $\boldsymbol{e}^a_{AB}$，可以得到式(4.10)。由于 $\boldsymbol{e}^a_{AB}$ 与 $\dot{\boldsymbol{e}}^a_{AB}$ 相互垂直，所以可以消去式(4.11b)右边的最后一项。两星视线方向矢量 $\boldsymbol{e}^a_{AB}$ 是随卫星系统一

起运动的右手坐标系的一部分，这里将其表示为瞬时相对参考系(instantaneous relative reference frame，IRRF)。根据下式可以方便地确定参考系：

$$\boldsymbol{e}_{\mathrm{AB}}^{a}=\frac{\boldsymbol{x}_{\mathrm{AB}}}{\left|\boldsymbol{x}_{\mathrm{AB}}\right|} \tag{4.12a}$$

$$\boldsymbol{e}_{\mathrm{AB}}^{v}=\frac{\dot{\boldsymbol{x}}_{\mathrm{AB}}}{\left|\dot{\boldsymbol{x}}_{\mathrm{AB}}\right|} \tag{4.12b}$$

$$\boldsymbol{e}_{\mathrm{AB}}^{c}=\frac{\boldsymbol{e}_{\mathrm{AB}}^{v}\times\boldsymbol{e}_{\mathrm{AB}}^{a}}{\left|\boldsymbol{e}_{\mathrm{AB}}^{v}\times\boldsymbol{e}_{\mathrm{AB}}^{a}\right|} \tag{4.12c}$$

$$\boldsymbol{e}_{\mathrm{AB}}^{r}=\frac{\boldsymbol{e}_{\mathrm{AB}}^{a}\times\boldsymbol{e}_{\mathrm{AB}}^{c}}{\left|\boldsymbol{e}_{\mathrm{AB}}^{a}\times\boldsymbol{e}_{\mathrm{AB}}^{c}\right|} \tag{4.12d}$$

由式(4.12b)中的相对速度矢量形成的单位矢量是一个中间量，它与相对速度矢量平行，但并不正交于沿视线方向的矢量。然而，$\boldsymbol{e}_{\mathrm{AB}}^{a}$和$\boldsymbol{e}_{\mathrm{AB}}^{v}$形成了一个平面，它包含了所需要的垂直于视线方向的单位矢量。该矢量沿径向方向，因为它位于由上述两个单位矢量决定的轨道平面内，并指向外侧即远离地球表面的一侧。注意，该矢量与每个卫星的径向单位矢量明显不同。通过计算$\boldsymbol{e}_{\mathrm{AB}}^{v}$和$\boldsymbol{e}_{\mathrm{AB}}^{a}$的叉积并进行单位化，得到轨道面法向单位矢量，它垂直于由视线方向和相对速度方向决定的轨道面。再次对迹向单位矢量$\boldsymbol{e}_{\mathrm{AB}}^{a}$和轨道面法向单位矢量$\boldsymbol{e}_{\mathrm{AB}}^{c}$使用叉积运算，可以得到沿径向的单位矢量。如果用旋转量表示加速度法，瞬时相对参考系 IRRF 将发挥重要作用，具体内容参照 4.2.3 节。

将式(4.11c)与这三个单位矢量相乘，考虑正交性之后，可以将惯性相对加速度转换到瞬时相对参考系 IRRF 中：

$$\ddot{\boldsymbol{x}}_{\mathrm{AB}}\cdot\boldsymbol{e}_{\mathrm{AB}}^{a}=\ddot{\rho}+0+\rho\ddot{\boldsymbol{e}}_{\mathrm{AB}}^{a}\cdot\boldsymbol{e}_{\mathrm{AB}}^{a} \tag{4.13a}$$

$$\ddot{\boldsymbol{x}}_{\mathrm{AB}}\cdot\boldsymbol{e}_{\mathrm{AB}}^{c}=0+0+\rho\ddot{\boldsymbol{e}}_{\mathrm{AB}}^{a}\cdot\boldsymbol{e}_{\mathrm{AB}}^{c} \tag{4.13b}$$

$$\ddot{\boldsymbol{x}}_{\mathrm{AB}}\cdot\boldsymbol{e}_{\mathrm{AB}}^{r}=0+2\dot{\rho}\left|\dot{\boldsymbol{e}}_{\mathrm{AB}}^{a}\right|+\rho\ddot{\boldsymbol{e}}_{\mathrm{AB}}^{a}\cdot\boldsymbol{e}_{\mathrm{AB}}^{r} \tag{4.13c}$$

对于 GRACE 任务而言，适用的等式是式(4.13a)。但是读者应该注意，加速度法是一种三维方法。然而，充分使用加速度法需要单位矢量及其导数的观测值，且观测值的精度与星间测距精度相当，这对于 GPS 来说是不可能的。只有式(4.13a)可以用于求解星间加速度，在式左侧产生观测值，并且该观测值只能根据 K 波段测距系统得到。对于式(4.13a)中的最后一个项，存在下列关系，可建立与相对速度矢量的关系，并明确 GPS 的影响：

$$\rho\ddot{\boldsymbol{e}}_{AB}^{a}\cdot\boldsymbol{e}_{AB}^{a}=\boldsymbol{x}_{AB}\cdot\ddot{\boldsymbol{e}}_{AB}^{a}=\dot{\boldsymbol{x}}_{AB}\cdot\dot{\boldsymbol{e}}_{AB}^{a}$$
$$=-\rho\left|\dot{\boldsymbol{e}}_{AB}^{a}\right|^{2}=-\frac{1}{\rho}\left(\dot{\boldsymbol{x}}_{AB}\cdot\dot{\boldsymbol{x}}_{AB}-\dot{\rho}^{2}\right) \tag{4.14}$$

建议读者重新推导这些关系式，以便充分理解各部分之间的关系。

到目前为止，本节仅涉及几何量和运动量。通过考虑牛顿第二定律，并构造相对加速度矢量与重力场相对梯度之间的关系式：

$$\ddot{\boldsymbol{x}}_{AB}=\ddot{\boldsymbol{x}}_{B}-\ddot{\boldsymbol{x}}_{A}=\nabla V_{B}-\nabla V_{A}=\nabla V_{AB}$$

可以推导出 GRACE 任务下的运动方程：

$$\nabla V_{AB}\cdot\boldsymbol{e}_{AB}^{a}=\ddot{\rho}-\frac{1}{\rho}\left(\dot{\boldsymbol{x}}_{AB}\cdot\dot{\boldsymbol{x}}_{AB}-\dot{\rho}^{2}\right) \tag{4.15}$$

式(4.15)是加速度法的基本方程，它将星间加速度与重力梯度联系起来。如果观测到相对速度矢量 $\dot{\boldsymbol{x}}_{AB}$，那么很明显积分不是必需的。显然，必须以与星间加速度水平相当的精度进行观测，以充分利用高精度星间观测量。实际上，在 GRACE 任务中这并没有完全满足。使用 K 波段微波测距系统观测距离量，星间距离测量精度约为 1μm，距离变化率测量精度约为 0.1μm/s，星间加速度测量精度约为 10nm/s^2，而相对速度矢量只能通过 GPS 数据得到，精度约为 0.1mm/s。

图 4.2 针对 GRACE 任务，显示了 GPS 误差对重力场恢复的影响。蓝色曲线结果假设相对速度矢量无误差，仅存在星间加速度误差，并且假设该误差为白噪声，噪声均值为 0，标准差为 10nm/s^2。在红色曲线结果中，模拟得到的 GPS 观

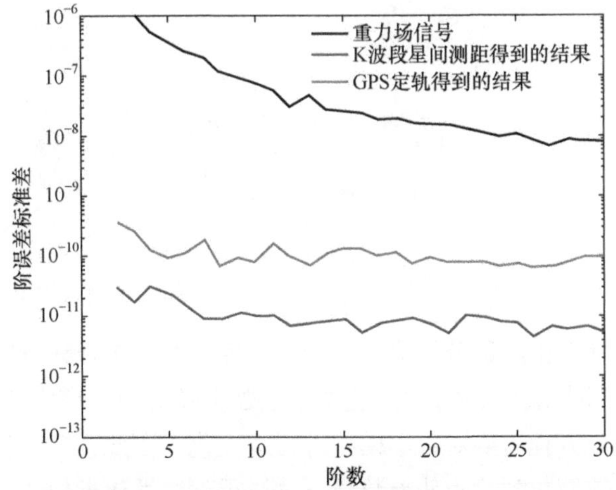

图 4.2　基于 GRACE 模拟观测量的重力场恢复，最高阶次为 30。黑色曲线代表重力场信号，蓝色、红色曲线为重力场恢复结果，在蓝色曲线中限制因素为 K 波段星间测距误差，在红色曲线中限制因素为 GPS 观测误差

测量中加入了白噪声，噪声均值为 0，标准差为 0.1mm/s 。可以看出，重力场恢复能力降低约一个数量级。对于真实数据而言，这对应于基于 CHAMP 数据的重力场恢复，它比 GRACE 重力场恢复最高水平差一个数量级。为了基于加速度法充分利用 K 波段观测数据精度，需要将相对速度矢量的误差降低 2～3 个数量级。考虑到当前技术水平和 GPS 观测局限性，这是不现实的。因此，必须认为相对速度矢量是未知的，并提出求解相对速度矢量严格解的方法。细心的读者会意识到，将相对速度矢量视为未知数仍需要解变分方程，这是因为有关重力场的任何函数与卫星速度之间不存在线性关系。因此严格来说，求出严格解的方法不属于原位观测法的范畴，而是基于变分方程解的范畴。然而，在引入简化和假设以实现原位观测之前，提出完整的解方法是很重要的。该方法称为近似解方法，将在 4.2.2 节中介绍。

4.2.1　严格解

在 GRACE 任务中，相对速度矢量 $\dot{\boldsymbol{x}}_{\mathrm{AB}}$ 等无法以 K 波段测距系统的测量精度被观测到，因此必须视为未知数。基于加速度法的低低星星跟踪重力场测量的数学模型为

$$
\begin{aligned}
\ddot{\rho} &= \ddot{\boldsymbol{x}}_{\mathrm{AB}} \cdot \boldsymbol{e}_{\mathrm{AB}}^{a} + \frac{1}{\rho}\dot{\boldsymbol{x}}_{\mathrm{AB}} \cdot \dot{\boldsymbol{x}}_{\mathrm{AB}} - \frac{\dot{\rho}^2}{\rho} \\
&= \left(\nabla V_{\mathrm{B}} - \nabla V_{\mathrm{A}}\right) \cdot \boldsymbol{e}_{\mathrm{AB}}^{a} + \frac{1}{\rho}\dot{\boldsymbol{x}}_{\mathrm{AB}} \cdot \dot{\boldsymbol{x}}_{\mathrm{AB}} - \frac{\dot{\rho}^2}{\rho} \\
&= f + g_1 + g_2
\end{aligned} \tag{4.16}
$$

为方便起见，引入缩写：

$$
\begin{cases}
f = \left(\nabla V_{\mathrm{B}} - \nabla V_{\mathrm{A}}\right) \cdot \boldsymbol{e}_{\mathrm{AB}}^{a} \\
g_1 = \dfrac{1}{\rho}\dot{\boldsymbol{x}}_{\mathrm{AB}} \cdot \dot{\boldsymbol{x}}_{\mathrm{AB}} \\
g_2 = -\dfrac{\dot{\rho}^2}{\rho}
\end{cases}
$$

注意，f 实际上由两部分组成：①相对梯度，②两星视线方向矢量。后者取决于卫星的位置，因此也取决于地球重力场。必须将 4.2.1.3 节中的 f 分为 f_1 和 f_2 两部分。求解变分方程需要对数学模型进行线性化。因此，第一步是引入先验观测，并将方程阶数简化到等于残差数量，这样得到线性化近似：

$$\ddot{\rho}-\ddot{\rho}^0=\left(\nabla V_{\mathrm{B}}-\nabla V_{\mathrm{A}}\right)\cdot \boldsymbol{e}_{\mathrm{AB}}^a+\frac{1}{\rho}\left(\dot{\boldsymbol{x}}_{\mathrm{AB}}\cdot\dot{\boldsymbol{x}}_{\mathrm{AB}}-\dot{\rho}^2\right)$$
$$-\left(\nabla V_{\mathrm{B}}^0-\nabla V_{\mathrm{A}}^0\right)\cdot \boldsymbol{e}_{\mathrm{AB}}^{a,0}-\frac{1}{\rho^0}\left[\dot{\boldsymbol{x}}_{\mathrm{AB}}^0\cdot\dot{\boldsymbol{x}}_{\mathrm{AB}}^0-\left(\dot{\rho}^0\right)^2\right] \tag{4.17}$$

实际上，这意味着需要某种“观测”轨道才能拟合并逼近动力学轨道。在这种情况下，“观测”意味着它通常来自运动学或简化动力学轨道确定。对于 GRACE 而言，可以使用 GNV1B 轨道或其他可用的运动学轨道。如果没有这样的轨道，那么需要进行初始轨道确定过程，这使得所需的工作量倍增。对右侧线性化，得

$$\ddot{\rho}-\ddot{\rho}^0=\sum_i\frac{\partial f}{\partial p_i}\Delta p_i+\sum_i\frac{\partial g_1}{\partial p_i}\Delta p_i+\sum_i\frac{\partial g_2}{\partial p_i}\Delta p_i \tag{4.18}$$

而

$$\left(\nabla V_{\mathrm{B}}-\nabla V_{\mathrm{A}}\right)\cdot \boldsymbol{e}_{\mathrm{AB}}^a-\left(\nabla V_{\mathrm{B}}^0-\nabla V_{\mathrm{A}}^0\right)\cdot \boldsymbol{e}_{\mathrm{AB}}^{a,0}=\sum_i\frac{\partial f}{\partial p_i}\Delta p_i+\hbar^2$$
$$\frac{1}{\rho}\dot{\boldsymbol{x}}_{\mathrm{AB}}\cdot\dot{\boldsymbol{x}}_{\mathrm{AB}}-\frac{1}{\rho^0}\dot{\boldsymbol{x}}_{\mathrm{AB}}^0\cdot\dot{\boldsymbol{x}}_{\mathrm{AB}}^0=\sum_i\frac{\partial g_1}{\partial p_i}\Delta p_i+\hbar^2$$
$$-\frac{\dot{\rho}^2}{\rho}+\frac{\left(\dot{\rho}^0\right)^2}{\rho^0}=\sum_i\frac{\partial g_2}{\partial p_i}\Delta p_i+\hbar^2$$

其中，$\hbar^2$ 表示二阶或更高阶的被忽略的项；参数 p_i 表示在最小二乘平差中估计的所有未知参数。具体来说：

(1) 每个卫星的 6 个初始条件 $x(t_0),\cdots,\dot{z}(t_0)$，共 2 个卫星；

(2) 球谐系数 $\bar{C}_{lm}$ 和 $\bar{S}_{lm}$；

(3) 加速度计校准参数，如偏差因子、漂移因子和比例因子；

(4) 经验常数或线性加速度；

(5) 其他感兴趣的参数。

经过线性化后，可以通过求解变分方程得到加速度法的严格解。最常使用的两种方法：①经典方法，建立每个参数的微分方程；②常数变易法，见文献[64]，该方法计算速度更快。

4.2.1.1 初始条件的变分方程(齐次解)

基于常数变易法的变分方程求解是一个两步法。首先导出一个齐次解，它类似于对卫星初始条件的偏导数；然后导出非齐次解，它包括所有其他感兴趣的参数。根据齐次解，可以得到卫星位置 $\boldsymbol{x}=(x,y,z)$、速度 $\dot{\boldsymbol{x}}=(\dot{x},\dot{y},\dot{z})$ 对初始条件

$\boldsymbol{x}_0=(x_0,y_0,z_0)$ 、$\dot{\boldsymbol{x}}_0=(\dot{x}_0,\dot{y}_0,\dot{z}_0)$ 的偏导数。上述过程需要建立微分方程组，并通过纯动力学轨道积分以及“观测”轨道近似来求解：

$$\frac{\mathrm{d}^2}{\mathrm{d}t^2}\boldsymbol{\Phi}=\boldsymbol{F}(\boldsymbol{x},\dot{\boldsymbol{x}})\cdot\boldsymbol{\Phi} \tag{4.19}$$

其中，$\boldsymbol{F}$ 是力函数的变化。从理论上讲，在轨道积分中必须针对所有的作用力建立张量。但是实际上，通常只考虑重力张量就足够了；$\boldsymbol{\Phi}$ 包含了卫星位置对初始条件的偏导数，即对于每个时刻矩阵维度为 3×6：

$$\frac{\mathrm{d}^2}{\mathrm{d}t^2}\begin{bmatrix}\frac{\partial x}{\partial x_0} & \frac{\partial x}{\partial y_0} & \cdots & \frac{\partial x}{\partial \dot{y}_0} & \frac{\partial x}{\partial \dot{z}_0}\\ \frac{\partial y}{\partial x_0} & \frac{\partial y}{\partial y_0} & \cdots & \frac{\partial y}{\partial \dot{y}_0} & \frac{\partial y}{\partial \dot{z}_0}\\ \frac{\partial z}{\partial x_0} & \frac{\partial z}{\partial y_0} & \cdots & \frac{\partial z}{\partial \dot{y}_0} & \frac{\partial z}{\partial \dot{z}_0}\end{bmatrix}=\begin{bmatrix}\frac{\partial^2 V}{\partial x^2} & \frac{\partial^2 V}{\partial x\partial y} & \frac{\partial^2 V}{\partial x\partial z}\\ \frac{\partial^2 V}{\partial y\partial x} & \frac{\partial^2 V}{\partial y^2} & \frac{\partial^2 V}{\partial y\partial z}\\ \frac{\partial^2 V}{\partial z\partial x} & \frac{\partial^2 V}{\partial z\partial y} & \frac{\partial^2 V}{\partial z^2}\end{bmatrix}\begin{bmatrix}\frac{\partial x}{\partial x_0} & \frac{\partial x}{\partial y_0} & \cdots & \frac{\partial x}{\partial \dot{y}_0} & \frac{\partial x}{\partial \dot{z}_0}\\ \frac{\partial y}{\partial x_0} & \frac{\partial y}{\partial y_0} & \cdots & \frac{\partial y}{\partial \dot{y}_0} & \frac{\partial y}{\partial \dot{z}_0}\\ \frac{\partial z}{\partial x_0} & \frac{\partial z}{\partial y_0} & \cdots & \frac{\partial z}{\partial \dot{y}_0} & \frac{\partial z}{\partial \dot{z}_0}\end{bmatrix}$$

这里不需要进行两次积分，而是将每个二阶微分方程表示为一阶微分方程组：

$$\frac{\mathrm{d}}{\mathrm{d}t}\begin{pmatrix}\boldsymbol{\Phi}\\ \dot{\boldsymbol{\Phi}}\end{pmatrix}=\begin{pmatrix}\dot{\boldsymbol{\Phi}}\\ \boldsymbol{F}(\boldsymbol{x},\dot{\boldsymbol{x}})\cdot\boldsymbol{\Phi}\end{pmatrix} \tag{4.20}$$

由此得到卫星位置和速度的偏导数：

$$\frac{\mathrm{d}}{\mathrm{d}t}\begin{bmatrix}\frac{\partial x}{\partial x_0} & \frac{\partial x}{\partial y_0} & \cdots & \frac{\partial x}{\partial \dot{y}_0} & \frac{\partial x}{\partial \dot{z}_0}\\ \frac{\partial y}{\partial x_0} & \frac{\partial y}{\partial y_0} & \cdots & \frac{\partial y}{\partial \dot{y}_0} & \frac{\partial y}{\partial \dot{z}_0}\\ \frac{\partial z}{\partial x_0} & \frac{\partial z}{\partial y_0} & \cdots & \frac{\partial z}{\partial \dot{y}_0} & \frac{\partial z}{\partial \dot{z}_0}\\ \frac{\partial \dot{x}}{\partial x_0} & \frac{\partial \dot{x}}{\partial y_0} & \cdots & \frac{\partial \dot{x}}{\partial \dot{y}_0} & \frac{\partial \dot{x}}{\partial \dot{z}_0}\\ \frac{\partial \dot{y}}{\partial x_0} & \frac{\partial \dot{y}}{\partial y_0} & \cdots & \frac{\partial \dot{y}}{\partial \dot{y}_0} & \frac{\partial \dot{y}}{\partial \dot{z}_0}\\ \frac{\partial \dot{z}}{\partial x_0} & \frac{\partial \dot{z}}{\partial y_0} & \cdots & \frac{\partial \dot{z}}{\partial \dot{y}_0} & \frac{\partial \dot{z}}{\partial \dot{z}_0}\end{bmatrix}=\begin{bmatrix}0 & 0 & 0 & 1 & 0 & 0\\ 0 & 0 & 0 & 0 & 1 & 0\\ 0 & 0 & 0 & 0 & 0 & 1\\ \frac{\partial^2 V}{\partial x^2} & \frac{\partial^2 V}{\partial x\partial y} & \frac{\partial^2 V}{\partial x\partial z} & 0 & 0 & 0\\ \frac{\partial^2 V}{\partial y\partial x} & \frac{\partial^2 V}{\partial y^2} & \frac{\partial^2 V}{\partial y\partial z} & 0 & 0 & 0\\ \frac{\partial^2 V}{\partial z\partial x} & \frac{\partial^2 V}{\partial z\partial y} & \frac{\partial^2 V}{\partial z^2} & 0 & 0 & 0\end{bmatrix}$$

$$
\cdot\begin{bmatrix}
\frac{\partial x}{\partial x_0} & \frac{\partial x}{\partial y_0} & \cdots & \frac{\partial x}{\partial \dot{y}_0} & \frac{\partial x}{\partial \dot{z}_0} \\
\frac{\partial y}{\partial x_0} & \frac{\partial y}{\partial y_0} & \cdots & \frac{\partial y}{\partial \dot{y}_0} & \frac{\partial y}{\partial \dot{z}_0} \\
\frac{\partial z}{\partial x_0} & \frac{\partial z}{\partial y_0} & \cdots & \frac{\partial z}{\partial \dot{y}_0} & \frac{\partial z}{\partial \dot{z}_0} \\
\frac{\partial \dot{x}}{\partial x_0} & \frac{\partial \dot{x}}{\partial y_0} & \cdots & \frac{\partial \dot{x}}{\partial \dot{y}_0} & \frac{\partial \dot{x}}{\partial \dot{z}_0} \\
\frac{\partial \dot{y}}{\partial x_0} & \frac{\partial \dot{y}}{\partial y_0} & \cdots & \frac{\partial \dot{y}}{\partial \dot{y}_0} & \frac{\partial \dot{y}}{\partial \dot{z}_0} \\
\frac{\partial \dot{z}}{\partial x_0} & \frac{\partial \dot{z}}{\partial y_0} & \cdots & \frac{\partial \dot{z}}{\partial \dot{y}_0} & \frac{\partial \dot{z}}{\partial \dot{z}_0}
\end{bmatrix}
$$

沿卫星轨道对上述方程进行积分，得到大小为 6×6 的矩阵 $\boldsymbol{\Phi}(t)$，以及每个时刻 t 卫星位置和速度对初始条件的偏导数。为便于完整表示，给出 $\boldsymbol{\Phi}$ 的形状和结构：

$$
\boldsymbol{\Phi}=\begin{bmatrix}
\frac{\partial x}{\partial x_0} & \frac{\partial x}{\partial y_0} & \frac{\partial x}{\partial z_0} & \frac{\partial x}{\partial \dot{x}_0} & \frac{\partial x}{\partial \dot{y}_0} & \frac{\partial x}{\partial \dot{z}_0} \\
\frac{\partial y}{\partial x_0} & \frac{\partial y}{\partial y_0} & \frac{\partial y}{\partial z_0} & \frac{\partial y}{\partial \dot{x}_0} & \frac{\partial y}{\partial \dot{y}_0} & \frac{\partial y}{\partial \dot{z}_0} \\
\frac{\partial z}{\partial x_0} & \frac{\partial z}{\partial y_0} & \frac{\partial z}{\partial z_0} & \frac{\partial z}{\partial \dot{x}_0} & \frac{\partial z}{\partial \dot{y}_0} & \frac{\partial z}{\partial \dot{z}_0} \\
\frac{\partial \dot{x}}{\partial x_0} & \frac{\partial \dot{x}}{\partial y_0} & \frac{\partial \dot{x}}{\partial z_0} & \frac{\partial \dot{x}}{\partial \dot{x}_0} & \frac{\partial \dot{x}}{\partial \dot{y}_0} & \frac{\partial \dot{x}}{\partial \dot{z}_0} \\
\frac{\partial \dot{y}}{\partial x_0} & \frac{\partial \dot{y}}{\partial y_0} & \frac{\partial \dot{y}}{\partial z_0} & \frac{\partial \dot{y}}{\partial \dot{x}_0} & \frac{\partial \dot{y}}{\partial \dot{y}_0} & \frac{\partial \dot{y}}{\partial \dot{z}_0} \\
\frac{\partial \dot{z}}{\partial x_0} & \frac{\partial \dot{z}}{\partial y_0} & \frac{\partial \dot{z}}{\partial z_0} & \frac{\partial \dot{z}}{\partial \dot{x}_0} & \frac{\partial \dot{z}}{\partial \dot{y}_0} & \frac{\partial \dot{z}}{\partial \dot{z}_0}
\end{bmatrix}
$$

对于一个特定的历元时刻而言，将矩阵的元素存储在一个单行中是很方便的。每个 GRACE 卫星都需要一个这样的矩阵。

4.2.1.2 常数变易法(非齐次解)

一旦得到齐次解，就可以通过常数变易法得到非齐次解。其中，非齐次解是通过齐次解的线性组合得到的，基本概念如下：

$$
\boldsymbol{\alpha}_{p_i}=\int_{t_0}^{t}\boldsymbol{\Phi}^{-1}(\tau)\cdot\frac{\partial \boldsymbol{h}(\tau)}{\partial p_i}\mathrm{d}\tau \tag{4.21}
$$

$$\phi_{p_i}(t)=\sum_{n=1}^{6}\boldsymbol{\alpha}_{n,p_i}(t)\cdot\boldsymbol{\Phi}_n(t) \tag{4.22}$$

对于每个未知参数而言，需要受力函数 $\boldsymbol{h}$ 对未知参数 p_i 的偏导数。下面列出了所考虑参数的详细信息。

这个矢量的维数为 3×1，需要补充 0 元素以符合 $\boldsymbol{\Phi}$ 的形状，这样偏导数具有如下形式：

$$\frac{\partial \boldsymbol{h}(\tau)}{\partial p_i}=\begin{bmatrix}0\\0\\0\\\partial h_x/\partial p_i\\\partial h_y/\partial p_i\\\partial h_z/\partial p_i\end{bmatrix}$$

在时刻 τ，将矢量乘以矩阵 $\boldsymbol{\Phi}$ 矩阵的逆，对该乘积进行积分直到感兴趣的时间 t 为止，得到针对该时刻的矢量加权因子 $\boldsymbol{\alpha}_{p_i}$。$t_0$ 对应于初始时刻，即卫星坐标为 $\boldsymbol{x}_0=(x_0,y_0,z_0)$、$\dot{\boldsymbol{x}}_0=(\dot{x}_0,\dot{y}_0,\dot{z}_0)$ 的时间点。最后，通过将 $\boldsymbol{\Phi}$ 的每一列分别与加权因子 $\boldsymbol{\alpha}_{p_i}$ 相乘，从而形成线性组合。

对于每个时刻 t，可以得到卫星位置和速度对期望的未知参数 p_i 的偏导数矢量，大小为 6×1，即

$$\phi_{p_i}=\begin{bmatrix}\frac{\partial x}{\partial p_i} & \frac{\partial y}{\partial p_i} & \frac{\partial z}{\partial p_i} & \frac{\partial \dot{x}}{\partial p_i} & \frac{\partial \dot{y}}{\partial p_i} & \frac{\partial \dot{z}}{\partial p_i}\end{bmatrix}^{\mathrm{T}} \tag{4.23}$$

可知，ϕ_{p_i} 描述了由参数 p_i 变化导致的轨道变化。利用齐次解和非齐次解的概念，在 4.2.1.3 节～4.2.1.5 节中求 f、g_1、g_2 偏导数所必需的要素都可以得到。本节最后一部分提供了偏导数 $\partial\boldsymbol{h}/\partial p_i$，用于分析球谐系数、加速度计校准参数(如偏差、漂移和比例因子)、经验常数和线性加速度。其他感兴趣的参数推导留给读者去分析。

1. 球谐系数

由地球重力场引起的受力函数表示为引力势函数 V 的梯度。对于特定的坐标点 (λ,ϕ,r)，最好使用非奇异表达式计算 V 的梯度(如文献[95])：

$$\nabla V(\lambda,\phi,r)=\begin{bmatrix}\partial V/\partial x_E\\ \partial V/\partial y_E\\ \partial V/\partial z_E\end{bmatrix}$$

$$=\frac{\mathrm{GM}}{2R^2}\sum_{l=0}^{\infty}\left(\frac{R}{r}\right)^{l+2}\sqrt{\frac{2l+1}{2l+3}}\sum_{m=0}^{l}\left[\bar{C}_{lm}\begin{pmatrix}\bar{R}_{l+1,m-1}-\bar{R}_{l+1,m+1}\\ -\bar{Q}_{l+1,m-1}-\bar{Q}_{l+1,m+1}\\ -2\bar{R}_{l+1,m}\end{pmatrix}\right.$$

$$\left.+\bar{S}_{lm}\begin{pmatrix}\bar{Q}_{l+1,m-1}-\bar{Q}_{l+1,m+1}\\ \bar{R}_{l+1,m-1}+\bar{R}_{l+1,m+1}\\ -2\bar{Q}_{l+1,m}\end{pmatrix}\right] \tag{4.24}$$

其中，

$$\bar{R}_{l+1,m+1}=\bar{P}_{l+1,m+1}(\sin\phi)\cos\left[(m+1)\lambda\right]\sqrt{(l+m+1)(l+m+2)(1+\delta_{0,m})}$$

$$\bar{R}_{l+1,m}=\bar{P}_{l+1,m}(\sin\phi)\cos(m\lambda)\sqrt{(l-m+1)(l+m+1)}$$

$$\bar{R}_{l+1,m-1}=\begin{cases}\bar{P}_{l+1,m-1}(\sin\phi)\cos\left[(m-1)\lambda\right]\sqrt{(l-m+1)(l-m+2)(1+\delta_{1,m})}\\ 0, \quad \forall m\leqslant 0\end{cases}$$

$$\bar{Q}_{l+1,m+1}=\bar{P}_{l+1,m+1}(\sin\phi)\sin\left[(m+1)\lambda\right]\sqrt{(l+m+1)(l+m+2)(1+\delta_{0,m})}$$

$$\bar{Q}_{l+1,m}=\begin{cases}\bar{P}_{l+1,m}(\sin\phi)\sin(m\lambda)\sqrt{(l-m+1)(l+m+1)}\\ 0, \quad \forall m\leqslant 0\end{cases}$$

$$\bar{Q}_{l+1,m-1}=\begin{cases}\bar{P}_{l+1,m-1}(\sin\phi)\sin\left[(m-1)\lambda\right]\sqrt{(l-m+1)(l-m+2)(1+\delta_{1,m})}\\ 0, \quad \forall m\leqslant 1\end{cases}$$

基于这些方程得到的重力梯度将在地球固连坐标系中表示。虽然球坐标 λ 、ϕ 和 r 用于计算过程，但是在方程组中给出引力势函数 V 关于地固系笛卡儿坐标 x_E 、y_E 和 z_E 的偏导数。对 $\bar{C}_{lm}$ 的导数为

$$\frac{\partial \boldsymbol{h}(\tau)}{\partial \bar{C}_{lm}}=\begin{bmatrix}0\\0\\0\\ \partial h_x/\partial \bar{C}_{lm}\\ \partial h_y/\partial \bar{C}_{lm}\\ \partial h_z/\partial \bar{C}_{lm}\end{bmatrix}=\begin{bmatrix}0\\0\\0\\ \partial(\partial V/\partial x)/\partial \bar{C}_{lm}\\ \partial(\partial V/\partial y)/\partial \bar{C}_{lm}\\ \partial(\partial V/\partial z)/\partial \bar{C}_{lm}\end{bmatrix}$$

$$=\frac{\mathrm{GM}}{2R^2}\left(\frac{R}{r}\right)^{l+2}\sqrt{\frac{2l+1}{2l+3}}\begin{bmatrix}0\\0\\0\\ \boldsymbol{R}_I^E\begin{pmatrix}\bar{R}_{l+1,m-1}-\bar{R}_{l+1,m+1}\\-\bar{Q}_{l+1,m-1}-\bar{Q}_{l+1,m+1}\\-2\bar{R}_{l+1,m}\end{pmatrix}\end{bmatrix} \tag{4.25}$$

其中，$\boldsymbol{R}_I^E$ 是从地球固连坐标系到地心惯性系的旋转矩阵。根据式(4.21)和式(4.22)，得

$$\phi_{\bar{C}_{lm}}=\left[\frac{\partial x}{\partial\bar{C}_{lm}}\quad\frac{\partial y}{\partial\bar{C}_{lm}}\quad\frac{\partial z}{\partial\bar{C}_{lm}}\quad\frac{\partial\dot{x}}{\partial\bar{C}_{lm}}\quad\frac{\partial\dot{y}}{\partial\bar{C}_{lm}}\quad\frac{\partial\dot{z}}{\partial\bar{C}_{lm}}\right]^{\mathrm{T}}$$

类似地，导出对 $\bar{S}_{lm}$ 的导数：

$$\frac{\partial\boldsymbol{h}(\tau)}{\partial\bar{S}_{lm}}=\begin{bmatrix}0\\0\\0\\\partial h_x/\partial\bar{S}_{lm}\\\partial h_y/\partial\bar{S}_{lm}\\\partial h_z/\partial\bar{S}_{lm}\end{bmatrix}=\begin{bmatrix}0\\0\\0\\\partial(\partial V/\partial x)/\partial\bar{S}_{lm}\\\partial(\partial V/\partial y)/\partial\bar{S}_{lm}\\\partial(\partial V/\partial z)/\partial\bar{S}_{lm}\end{bmatrix}$$

$$=\frac{\mathrm{GM}}{2R^2}\left(\frac{R}{r}\right)^{l+2}\sqrt{\frac{2l+1}{2l+3}}\begin{bmatrix}0\\0\\0\\ \boldsymbol{R}_I^E\begin{pmatrix}\bar{Q}_{l+1,m-1}-\bar{Q}_{l+1,m+1}\\\bar{R}_{l+1,m-1}+\bar{R}_{l+1,m+1}\\-2\bar{Q}_{l+1,m}\end{pmatrix}\end{bmatrix} \tag{4.26}$$

进而得到

$$\phi_{\bar{S}_{lm}}=\left[\frac{\partial x}{\partial\bar{S}_{lm}}\quad\frac{\partial y}{\partial\bar{S}_{lm}}\quad\frac{\partial z}{\partial\bar{S}_{lm}}\quad\frac{\partial\dot{x}}{\partial\bar{S}_{lm}}\quad\frac{\partial\dot{y}}{\partial\bar{S}_{lm}}\quad\frac{\partial\dot{z}}{\partial\bar{S}_{lm}}\right]^{\mathrm{T}}$$

2. 加速度计校准参数(偏差、漂移和比例因子)

加速度计校准参数的力学模型如下：

$$\boldsymbol{h}(t)=\boldsymbol{R}_I^{\mathrm{SBF}}(t)\left(\boldsymbol{S}\boldsymbol{f}^{\mathrm{obs}}(t)+\boldsymbol{b}+\boldsymbol{d}(t-t_0)\right) \tag{4.27}$$

其中，$\boldsymbol{R}_I^{\mathrm{SBF}}$ 是从空间目标本体坐标系到惯性系的旋转矩阵；$\boldsymbol{S}$ 是包含比例因子的对角矩阵；$\boldsymbol{b}$ 为偏差因子；$\boldsymbol{d}$ 为漂移因子。在下文中，旋转矩阵的第 i 行和第 j 列中的元素将简写为 R_{ij}。对未知参数的偏导数如下：

$$\frac{\partial \boldsymbol{h}}{\partial s_x}=\begin{bmatrix} R_{11}\cdot f_x^{\mathrm{obs}} \\ R_{21}\cdot f_y^{\mathrm{obs}} \\ R_{31}\cdot f_z^{\mathrm{obs}} \end{bmatrix},\ \frac{\partial \boldsymbol{h}}{\partial s_y}=\begin{bmatrix} R_{12}\cdot f_x^{\mathrm{obs}} \\ R_{22}\cdot f_y^{\mathrm{obs}} \\ R_{32}\cdot f_z^{\mathrm{obs}} \end{bmatrix},\ \frac{\partial \boldsymbol{h}}{\partial s_z}=\begin{bmatrix} R_{13}\cdot f_x^{\mathrm{obs}} \\ R_{23}\cdot f_y^{\mathrm{obs}} \\ R_{33}\cdot f_z^{\mathrm{obs}} \end{bmatrix}$$

$$\frac{\partial \boldsymbol{h}}{\partial b_x}=\begin{bmatrix} R_{11} \\ R_{21} \\ R_{31} \end{bmatrix},\ \frac{\partial \boldsymbol{h}}{\partial b_y}=\begin{bmatrix} R_{12} \\ R_{22} \\ R_{32} \end{bmatrix},\ \frac{\partial \boldsymbol{h}}{\partial b_z}=\begin{bmatrix} R_{13} \\ R_{23} \\ R_{33} \end{bmatrix}$$

$$\frac{\partial \boldsymbol{h}}{\partial d_x}=\begin{bmatrix} R_{11}(t-t_0) \\ R_{21}(t-t_0) \\ R_{31}(t-t_0) \end{bmatrix},\ \frac{\partial \boldsymbol{h}}{\partial d_y}=\begin{bmatrix} R_{12}(t-t_0) \\ R_{22}(t-t_0) \\ R_{32}(t-t_0) \end{bmatrix},\ \frac{\partial \boldsymbol{h}}{\partial d_z}=\begin{bmatrix} R_{13}(t-t_0) \\ R_{23}(t-t_0) \\ R_{33}(t-t_0) \end{bmatrix}$$

对每个时刻 t，利用常数变易法求解得

$$\phi_{s_x}=\begin{bmatrix} \partial x/\partial s_x & \partial y/\partial s_x & \partial z/\partial s_x & \partial \dot{x}/\partial s_x & \partial \dot{y}/\partial s_x & \partial \dot{z}/\partial s_x \end{bmatrix}^{\mathrm{T}}$$

$$\phi_{s_y}=\begin{bmatrix} \partial x/\partial s_y & \partial y/\partial s_y & \partial z/\partial s_y & \partial \dot{x}/\partial s_y & \partial \dot{y}/\partial s_y & \partial \dot{z}/\partial s_y \end{bmatrix}^{\mathrm{T}}$$

$$\phi_{s_z}=\begin{bmatrix} \partial x/\partial s_z & \partial y/\partial s_z & \partial z/\partial s_z & \partial \dot{x}/\partial s_z & \partial \dot{y}/\partial s_z & \partial \dot{z}/\partial s_z \end{bmatrix}^{\mathrm{T}}$$

$$\phi_{b_x}=\begin{bmatrix} \partial x/\partial b_x & \partial y/\partial b_x & \partial z/\partial b_x & \partial \dot{x}/\partial b_x & \partial \dot{y}/\partial b_x & \partial \dot{z}/\partial b_x \end{bmatrix}^{\mathrm{T}}$$

$$\phi_{b_y}=\begin{bmatrix} \partial x/\partial b_y & \partial y/\partial b_y & \partial z/\partial b_y & \partial \dot{x}/\partial b_y & \partial \dot{y}/\partial b_y & \partial \dot{z}/\partial b_y \end{bmatrix}^{\mathrm{T}}$$

$$\phi_{b_x}=\begin{bmatrix} \partial x/\partial b_z & \partial y/\partial b_z & \partial z/\partial b_z & \partial \dot{x}/\partial b_z & \partial \dot{y}/\partial b_z & \partial \dot{z}/\partial b_z \end{bmatrix}^{\mathrm{T}}$$

$$\phi_{d_x}=\begin{bmatrix} \partial x/\partial d_x & \partial y/\partial d_x & \partial z/\partial d_x & \partial \dot{x}/\partial d_x & \partial \dot{y}/\partial d_x & \partial \dot{z}/\partial d_x \end{bmatrix}^{\mathrm{T}}$$

$$\phi_{d_y}=\begin{bmatrix} \partial x/\partial d_y & \partial y/\partial d_y & \partial z/\partial d_y & \partial \dot{x}/\partial d_y & \partial \dot{y}/\partial d_y & \partial \dot{z}/\partial d_y \end{bmatrix}^{\mathrm{T}}$$

$$\phi_{d_z}=\begin{bmatrix} \partial x/\partial d_z & \partial y/\partial d_z & \partial z/\partial d_z & \partial \dot{x}/\partial d_z & \partial \dot{y}/\partial d_z & \partial \dot{z}/\partial d_z \end{bmatrix}^{\mathrm{T}}$$

3. 分段恒定加速度

对于轨道运动，并非所有的力都能被很好地建模或观测，因此需要引入经验加速度。一种可能的模型是在轨道坐标系中应用分段恒定加速度，其中轨道坐标系由三个单位矢量定义，它们分别指向径向、迹向和轨道面法向方向：

$$\boldsymbol{e}_r = \frac{\boldsymbol{x}}{|\boldsymbol{x}|}, \ \boldsymbol{e}_c = \frac{\boldsymbol{x}\times\dot{\boldsymbol{x}}}{|\boldsymbol{x}\times\dot{\boldsymbol{x}}|}, \ \boldsymbol{e}_a = \frac{\boldsymbol{e}_c\times\boldsymbol{e}_r}{|\boldsymbol{e}_c\times\boldsymbol{e}_r|} \tag{4.28}$$

径向、迹向和轨道面法向的单位矢量均在惯性系中给出，因此在加速度计参数校准中不需要引入旋转矩阵。注意，这里的单位矢量与 IRRF 的单位矢量不同，因为它们是针对每个卫星的特定矢量，而 IRRF 单位矢量是基于两星连线视线方向矢量的。经验加速度的力学模型如下：

$$\boldsymbol{h}(t) = a_r\cdot\boldsymbol{e}_r(t) + a_c\cdot\boldsymbol{e}_c(t) + a_a\cdot\boldsymbol{e}_a(t) \tag{4.29}$$

然后，导出对未知参数 a_r、a_c、a_a 的偏导数，具体为

$$\frac{\partial\boldsymbol{h}}{a_r} = \boldsymbol{e}_r, \ \frac{\partial\boldsymbol{h}}{a_c} = \boldsymbol{e}_c, \ \frac{\partial\boldsymbol{h}}{a_a} = \boldsymbol{e}_a$$

在实际应用中，如果在每个轨道弧的一个方向上同时估计多个分段恒定加速度，那么就需要特殊处理 $\boldsymbol{A}$ 矩阵。也就是说，需要在所有后续的行中重复输入针对某个特定加速度的最后项 $\phi_{s_i}(t_{\mathrm{end}})$，即对于所有随后估计的加速度，前面的分段加速度保持恒定。利用变易常数法求解每个分段线性弧，得

$$\phi_{a_{r_i}} = \left[\partial x/\partial a_{r_i} \quad \partial y/\partial a_{r_i} \quad \partial z/\partial a_{r_i} \quad \partial\dot{x}/\partial a_{r_i} \quad \partial\dot{y}/\partial a_{r_i} \quad \partial\dot{z}/\partial a_{r_i}\right]^{\mathrm{T}}$$

$$\phi_{a_{c_i}} = \left[\partial x/\partial a_{c_i} \quad \partial y/\partial a_{c_i} \quad \partial z/\partial a_{c_i} \quad \partial\dot{x}/\partial a_{c_i} \quad \partial\dot{y}/\partial a_{c_i} \quad \partial\dot{z}/\partial a_{c_i}\right]^{\mathrm{T}}$$

$$\phi_{a_{a_i}} = \left[\partial x/\partial a_{a_i} \quad \partial y/\partial a_{a_i} \quad \partial z/\partial a_{a_i} \quad \partial\dot{x}/\partial a_{a_i} \quad \partial\dot{y}/\partial a_{a_i} \quad \partial\dot{z}/\partial a_{a_i}\right]^{\mathrm{T}}$$

4. 分段线性加速度

在受力模型中引入线性变化趋势，可以很容易地将分段恒定加速度扩展为分段线性加速度：

$$\begin{aligned}\boldsymbol{h}(t) = {} & a_{r_i}\cdot\frac{t-t_{i-1}}{t_i-t_{i-1}}\cdot\boldsymbol{e}_r(t) + a_{r_{i-1}}\cdot\frac{t_i-t}{t_i-t_{i-1}}\cdot\boldsymbol{e}_r(t) \\ & + a_{c_i}\cdot\frac{t-t_{i-1}}{t_i-t_{i-1}}\cdot\boldsymbol{e}_c(t) + a_{c_{i-1}}\cdot\frac{t_i-t}{t_i-t_{i-1}}\cdot\boldsymbol{e}_c(t) \\ & + a_{a_i}\cdot\frac{t-t_{i-1}}{t_i-t_{i-1}}\cdot\boldsymbol{e}_a(t) + a_{a_{i-1}}\cdot\frac{t_i-t}{t_i-t_{i-1}}\cdot\boldsymbol{e}_a(t)\end{aligned} \tag{4.30}$$

然后导出对未知参数 a_r、a_c、a_a 的偏导数，具体为

$$\begin{cases}\dfrac{\partial\boldsymbol{h}}{\partial a_{r_i}} = \dfrac{t-t_{i-1}}{t_i-t_{i-1}}\cdot\boldsymbol{e}_r(t), \ \dfrac{\partial\boldsymbol{h}}{\partial a_{c_i}} = \dfrac{t-t_{i-1}}{t_i-t_{i-1}}\cdot\boldsymbol{e}_c(t), \ \dfrac{\partial\boldsymbol{h}}{\partial a_{a_i}} = \dfrac{t-t_{i-1}}{t_i-t_{i-1}}\cdot\boldsymbol{e}_a(t) \\ \dfrac{\partial\boldsymbol{h}}{\partial a_{r_{i-1}}} = \dfrac{t_i-t}{t_i-t_{i-1}}\cdot\boldsymbol{e}_r(t), \ \dfrac{\partial\boldsymbol{h}}{\partial a_{c_{i-1}}} = \dfrac{t_i-t}{t_i-t_{i-1}}\cdot\boldsymbol{e}_c(t), \ \dfrac{\partial\boldsymbol{h}}{\partial a_{a_{i-1}}} = \dfrac{t_i-t}{t_i-t_{i-1}}\cdot\boldsymbol{e}_a(t)\end{cases}$$

如上所述，如果对每个弧段估计的经验加速度数量大于 1，需要在所有后续

的行中重复输入针对某个特定加速度的最后项$\phi_{s_i}(t_{\text{end}})$。利用变易常数法求解每个分段线性弧，得

$$\phi_{a_{r_i}}=\left[\partial x/\partial a_{r_i}\quad \partial y/\partial a_{r_i}\quad \partial z/\partial a_{r_i}\quad \partial \dot{x}/\partial a_{r_i}\quad \partial \dot{y}/\partial a_{r_i}\quad \partial \dot{z}/\partial a_{r_i}\right]^{\mathrm{T}}$$

$$\phi_{a_{c_i}}=\left[\partial x/\partial a_{c_i}\quad \partial y/\partial a_{c_i}\quad \partial z/\partial a_{c_i}\quad \partial \dot{x}/\partial a_{c_i}\quad \partial \dot{y}/\partial a_{c_i}\quad \partial \dot{z}/\partial a_{c_i}\right]^{\mathrm{T}}$$

$$\phi_{a_{a_i}}=\left[\partial x/\partial a_{a_i}\quad \partial y/\partial a_{a_i}\quad \partial z/\partial a_{a_i}\quad \partial \dot{x}/\partial a_{a_i}\quad \partial \dot{y}/\partial a_{a_i}\quad \partial \dot{z}/\partial a_{a_i}\right]^{\mathrm{T}}$$

在得到坐标量对所有感兴趣参数的偏导数之后，需要利用链式法则将这些偏导数关联到式(4.18)的线性化数学模型中。

4.2.1.3 f的偏导数

f项是投影在两星视线方向单位矢量$\boldsymbol{e}_{\text{AB}}^a$上的相对重力矢量$(\nabla V_{\text{B}}-\nabla V_{\text{A}})$。如前所述,该项需要分为两部分,因为相对重力矢量和两星视线矢量都取决于重力场:

$$f=(\nabla V_{\text{B}}-\nabla V_{\text{A}})\cdot\boldsymbol{e}_{\text{AB}}^a \tag{4.31}$$

两星视线矢量$\boldsymbol{e}_{\text{AB}}^a$如下:

$$\boldsymbol{e}_{\text{AB}}^a=\frac{\boldsymbol{x}_{\text{AB}}}{|\boldsymbol{x}_{\text{AB}}|}=\frac{1}{\sqrt{(x_{\text{B}}-x_{\text{A}})^2+(y_{\text{B}}-y_{\text{A}})^2+(z_{\text{B}}-z_{\text{A}})^2}}\begin{bmatrix}x_{\text{B}}-x_{\text{A}}\\y_{\text{B}}-y_{\text{A}}\\z_{\text{B}}-z_{\text{A}}\end{bmatrix} \tag{4.32}$$

应用链式法，得

$$\begin{cases}\dfrac{\partial f}{\partial p_i}=\dfrac{\partial(\nabla V_{\text{B}}-\nabla V_{\text{A}})}{\partial p_i}\cdot\boldsymbol{e}_{\text{AB}}^a+(\nabla V_{\text{B}}-\nabla V_{\text{A}})\cdot\dfrac{\partial \boldsymbol{e}_{\text{AB}}^a}{\partial p_i}\\[2ex]\dfrac{\partial f}{\partial p_i}=\dfrac{\partial f_1}{\partial p_i}+\dfrac{\partial f_2}{\partial p_i}\end{cases} \tag{4.33}$$

对于大量感兴趣的未知参数,在4.2.1.1节和4.2.1.2节中推导得到了对它们的偏导数，并应用链式法则以及替换式(4.34)，将这些偏导数进行关联。相对重力矢量对球谐系数的偏导数是唯一的例外，因为它们可以通过分析得出。

1. 对$\overline{C}_{lm}$和$\overline{S}_{lm}$的偏导数

f对球谐函数的偏导数由以下两部分组成：①相对重力矢量的导数；②视线矢量的导数。因此需要应用链式法则，具体关系式如下：

$$\begin{aligned}\frac{\partial f_1}{\partial \overline{C}_{lm}}=&\frac{\partial(\partial V_{\text{B}}/\partial x_E)}{\partial \overline{C}_{lm}}\cdot\boldsymbol{e}_{\text{AB},x_E}^0+\frac{\partial(\partial V_{\text{B}}/\partial y_E)}{\partial \overline{C}_{lm}}\cdot\boldsymbol{e}_{\text{AB},y_E}^0+\frac{\partial(\partial V_{\text{B}}/\partial z_E)}{\partial \overline{C}_{lm}}\cdot\boldsymbol{e}_{\text{AB},z_E}^0\\&-\frac{\partial(\partial V_{\text{A}}/\partial x_E)}{\partial \overline{C}_{lm}}\cdot\boldsymbol{e}_{\text{AB},x_E}^0-\frac{\partial(\partial V_{\text{A}}/\partial y_E)}{\partial \overline{C}_{lm}}\cdot\boldsymbol{e}_{\text{AB},y_E}^0-\frac{\partial(\partial V_{\text{A}}/\partial z_E)}{\partial \overline{C}_{lm}}\cdot\boldsymbol{e}_{\text{AB},z_E}^0\end{aligned} \tag{4.34}$$

$$\frac{\partial f_2}{\partial \bar{C}_{lm}} = \frac{1}{\left(\rho^0\right)^3} \cdot \left(\nabla V_{\mathrm{B}}^0 - \nabla V_{\mathrm{A}}^0\right) \cdot \begin{bmatrix} \left(x_{\mathrm{B}}^0 - x_{\mathrm{A}}^0\right)^2 - \left(\rho^0\right)^2 \\ \left(x_{\mathrm{B}}^0 - x_{\mathrm{A}}^0\right)\left(y_{\mathrm{B}}^0 - y_{\mathrm{A}}^0\right) \\ \left(x_{\mathrm{B}}^0 - x_{\mathrm{A}}^0\right)\left(z_{\mathrm{B}}^0 - z_{\mathrm{A}}^0\right) \end{bmatrix} \left(\frac{\partial x_{\mathrm{A}}}{\partial \bar{C}_{lm}} - \frac{\partial x_{\mathrm{B}}}{\partial \bar{C}_{lm}}\right)$$

$$+ \frac{1}{\left(\rho^0\right)^3} \cdot \left(\nabla V_{\mathrm{B}}^0 - \nabla V_{\mathrm{A}}^0\right) \cdot \begin{bmatrix} \left(y_{\mathrm{B}}^0 - y_{\mathrm{A}}^0\right)\left(x_{\mathrm{B}}^0 - x_{\mathrm{A}}^0\right) \\ \left(y_{\mathrm{B}}^0 - y_{\mathrm{A}}^0\right)^2 - \left(\rho^0\right)^2 \\ \left(y_{\mathrm{B}}^0 - y_{\mathrm{A}}^0\right)\left(z_{\mathrm{B}}^0 - z_{\mathrm{A}}^0\right) \end{bmatrix} \left(\frac{\partial y_{\mathrm{A}}}{\partial \bar{C}_{lm}} - \frac{\partial y_{\mathrm{B}}}{\partial \bar{C}_{lm}}\right)$$

$$+ \frac{1}{\left(\rho^0\right)^3} \cdot \left(\nabla V_{\mathrm{B}}^0 - \nabla V_{\mathrm{A}}^0\right) \cdot \begin{bmatrix} \left(z_{\mathrm{B}}^0 - z_{\mathrm{A}}^0\right)\left(x_{\mathrm{B}}^0 - x_{\mathrm{A}}^0\right) \\ \left(z_{\mathrm{B}}^0 - z_{\mathrm{A}}^0\right)\left(y_{\mathrm{B}}^0 - y_{\mathrm{A}}^0\right) \\ \left(z_{\mathrm{B}}^0 - z_{\mathrm{A}}^0\right)^2 - \left(\rho^0\right)^2 \end{bmatrix} \left(\frac{\partial z_{\mathrm{A}}}{\partial \bar{C}_{lm}} - \frac{\partial z_{\mathrm{B}}}{\partial \bar{C}_{lm}}\right) \tag{4.35}$$

将先验轨道作为泰勒级数展开的线性项。为方便起见，最好在地球固连坐标系中确定相对重力矢量的偏导数，式(4.25)给出了这些偏导数。在地球固连坐标系中，需要通过旋转变换得到视线矢量。对于与 $\boldsymbol{e}_{\mathrm{AB}}^{a}$ 有关的偏导数，需要在惯性系中确定重力矢量。注意，重力矢量是一个力，即运动学量。因此，可以通过使用从地球固连坐标系到惯性系的旋转矩阵 $\boldsymbol{R}_I^E$，将地球固连坐标系中的重力矢量变换到惯性系中，见 4.1.2 节。

类似地，可以得到对 $\bar{S}_{lm}$ 的导数：

$$\frac{\partial f_1}{\partial \bar{S}_{lm}} = \frac{\partial\left(\partial V_{\mathrm{B}} / \partial x_E\right)}{\partial \bar{S}_{lm}} \cdot \boldsymbol{e}_{\mathrm{AB},x_E}^0 + \frac{\partial\left(\partial V_{\mathrm{B}} / \partial y_E\right)}{\partial \bar{S}_{lm}} \cdot \boldsymbol{e}_{\mathrm{AB},y_E}^0 + \frac{\partial\left(\partial V_{\mathrm{B}} / \partial z_E\right)}{\partial \bar{S}_{lm}} \cdot \boldsymbol{e}_{\mathrm{AB},z_E}^0$$
$$- \frac{\partial\left(\partial V_{\mathrm{A}} / \partial x_E\right)}{\partial \bar{S}_{lm}} \cdot \boldsymbol{e}_{\mathrm{AB},x_E}^0 - \frac{\partial\left(\partial V_{\mathrm{A}} / \partial y_E\right)}{\partial \bar{S}_{lm}} \cdot \boldsymbol{e}_{\mathrm{AB},y_E}^0 - \frac{\partial\left(\partial V_{\mathrm{A}} / \partial z_E\right)}{\partial \bar{S}_{lm}} \cdot \boldsymbol{e}_{\mathrm{AB},z_E}^0 \tag{4.36}$$

$$\frac{\partial f_2}{\partial \bar{S}_{lm}} = \frac{1}{\left(\rho^0\right)^3} \cdot \left(\nabla V_{\mathrm{B}}^0 - \nabla V_{\mathrm{A}}^0\right) \cdot \begin{bmatrix} \left(x_{\mathrm{B}}^0 - x_{\mathrm{A}}^0\right)^2 - \left(\rho^0\right)^2 \\ \left(x_{\mathrm{B}}^0 - x_{\mathrm{A}}^0\right)\left(y_{\mathrm{B}}^0 - y_{\mathrm{A}}^0\right) \\ \left(x_{\mathrm{B}}^0 - x_{\mathrm{A}}^0\right)\left(z_{\mathrm{B}}^0 - z_{\mathrm{A}}^0\right) \end{bmatrix} \left(\frac{\partial x_{\mathrm{A}}}{\partial \bar{S}_{lm}} - \frac{\partial x_{\mathrm{B}}}{\partial \bar{S}_{lm}}\right)$$

$$+ \frac{1}{\left(\rho^0\right)^3} \cdot \left(\nabla V_{\mathrm{B}}^0 - \nabla V_{\mathrm{A}}^0\right) \cdot \begin{bmatrix} \left(y_{\mathrm{B}}^0 - y_{\mathrm{A}}^0\right)\left(x_{\mathrm{B}}^0 - x_{\mathrm{A}}^0\right) \\ \left(y_{\mathrm{B}}^0 - y_{\mathrm{A}}^0\right)^2 - \left(\rho^0\right)^2 \\ \left(y_{\mathrm{B}}^0 - y_{\mathrm{A}}^0\right)\left(z_{\mathrm{B}}^0 - z_{\mathrm{A}}^0\right) \end{bmatrix} \left(\frac{\partial y_{\mathrm{A}}}{\partial \bar{S}_{lm}} - \frac{\partial y_{\mathrm{B}}}{\partial \bar{S}_{lm}}\right)$$

$$
+\frac{1}{\left(\rho^0\right)^3}\cdot\left(\nabla V_{\mathrm{B}}^0-\nabla V_{\mathrm{A}}^0\right)\cdot\begin{bmatrix}\left(z_{\mathrm{B}}^0-z_{\mathrm{A}}^0\right)\left(x_{\mathrm{B}}^0-x_{\mathrm{A}}^0\right)\\\left(z_{\mathrm{B}}^0-z_{\mathrm{A}}^0\right)\left(y_{\mathrm{B}}^0-y_{\mathrm{A}}^0\right)\\\left(z_{\mathrm{B}}^0-z_{\mathrm{A}}^0\right)^2-\left(\rho^0\right)^2\end{bmatrix}\left(\frac{\partial z_{\mathrm{A}}}{\partial\bar{S}_{lm}}-\frac{\partial z_{\mathrm{B}}}{\partial\bar{S}_{lm}}\right) \tag{4.37}
$$

2. 对所有其他未知参数的偏导数

f 对所有其他参数的偏导数都具有类似的结构。在惯性系中引入重力张量元素 V_{jj}^{i}，将视线矢量变换到惯性系 $\boldsymbol{e}_{\mathrm{AB}}^{a}$ 中，并应用链式法则可得到对其他参数的偏导数。对于 GRACE-A 卫星，有

$$
\begin{aligned}
\frac{\partial f_1}{\partial p_{i_{\mathrm{A}}}}=&-\left(V_{xx,\mathrm{A}}^{i,0}e_{\mathrm{AB},x}^{i,0}+V_{xy,\mathrm{A}}^{i,0}e_{\mathrm{AB},y}^{i,0}+V_{xz,\mathrm{A}}^{i,0}e_{\mathrm{AB},z}^{i,0}\right)\cdot\frac{\partial x_{\mathrm{A}}}{\partial p_{i_{\mathrm{A}}}}\\
&-\left(V_{yx,\mathrm{A}}^{i,0}e_{\mathrm{AB},x}^{i,0}+V_{yy,\mathrm{A}}^{i,0}e_{\mathrm{AB},y}^{i,0}+V_{yz,\mathrm{A}}^{i,0}e_{\mathrm{AB},z}^{i,0}\right)\cdot\frac{\partial y_{\mathrm{A}}}{\partial p_{i_{\mathrm{A}}}}\\
&-\left(V_{zx,\mathrm{A}}^{i,0}e_{\mathrm{AB},x}^{i,0}+V_{zy,\mathrm{A}}^{i,0}e_{\mathrm{AB},y}^{i,0}+V_{zz,\mathrm{A}}^{i,0}e_{\mathrm{AB},z}^{i,0}\right)\cdot\frac{\partial z_{\mathrm{A}}}{\partial p_{i_{\mathrm{A}}}}
\end{aligned} \tag{4.38}
$$

$$
\begin{aligned}
\frac{\partial f_2}{\partial p_{i_{\mathrm{A}}}}=&\frac{1}{\left(\rho^0\right)^3}\cdot\left(\nabla V_{\mathrm{B}}^0-\nabla V_{\mathrm{A}}^0\right)\cdot\begin{bmatrix}\left(x_{\mathrm{B}}^0-x_{\mathrm{A}}^0\right)^2-\left(\rho^0\right)^2\\\left(x_{\mathrm{B}}^0-x_{\mathrm{A}}^0\right)\left(y_{\mathrm{B}}^0-y_{\mathrm{A}}^0\right)\\\left(x_{\mathrm{B}}^0-x_{\mathrm{A}}^0\right)\left(z_{\mathrm{B}}^0-z_{\mathrm{A}}^0\right)\end{bmatrix}\frac{\partial x_{\mathrm{A}}}{\partial p_{i_{\mathrm{A}}}}\\
&+\frac{1}{\left(\rho^0\right)^3}\cdot\left(\nabla V_{\mathrm{B}}^0-\nabla V_{\mathrm{A}}^0\right)\cdot\begin{bmatrix}\left(y_{\mathrm{B}}^0-y_{\mathrm{A}}^0\right)\left(x_{\mathrm{B}}^0-x_{\mathrm{A}}^0\right)\\\left(y_{\mathrm{B}}^0-y_{\mathrm{A}}^0\right)^2-\left(\rho^0\right)^2\\\left(y_{\mathrm{B}}^0-y_{\mathrm{A}}^0\right)\left(z_{\mathrm{B}}^0-z_{\mathrm{A}}^0\right)\end{bmatrix}\frac{\partial y_{\mathrm{A}}}{\partial p_{i_{\mathrm{A}}}}\\
&+\frac{1}{\left(\rho^0\right)^3}\cdot\left(\nabla V_{\mathrm{B}}^0-\nabla V_{\mathrm{A}}^0\right)\cdot\begin{bmatrix}\left(z_{\mathrm{B}}^0-z_{\mathrm{A}}^0\right)\left(x_{\mathrm{B}}^0-x_{\mathrm{A}}^0\right)\\\left(z_{\mathrm{B}}^0-z_{\mathrm{A}}^0\right)\left(y_{\mathrm{B}}^0-y_{\mathrm{A}}^0\right)\\\left(z_{\mathrm{B}}^0-z_{\mathrm{A}}^0\right)^2-\left(\rho^0\right)^2\end{bmatrix}\frac{\partial z_{\mathrm{A}}}{\partial p_{i_{\mathrm{A}}}}
\end{aligned} \tag{4.39}
$$

对于 GRACE-B 卫星，类似地有

$$
\begin{aligned}
\frac{\partial f_1}{\partial p_{i_{\mathrm{B}}}}=&\left(V_{xx,\mathrm{B}}^{i,0}e_{\mathrm{AB},x}^{i,0}+V_{xy,\mathrm{B}}^{i,0}e_{\mathrm{AB},y}^{i,0}+V_{xz,\mathrm{B}}^{i,0}e_{\mathrm{AB},z}^{i,0}\right)\cdot\frac{\partial x_{\mathrm{B}}}{\partial p_{i_{\mathrm{B}}}}\\
&+\left(V_{yx,\mathrm{B}}^{i,0}e_{\mathrm{AB},x}^{i,0}+V_{yy,\mathrm{B}}^{i,0}e_{\mathrm{AB},y}^{i,0}+V_{yz,\mathrm{B}}^{i,0}e_{\mathrm{AB},z}^{i,0}\right)\cdot\frac{\partial y_{\mathrm{B}}}{\partial p_{i_{\mathrm{B}}}}
\end{aligned}
$$

$$+\left(V_{zx,\mathrm{B}}^{i,0}e_{\mathrm{AB},x}^{i,0}+V_{zy,\mathrm{B}}^{i,0}e_{\mathrm{AB},y}^{i,0}+V_{zz,\mathrm{B}}^{i,0}e_{\mathrm{AB},z}^{i,0}\right)\cdot\frac{\partial z_{\mathrm{B}}}{\partial p_{i_{\mathrm{B}}}} \tag{4.40}$$

$$\begin{aligned}\frac{\partial f_2}{\partial p_{i_{\mathrm{B}}}}=&-\frac{1}{\left(\rho^0\right)^3}\cdot\left(\nabla V_{\mathrm{B}}^0-\nabla V_{\mathrm{A}}^0\right)\cdot\begin{bmatrix}\left(x_{\mathrm{B}}^0-x_{\mathrm{A}}^0\right)^2-\left(\rho^0\right)^2\\ \left(x_{\mathrm{B}}^0-x_{\mathrm{A}}^0\right)\left(y_{\mathrm{B}}^0-y_{\mathrm{A}}^0\right)\\ \left(x_{\mathrm{B}}^0-x_{\mathrm{A}}^0\right)\left(z_{\mathrm{B}}^0-z_{\mathrm{A}}^0\right)\end{bmatrix}\frac{\partial x_{\mathrm{B}}}{\partial p_{i_{\mathrm{B}}}}\\ &-\frac{1}{\left(\rho^0\right)^3}\cdot\left(\nabla V_{\mathrm{B}}^0-\nabla V_{\mathrm{A}}^0\right)\cdot\begin{bmatrix}\left(y_{\mathrm{B}}^0-y_{\mathrm{A}}^0\right)\left(x_{\mathrm{B}}^0-x_{\mathrm{A}}^0\right)\\ \left(y_{\mathrm{B}}^0-y_{\mathrm{A}}^0\right)^2-\left(\rho^0\right)^2\\ \left(y_{\mathrm{B}}^0-y_{\mathrm{A}}^0\right)\left(z_{\mathrm{B}}^0-z_{\mathrm{A}}^0\right)\end{bmatrix}\frac{\partial y_{\mathrm{B}}}{\partial p_{i_{\mathrm{B}}}}\\ &-\frac{1}{\left(\rho^0\right)^3}\cdot\left(\nabla V_{\mathrm{B}}^0-\nabla V_{\mathrm{A}}^0\right)\cdot\begin{bmatrix}\left(z_{\mathrm{B}}^0-z_{\mathrm{A}}^0\right)\left(x_{\mathrm{B}}^0-x_{\mathrm{A}}^0\right)\\ \left(z_{\mathrm{B}}^0-z_{\mathrm{A}}^0\right)\left(y_{\mathrm{B}}^0-y_{\mathrm{A}}^0\right)\\ \left(z_{\mathrm{B}}^0-z_{\mathrm{A}}^0\right)^2-\left(\rho^0\right)^2\end{bmatrix}\frac{\partial z_{\mathrm{B}}}{\partial p_{i_{\mathrm{B}}}}\end{aligned} \tag{4.41}$$

根据所选取的感兴趣参数不同，上式中的 $p_{i_{\mathrm{A}}}$ 和 $p_{i_{\mathrm{B}}}$ 可以替换为如下参数。

① 初始条件：$x_0, y_0, z_0, \dot{x}_0, \dot{y}_0, \dot{z}_0$。

② 加速度计参数：$s_x, s_y, s_z, b_x, b_y, b_z, d_x, d_y, d_z$。

③ 经验加速度：a_r, a_c, a_a。

4.2.1.4　g_1 的偏导数

g_1 项等于两星相对速度矢量长度的平方除以星间距离：

$$g_1=\frac{1}{\rho}\dot{\boldsymbol{x}}_{\mathrm{AB}}\cdot\dot{\boldsymbol{x}}_{\mathrm{AB}} \tag{4.42}$$

其中，$\rho=\sqrt{\left(x_{\mathrm{B}}-x_{\mathrm{A}}\right)^2+\left(y_{\mathrm{B}}-y_{\mathrm{A}}\right)^2+\left(z_{\mathrm{B}}-z_{\mathrm{A}}\right)^2}$；$\dot{\boldsymbol{x}}_{\mathrm{AB}}\cdot\dot{\boldsymbol{x}}_{\mathrm{AB}}=\left(\dot{x}_{\mathrm{B}}-\dot{x}_{\mathrm{A}}\right)^2+\left(\dot{y}_{\mathrm{B}}-\dot{y}_{\mathrm{A}}\right)^2+\left(\dot{z}_{\mathrm{B}}-\dot{z}_{\mathrm{A}}\right)^2$。

注意，目前相对速度矢量只能通过 GPS 观测到，其观测精度无法保证充分利用 K 波段星间测距信息。星间距离可以观测到，但是由于存在整周模糊度(载波相位观测)，星间距离也视为未知数。

基于链式法则，通过相同的步骤可以得到对所有未知数(包括球谐函数系数)的偏导数，然后将其与每个卫星的位置和速度偏导数相关联。

对 GRACE-A 卫星，有

$$\frac{\partial g_1}{\partial p_{i_A}}=\frac{x_B^0-x_A^0}{\left(\rho^0\right)^3}\left(\dot{\boldsymbol{x}}_{AB}^0\cdot\dot{\boldsymbol{x}}_{AB}^0\right)\frac{\partial x_A}{\partial p_{i_A}}+\frac{y_B^0-y_A^0}{\left(\rho^0\right)^3}\left(\dot{\boldsymbol{x}}_{AB}^0\cdot\dot{\boldsymbol{x}}_{AB}^0\right)\frac{\partial y_A}{\partial p_{i_A}}$$
$$+\frac{z_B^0-z_A^0}{\left(\rho^0\right)^3}\left(\dot{\boldsymbol{x}}_{AB}^0\cdot\dot{\boldsymbol{x}}_{AB}^0\right)\frac{\partial z_A}{\partial p_{i_A}}$$
$$-\frac{2}{\rho^0}\left(\dot{x}_B^0-\dot{x}_A^0\right)\frac{\partial \dot{x}_A}{\partial p_{i_A}}-\frac{2}{\rho^0}\left(\dot{y}_B^0-\dot{y}_A^0\right)\frac{\partial \dot{y}_A}{\partial p_{i_A}}-\frac{2}{\rho^0}\left(\dot{z}_B^0-\dot{z}_A^0\right)\frac{\partial \dot{z}_A}{\partial p_{i_A}} \tag{4.43}$$

对 GRACE-B 卫星，有

$$\frac{\partial g_1}{\partial p_{i_B}}=-\frac{x_B^0-x_A^0}{\left(\rho^0\right)^3}\left(\dot{\boldsymbol{x}}_{AB}^0\cdot\dot{\boldsymbol{x}}_{AB}^0\right)\frac{\partial x_B}{\partial p_{i_B}}-\frac{y_B^0-y_A^0}{\left(\rho^0\right)^3}\left(\dot{\boldsymbol{x}}_{AB}^0\cdot\dot{\boldsymbol{x}}_{AB}^0\right)\frac{\partial y_B}{\partial p_{i_B}}$$
$$-\frac{z_B^0-z_A^0}{\left(\rho^0\right)^3}\left(\dot{\boldsymbol{x}}_{AB}^0\cdot\dot{\boldsymbol{x}}_{AB}^0\right)\frac{\partial z_B}{\partial p_{i_B}}$$
$$+\frac{2}{\rho^0}\left(\dot{x}_B^0-\dot{x}_A^0\right)\frac{\partial \dot{x}_B}{\partial p_{i_B}}+\frac{2}{\rho^0}\left(\dot{y}_B^0-\dot{y}_A^0\right)\frac{\partial \dot{y}_B}{\partial p_{i_B}}+\frac{2}{\rho^0}\left(\dot{z}_B^0-\dot{z}_A^0\right)\frac{\partial \dot{z}_B}{\partial p_{i_B}} \tag{4.44}$$

根据所选取的感兴趣参数不同，上式中的 p_{i_A} 和 p_{i_B} 可以替换为如下参数：

① 球谐函数系数：$\bar{C}_{lm},\bar{S}_{lm}$；

② 初始条件：$x_0,y_0,z_0,\dot{x}_0,\dot{y}_0,\dot{z}_0$；

③ 加速度计参数：$s_x,s_y,s_z,b_x,b_y,b_z,d_x,d_y,d_z$；

④ 经验加速度：a_r,a_c,a_a。

4.2.1.5　g_2 的偏导数

g_2 项等于星间距离变化率平方除以星间距离的相反数，即

$$g_2=-\frac{\dot{\rho}^2}{\rho}=-\frac{\left[\left(\dot{x}_B-\dot{x}_A\right)\left(x_B-x_A\right)+\left(\dot{y}_B-\dot{y}_A\right)\left(y_B-y_A\right)+\left(\dot{z}_B-\dot{z}_A\right)\left(z_B-z_A\right)\right]^2}{\left[\left(x_B-x_A\right)^2+\left(y_B-y_A\right)^2+\left(z_B-z_A\right)^2\right]^{3/2}} \tag{4.45}$$

同样，所有偏导数都是根据相同的偏导数法则得到的，并与每个卫星位置和速度对未知数的偏导数相关联。

对 GRACE-A 卫星，有

$$
\begin{aligned}
\frac{\partial g_2}{\partial p_{i_\mathrm{A}}} = & \left[2\frac{\dot{\rho}^0}{\left(\rho^0\right)^5}\left(\dot{x}_\mathrm{B}^0-\dot{x}_\mathrm{A}^0\right)-\frac{3\left(\dot{\rho}^0\right)^2}{2\left(\rho^0\right)^3}\right]\frac{\partial x_\mathrm{A}}{\partial p_{i_\mathrm{A}}} \\
& +\left[2\frac{\dot{\rho}^0}{\left(\rho^0\right)^5}\left(\dot{y}_\mathrm{B}^0-\dot{y}_\mathrm{A}^0\right)-\frac{3\left(\dot{\rho}^0\right)^2}{2\left(\rho^0\right)^3}\right]\frac{\partial y_\mathrm{A}}{\partial p_{i_\mathrm{A}}} \\
& +\left[2\frac{\dot{\rho}^0}{\left(\rho^0\right)^5}\left(\dot{z}_\mathrm{B}^0-\dot{z}_\mathrm{A}^0\right)-\frac{3\left(\dot{\rho}^0\right)^2}{2\left(\rho^0\right)^3}\right]\frac{\partial z_\mathrm{A}}{\partial p_{i_\mathrm{A}}} \\
& +2\frac{\dot{\rho}^0}{\left(\rho^0\right)^2}\left(x_\mathrm{B}^0-x_\mathrm{A}^0\right)\frac{\partial \dot{x}_\mathrm{A}}{\partial p_{i_\mathrm{A}}}+2\frac{\dot{\rho}^0}{\left(\rho^0\right)^2}\left(y_\mathrm{B}^0-y_\mathrm{A}^0\right)\frac{\partial \dot{y}_\mathrm{A}}{\partial p_{i_\mathrm{A}}}+2\frac{\dot{\rho}^0}{\left(\rho^0\right)^2}\left(z_\mathrm{B}^0-z_\mathrm{A}^0\right)\frac{\partial \dot{z}_\mathrm{A}}{\partial p_{i_\mathrm{A}}}
\end{aligned}
\tag{4.46}
$$

对 GRACE-B 卫星，有

$$
\begin{aligned}
\frac{\partial g_2}{\partial p_{i_\mathrm{B}}} = & -\left[2\frac{\dot{\rho}^0}{\left(\rho^0\right)^5}\left(\dot{x}_\mathrm{B}^0-\dot{x}_\mathrm{A}^0\right)-\frac{3\left(\dot{\rho}^0\right)^2}{2\left(\rho^0\right)^3}\right]\frac{\partial x_\mathrm{B}}{\partial p_{i_\mathrm{B}}} \\
& -\left[2\frac{\dot{\rho}^0}{\left(\rho^0\right)^5}\left(\dot{y}_\mathrm{B}^0-\dot{y}_\mathrm{A}^0\right)-\frac{3\left(\dot{\rho}^0\right)^2}{2\left(\rho^0\right)^3}\right]\frac{\partial y_\mathrm{B}}{\partial p_{i_\mathrm{B}}} \\
& -\left[2\frac{\dot{\rho}^0}{\left(\rho^0\right)^5}\left(\dot{z}_\mathrm{B}^0-\dot{z}_\mathrm{A}^0\right)-\frac{3\left(\dot{\rho}^0\right)^2}{2\left(\rho^0\right)^3}\right]\frac{\partial z_\mathrm{B}}{\partial p_{i_\mathrm{B}}} \\
& -2\frac{\dot{\rho}^0}{\left(\rho^0\right)^2}\left(x_\mathrm{B}^0-x_\mathrm{A}^0\right)\frac{\partial \dot{x}_\mathrm{B}}{\partial p_{i_\mathrm{B}}}-2\frac{\dot{\rho}^0}{\left(\rho^0\right)^2}\left(y_\mathrm{B}^0-y_\mathrm{A}^0\right)\frac{\partial \dot{y}_\mathrm{B}}{\partial p_{i_\mathrm{B}}}-2\frac{\dot{\rho}^0}{\left(\rho^0\right)^2}\left(z_\mathrm{B}^0-z_\mathrm{A}^0\right)\frac{\partial \dot{z}_\mathrm{B}}{\partial p_{i_\mathrm{B}}}
\end{aligned}
\tag{4.47}
$$

根据所选取的感兴趣参数不同，上式中的 p_{i_A} 和 p_{i_B} 可以替换为如下参数：

① 球谐函数系数：$\bar{C}_{lm},\bar{S}_{lm}$；

② 初始条件：$x_0,y_0,z_0,\dot{x}_0,\dot{y}_0,\dot{z}_0$；

③ 加速度计参数：$s_x,s_y,s_z,b_x,b_y,b_z,d_x,d_y,d_z$；

④ 经验加速度：a_r,a_c,a_a。

这是对严格解推导过程的总结。为了实际应用严格解，必须针对感兴趣的未知数得到所有参数的总和，这将是一项烦琐的工作。此外，严格解是变分方程的另一种实现。实际上，由于存在附加项 g_1 和 g_2，这比将星间距离或星间距离变化率测量值作为主要观测量更为烦琐。

4.2.2 近似解

加速度法的主要目标之一是建立星间加速度与相对重力梯度之间的线性关系。可以通过两个步骤来实现这一目的。

(1) 进行简化，直到剩下残差量。

(2) 假设残差项 $g_1 - g_1^0$ 和 $g_2 - g_2^0$ 可以忽略不计。

式(4.17)中的数学模型可以简化为

$$\ddot{\rho} - \ddot{\rho}^0 \approx \left(\nabla V_{\mathrm{B}} - \nabla V_{\mathrm{A}}\right) \cdot \boldsymbol{e}_{\mathrm{AB}}^{a} - \left(\nabla V_{\mathrm{B}}^0 - \nabla V_{\mathrm{A}}^0\right) \cdot \boldsymbol{e}_{\mathrm{AB}}^{a,0} \tag{4.48}$$

该关系式是线性的，不需要再对变分方程进行积分。这是加速度法最常用的公式，因为它易于理解和实现。剩下的唯一困难在于以足够的精度确定先验轨道。

然而，解的质量直接取决于上述假设。对于早期的实现方法而言，这些假设是成立的。但是，由于基于其他方法的重力场解精度逐渐提高，这一假设限制了基于加速度法的解质量。

图 4.3 显示了由多个处理中心提供的基于月观测数据(2007 年 1 月)的重力场测量阶误差方差平方根，以及基于加速度法的重力场恢复结果(用红色线表示)。请注意，虽然这些每月的重力场测量数据恢复结果各不相同，但是它们主要显示了 EGM2008 模型的不足。然而很明显，加速度法中的假设使重力场恢复性能的

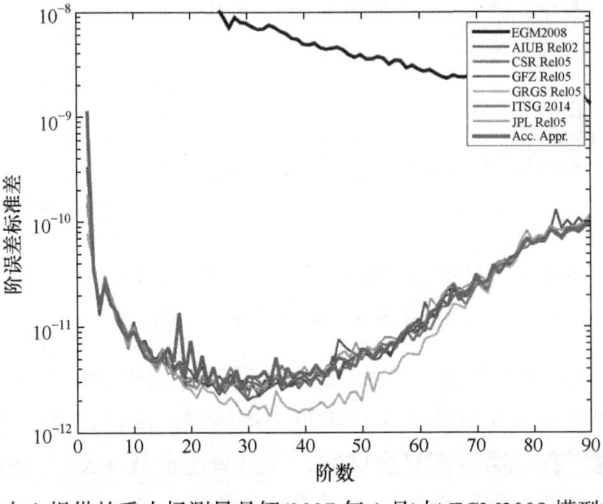

图 4.3 不同处理中心提供的重力场测量月解(2007 年 1 月)与 EGM2008 模型的差异，以及与基于加速度法的重力场恢复结果的比较

降低程度大于重力场月解与 EGM2008 模型之间的差异。误差主要位于 2～16 阶之间，这大约接近 GRACE 卫星每天绕地球运行的圈数。

可以利用模拟数据在时域和频域中，对近似值做进一步可视化处理。在下面的模拟实验中，认为 GOCO05s[96]代表真实世界的重力场模型，重力场模型 EGM2008[114]用于创建先验值。这两个模型的阶数均超过 100。随后，所有量都降低到残差水平。

图 4.4(a)中蓝色曲线表示了两星加速度矢量差在星间视线方向上投影的期望值，红色曲线表示 1nm/s^2 水平的白噪声，橙色曲线代表式(4.34)中的项 f_1，它等于式(4.48)中的近似值。显然，图中缺少了信号的一个重要组成部分。由近似引起的信号丢失部分主要由式(4.42)中的 g_1 项表示。f_1 和 g_1 相加近似等于期望信号。这些结果在图 4.4(b)所示的频域图中得到了证实。在图中，f_1 项和 g_1 项曲线相加等于期望信号。更重要的是，很明显 g_1 类似于平滑信号，因此它主要影响重力场恢复的低阶部分，这已经在前面观察到。从大约 10cpr 开始，g_1 出现快速衰减，即它对 10 阶以上的重力场恢复没有显著贡献。除了 f_1 和 g_1 项之外，图中还展示了 f_2 和 g_2 项，它们在 GRACE 任务中起次要作用。对于未来低低星星跟踪重力场测量任务，噪声水平(红色曲线)将会下降，并将在适当的时候变得重要起来。

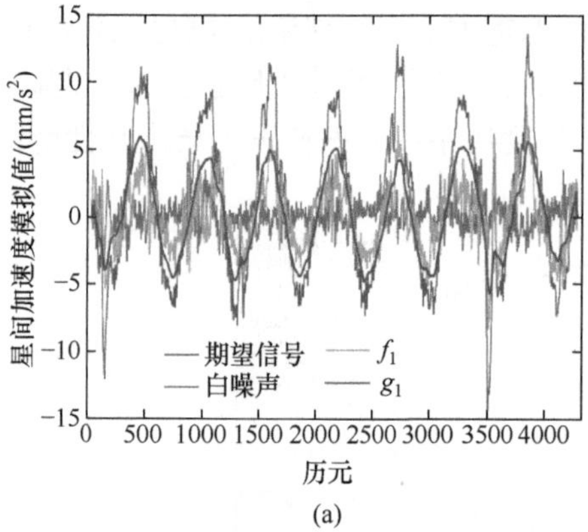

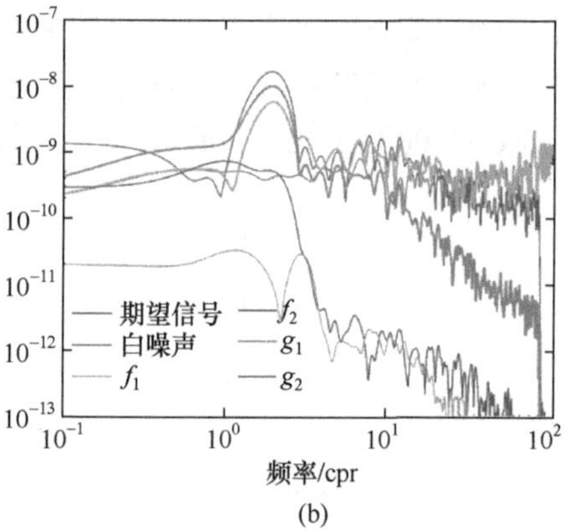

图 4.4　(a)为星间加速度模拟值的时域表示及其与期望信号、1nm/s^2 白噪声的对比；(b)为加速方法各组成部分的振幅频谱

总之，近似解现在不再适用于全球重力场恢复。由于频域中 g_1 项的快速衰减，加速度法的近似解仍然非常适合于局部重力场恢复。应该注意，为满足局部重力场恢复的一致性，首先需要恢复全球解，而这只能根据 4.2.1 节的严格解来实现。使用其他全球重力场模型可能会导致局部解的长波混叠。

4.2.3 基于旋转量的推导

目前，GPS 观测精度不足，这导致在没有进一步观测量的情况下无法直接利用加速度法进行重力场恢复。因此，需要替代 GPS 的方案及严格的实施方法。由于 SLR 观测全球可用性不足，因此其应用也受到了限制。卫星上唯一的其他观测系统是星敏感器，用于确定卫星姿态，但也可用于确定旋转速率。因此，需要在考虑旋转量的情况下重新建立加速度法。

4.2.3.1 关于旋转量的一般表示

本节的出发点是构成瞬时相对参考系的三个单位矢量 $\boldsymbol{e}_{\mathrm{AB}}^{a}$、$\boldsymbol{e}_{\mathrm{AB}}^{c}$ 和 $\boldsymbol{e}_{\mathrm{AB}}^{r}$。在 4.2 节中已经引入了瞬时相对参考系，但是这里详细地讨论该参考系的定义和选择。之所以选择这个参考系，首先是因为它基于两颗卫星的相对位置，其次是它的指向和原点随着星间视线矢量不断变化，即参考系是瞬时的，并且与卫星一起运动。因此，我们需要针对移动坐标系重新建立观测方程，并且推导出围绕 IRRF 三个坐标轴的旋转速率。为此，将三个单位矢量排列成旋转矩阵 $\boldsymbol{R}_{F}^{I}$，它描述了从惯性系 I 到 IRRF 坐标系(用 F 表示)的转换关系：

$$\boldsymbol{R}_{F}^{I}=\begin{bmatrix}\left(\boldsymbol{e}_{\mathrm{AB}}^{a}\right)^{\mathrm{T}}\\ \left(\boldsymbol{e}_{\mathrm{AB}}^{c}\right)^{\mathrm{T}}\\ \left(\boldsymbol{e}_{\mathrm{AB}}^{r}\right)^{\mathrm{T}}\end{bmatrix} \tag{4.49}$$

将该矩阵与其导数的转置相乘，得到 Cartan 矩阵 $\boldsymbol{\Omega}$，它包含了三个围绕由单位矢量形成的坐标轴的旋转速率 ω^{i}：

$$\boldsymbol{\Omega}=\boldsymbol{R}_{F}^{I}\left(\dot{\boldsymbol{R}}_{F}^{I}\right)^{\mathrm{T}}=\begin{bmatrix}0 & -\omega^{r} & \omega^{c}\\ \omega^{r} & 0 & -\omega^{a}\\ -\omega^{c} & \omega^{a} & 0\end{bmatrix} \tag{4.50}$$

基于旋转变换，可以将式(4.13)中与惯性单位矢量相关的量转换为

$$\boldsymbol{R}_{F}^{I}\boldsymbol{e}_{\mathrm{AB}}^{a,c,r}=\boldsymbol{e}_{\mathrm{AB},F}^{a,c,r} \tag{4.51a}$$

$$\boldsymbol{R}_{F}^{I}\dot{\boldsymbol{e}}_{\mathrm{AB}}^{a}=\dot{\boldsymbol{e}}_{\mathrm{AB},F}^{a}+\boldsymbol{\omega}\times\boldsymbol{e}_{\mathrm{AB},F}^{a} \tag{4.51b}$$

$$\boldsymbol{R}_{F}^{I}\ddot{\boldsymbol{e}}_{\mathrm{AB}}^{a}=\ddot{\boldsymbol{e}}_{\mathrm{AB},F}^{a}+2\boldsymbol{\omega}\times\dot{\boldsymbol{e}}_{\mathrm{AB},F}^{a}+\boldsymbol{\omega}\times\left(\boldsymbol{\omega}\times\boldsymbol{e}_{\mathrm{AB},F}^{a}\right)+\dot{\boldsymbol{\omega}}\times\boldsymbol{e}_{\mathrm{AB},F}^{a} \tag{4.51c}$$

式(4.51b)和式(4.51c)可以得到显著简化，这是因为 IRRF 坐标系中的三个单位

矢量均具有以下形式：

$$\boldsymbol{e}_{\mathrm{AB},F}^{a}=\begin{bmatrix}1\\0\\0\end{bmatrix},\ \boldsymbol{e}_{\mathrm{AB},F}^{c}=\begin{bmatrix}0\\1\\0\end{bmatrix},\ \boldsymbol{e}_{\mathrm{AB},F}^{r}=\begin{bmatrix}0\\0\\1\end{bmatrix} \tag{4.52}$$

因此它们的导数全部为零，从而有

$$\boldsymbol{R}_{F}^{I}\dot{\boldsymbol{e}}_{\mathrm{AB}}^{a}=\boldsymbol{\omega}\times\boldsymbol{e}_{\mathrm{AB},F}^{a} \tag{4.53a}$$

$$\boldsymbol{R}_{F}^{I}\ddot{\boldsymbol{e}}_{\mathrm{AB}}^{a}=\boldsymbol{\omega}\times\left(\boldsymbol{\omega}\times\boldsymbol{e}_{\mathrm{AB},F}^{a}\right)+\dot{\boldsymbol{\omega}}\times\boldsymbol{e}_{\mathrm{AB},F}^{a} \tag{4.53b}$$

将方程(4.11c)投影到 IRRF 坐标系的轴上，并引入式(4.53)的关系式，得

$$\ddot{\boldsymbol{x}}_{\mathrm{AB},F}\cdot\boldsymbol{e}_{\mathrm{AB},F}^{a}=\ddot{\rho}-\rho\left[\left(\omega^{c}\right)^{2}+\left(\omega^{r}\right)^{2}\right] \tag{4.54a}$$

$$\ddot{\boldsymbol{x}}_{\mathrm{AB},F}\cdot\boldsymbol{e}_{\mathrm{AB},F}^{c}=2\dot{\rho}\omega^{r}-\rho\omega^{a}\omega^{c}+\rho\dot{\omega}^{r} \tag{4.54b}$$

$$\ddot{\boldsymbol{x}}_{\mathrm{AB},F}\cdot\boldsymbol{e}_{\mathrm{AB},F}^{r}=-2\dot{\rho}\omega^{c}+\rho\omega^{a}\omega^{r}-\rho\dot{\omega}^{c} \tag{4.54c}$$

考虑到运动方程式(4.1)，方程式(4.54)形成了一个由三个方程组成的方程组。该方程组将相对加速度、相对重力梯度与 K 波段观测值、围绕 IRRF 三个坐标轴的旋转速率相关联。

到目前为止，该方程对 IRRF 坐标系的选择没有任何限制。尽管已经使用了 4.2 节中的定义，但是式(4.54)实际上与参考系的指向无关，并且可用于任何低低星星跟踪重力场测量任务。式(4.54a)再次反映了针对 GRACE 任务的情况，即为了使当前公式形式能够适用，需要以合适的精度测量绕轨道面法向和径向的旋转速率。在随后章节会显示出 4.2 节中做出的选择是便于使用的。但是需要强调的是，这种选择不是唯一的，很可能存在更好的选择。

4.2.3.2　IRRF 坐标系选择及相应的方程组

到目前为止，我们尚未详细讨论 4.2 节中给出的 IRRF 坐标系实现方法。IRRF 坐标系的基础是星间视线方向(或迹向方向)，这显然是已经定义好的。然而，径向方向并不明确。径向方向可以选择为：①GRACE-A 径向方向；②GRACE-B 径向方向；③过两星中点的径向方向；④任何其他看似方便的方向。然后，增加轨道面法向后形成 3 个正交方向。除定义外，人们可以对坐标轴的选择增加其他限制，例如可达性、精确度或物理意义。同时，可以尽量简化方程式(4.54)，或者使需要测量的旋转速率个数最小化。

式(4.12)中单位矢量的选择具有多种考虑：①单位矢量是从 GPS 观测值中导出的，具有足够的精度；②绕径向的旋转速率 ω_r 变为 0，并且绕迹向的旋转速

率 ω_a 比绕轨道面法向的旋转速率 ω_c 小若干数量级。后一种情况类似于绕视线方向的旋转，每个轨道周期内旋转一周，即旋转速率约等于两个卫星的轨道角速度。图 4.5 基于波恩大学提供的 SC7 数据集进行了可视化，模拟了 GRACE 任务场景。

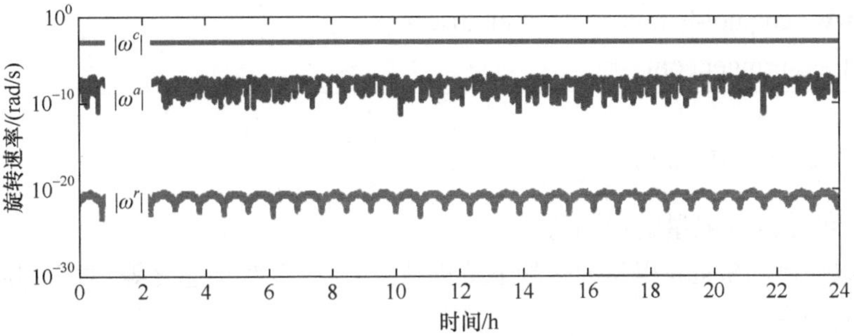

图 4.5 基于 SC7 模拟数据得到的旋转速率

将 $\omega_r \approx 0$ 代入式(4.54)，简化为

$$\nabla V_{\mathrm{AB},F} \cdot \boldsymbol{e}_{\mathrm{AB},F}^{a} = \ddot{\rho} - \rho\left(\omega^{c}\right)^{2} \tag{4.55a}$$

$$\nabla V_{\mathrm{AB},F} \cdot \boldsymbol{e}_{\mathrm{AB},F}^{c} = -\rho\omega^{a}\omega^{c} \tag{4.55b}$$

$$\nabla V_{\mathrm{AB},F} \cdot \boldsymbol{e}_{\mathrm{AB},F}^{r} = -2\dot{\rho}\omega^{c} - \rho\dot{\omega}^{c} \tag{4.55c}$$

式(4.55a)表示了 GRACE 任务情况。只有旋转速率的轨道面法向分量 ω^c 才需要用匹配精度进行测量。如果能观测到或根据绕轨道面法向的旋转速率 ω^c 推导出旋转速率分量的变化 $\dot{\omega}^c$ (例如，通过数值微分进行推导)，则第二个方向将在可达范围内。此外，轨道面法向的重力分量几乎为零[式(4.55b)]，因为星间距离与绕迹向、轨道面法向的旋转速率的乘积比其他两个分量小若干数量级。由于轨道面法向大致朝向地球的东西方向，因此式(4.55b)在数学上说明 GRACE 在东西方向上的观测能力较差，这导致在最终的 GRACE 重力场恢复结果中存在条纹状误差。

因此，尽管当前选择的 IRRF 坐标系具有许多考虑和期望的特性，但仍然可能不是最佳的，未来研究会发现更好的选择。注意，因为 GPS 观测对于左侧项以及确定 IRRF 坐标系本身是必要的，因此任何可能的测量旋转速率的载荷都无法替代 GPS 观测。在 GRACE 应用中，最后一个悬而未决的问题是能否以足够的精度推导出旋转速率。但是，简单测试表明，除了当前 GRACE 的星敏感器观测精度不足外，沿两星视线矢量的运动也无法与每颗卫星的姿态变化相分离。

4.3 课后练习

以下练习所需的数据和文件可在线访问：
http://www.geoq.uni-hannover.de/autumnschool-data
http://extras.springer.com

1. 使用无噪声观测值

(1) 创建两颗卫星的观测值。

可以使用 orbitsim 程序为两颗卫星创建位置、速度和加速度等。对于 GRACE-A 卫星，使用命令为

```
[time,A_ipos,A_ivel,A_iacc] = orbitsim('GraceA', 'goco05s')
```

该函数使用阶次为 60 的重力场模型 GOCO05s，对卫星 A 进行轨道积分，得到一天长度的轨道观测值。该函数输出参数是时间，以两列格式表示：第一列表示简化儒略日，第二列表示一天中的时间。卫星位置在惯性系中表示，单位 m。类似地，卫星速度和加速度的单位分别为 m/s 和 m/s^2。利用上述方法，针对 GRACE-B 卫星进行计算：

```
[time,B_ipos,B_ivel,B_iacc] = orbitsim('GraceB', 'goco05s')
```

(2) 确定星间距离、星间距离变化率和星间加速度。

计算星间距离、星间距离变化率和星间加速度的观测值，不考虑噪声的影响。确定这些观测值的最大值、最小值和均方根值。

(3) 先验参数。

假设 GOCO05s 代表真实重力场。对于重力场模型 EGM96 和 GGM03s，重复步骤(1)和(2)，这两个模型用作真实重力场的近似值。针对由不同重力场模型得到的星间距离，计算它们之间的差异，并将其绘制图形，比较这些星间距离的最大值、最小值和均方根值。针对星间距离变化率和星间加速度，重复上述步骤。在这一过程中，你观测到了什么？为什么会有这样的区别？你更倾向于选择两个近似值中的哪一个？

(4) 单位矢量。

导出沿迹向、轨道面法向和径向的单位矢量。将相对加速度(这里等同于相对力)投影到不同的坐标轴上，并绘制结果。你观测到了什么？在重力场恢复中，为什么我们不使用径向分量，而是使用迹向分量？

此外，可以使用解析法或数值法计算沿迹向单位矢量的导数(利用 MATLAB 函数 diff)。比较两种计算结果，并讨论利用数值法计算单位矢量的导数是否合适。

2. 使用带噪声的观测值

(1) 白噪声。

基于重力场模型 GOCO05 进行轨道积分，得到两颗卫星的星间距离、星间距离变化率、星间加速度、位置和速度，并在其上添加白噪声(使用 MATLAB 函数 randn)。必须为噪声选择合理的量级参数。这里如何定义“合理”？这里生成的数据存储到矢量/矩阵中，作为后面分析中的(伪)观测值。

(2) 信噪比。

从基于重力场模型 GOCO05 得到的星间距离和星间距离变化率中，减去基于 EGM96 和 GGM03s 得到的无噪声影响的星间距离和星间距离变化率，得到残余伪观测值。基于 EGM96 和 GGM03s 模型，比较有噪声和无噪声情况下的残余星间距离观测值。差值代表了信噪比(signal-to-noise ratio，SNR)。绘制差值，并取最大值、最小值和均方根值。显然，对于 EGM96 来说信噪比更高，因为其近似值比 GGM03s 差。你能观测到 GGM03s 中的信号吗，或者它已经隐藏在噪声中了？针对星间距离变化率和星间加速度，重复上述步骤。

(3) 单位矢量。

从带噪声的观测值中导出沿迹向的单位矢量及其导数。将该结果与无噪声情况下的结果进行比较，并解释该方法产生的结果。降低观测值中卫星位置和速度观测值的噪声水平，但是保持星间距离、星间距离变化率和星间加速度的量级不变。在星间距离的噪声水平上，找出主导噪声的点。这意味着，噪声水平已经足够低，从而可以充分利用星间距离观测值，GPS 观测值也不再是限制因素。注意噪声水平，并讨论是否可以达到这样的水平。

(4) 近似值。

现在我们来考虑径向项。先测试近似值，即不考虑噪声时由 GOCO05s 和 EGM96 模型得到的径向分量之间的差异。这种差异必须尽可能小。然后，将其与星间加速度的噪声水平进行比较。基于 GGM03s 重复这些步骤。你得出了什么结论？也可以使用其他办法来确定频谱，如使用函数 pwelch。

(5) 最小二乘法。

使用近似法和第 1 章介绍的知识求解重力场。为了便于测试，可以先使用无噪声观测量之间的差异作为输入值，但是最终必须使用带噪声的观测值之间的差异。可以将自己得到的解与 mat 文件中给出的系数差异进行比较(变量 klm)。

提示：重力场恢复的最高阶数限制为 10 或 20。这样会导致高频混叠，但是没有其他选择，因为只有一天的数据可用。对于 60 阶重力场恢复，至少需要 5～10 天的观测数据。在 10 阶或 20 阶的情况下，将感兴趣的输入参数进行调整，重复上述练习。

第 5 章　能量守恒法

克里斯托弗·杰凯利

摘要： 星星跟踪重力场恢复中能量守恒法的优势在于模拟了原位测量系统，这与重力梯度仪测量类似，但是星星跟踪重力场测量中采用的是引力势差。能量守恒法在天体力学中早就得到了应用，其理论背景众所周知，但是将其用于星星跟踪重力场恢复仍然需要准确、独立的运动学轨道确定能力。在存在 GPS 等全球导航卫星系统的条件下，基于能量守恒法的重力场恢复是可行的。沿迹向飞行的两个卫星的星间测距为原位测量带来了附加的短波信息。本章能量守恒的视角，在地心惯性系和地球固连坐标系中揭示了地球引力势和卫星轨道状态之间的密切关系。同时，也得到了星间距离变化率描述方程。同时，由于受潮汐变化、地球指向变化和内部变形、地表质量迁移等不同因素的影响，要特别注意转动势和地球引力势的时变部分。通过详细的量级分析，可以得到可接受的近似值。此外，对于类似 GRACE 这样的迹向跟飞重力场测量编队构型，两星相对速度的径向分量在量级上与迹向分量一样重要。因此，测量得到的星间距离变化率不能仅用于确定引力势差。它还表明引力势的短波分量在相对速度迹向分量上的比例大于迹向分量，说明了星间距离变化率测量的重要性。此外，通过简单的系统误差分析，确定了与星间距离变化率精度相匹配的位置、速度等状态矢量测量精度要求。同时，还推导出星星跟踪重力场测量的观测方程，并将其与全球和区域重力场模型相关联。最后，给出已经发表的案例研究，这些案例研究证明了能量守恒法的有效性，并在大规模水文质量变化监测应用中取得了明显成果。

5.1　引　　言

5.1.1　理论观点

众所周知，在大地测量学中存在地球重力场和大地水准面所定义的整体几何形状之间的对偶性，这是由牛顿万有引力定律决定的，由此可推导出布朗斯方程，该方程表明大地水准面高与扰动势成正比。相反，需要几何测量(距离)来推断重力加速度。伽利略自由落体定律是绝对重力测量的核心，也可以由牛顿理论得到，这表明可以通过跟踪绕地球运行的卫星轨道来确定全球重力场。另一个例子是基于引力线积分，确定地球表面上两个点之间的引力势差，这种方法通常被考虑为重力归算的几何水准测量。类似地，迹向跟飞编队中卫星之间存在引力势差，这是本章讨论的重点。

5.1.2 背景

自 20 世纪 60 年代以来，卫星跟踪测量一直是全球重力场建模的基础，但是这类测量面临地面跟踪站分布不规则且稀疏的限制。现在，GPS 等全球导航卫星系统可对任何低轨卫星进行连续、精确跟踪测量，这一问题几乎已经得到解决。但是，从惯性空间上看，地球在轨道下方自转，这与直接敏感重力场的载荷原理不同。O'Keefe 在 1957 年提出了实现这一理想场景的建议[113]，通过测量卫星速度得到卫星动能，进而根据能量守恒原理直接确定地球引力势，这就是能量守恒法。这一想法是对雅可比积分的改进[30]，它解决了天体力学中一个特殊三体问题，即一个小质量的天体(在我们的例子中是一颗卫星)围绕两个大质量天体的运动，这两个大质量天体的相互运动对应一个时变重力场。Bjerhammar 在文献[12]中详细阐述了这个想法，但是仍然没有解决不规则跟踪的问题。

Wolff 在 1969 年提出了星星跟踪重力场测量概念，两颗卫星沿相同的轨道运动，开展两颗卫星之间的跟踪测量，并基于能量守恒法建立引力势差的虚拟原位测量系统[160]。在这一方案中，卫星轨道的绝对测量仍然是需要的，但是对于星间引力变化的敏感来说，其作用是次要的。20 世纪 80 年代，该方案于被 NASA 用于其专用重力测量任务 GRAVSAT 和 GRM[81]。在 GRAVSAT 和 GRM 任务准备阶段，NASA 基于 Wolff 提出的简化关系，建模并仿真分析了引力势差与星间跟踪测量之间的关系[32,77,152]，并随后针对高低跟踪测量方案开展了建模与分析工作[78]。

然而，无论是在数值模拟阶段，还是在任务实施阶段[142]，“原位测量”从来都不是我们关注的焦点。相反，经过尝试的真实轨道确定方法得以增强，有助于充分利用 K 波段星间测距(K-band ranging，KBR)观测量，形成全球重力场测量的基础。本章再一次对 Wolff 提出的任务方案以及基于 GPS 的运动学轨道确定方法进行研究，使能量守恒法成为重力场恢复中的一种基本方法，可用于产生具有一定空间分布的引力势数据。随后，阐述 CHAMP[120]和 GRACE 相应的理论、模拟和分析工作[52,54,61,117,149,155,157,164]，介绍根据实际数据反演重力场模型的成功案例[2,46,55,56,136]。根据观测数据原位测量性质可以改善区域重力场模型。5.6 节中将给出这些内容的简要总结。

5.1.3 内容要点

本章推导并分析用于重力场测量建模的能量守恒法，建立地球引力势的精确表达式，输入参数包括卫星轨道状态矢量、星间距离变化率、由地球自转引起的引力势时变效应、潮汐运动以及地球形变带来的引力势变化。基于数值模拟分析了每一项的量级，然后确定其与引力势确定精度之间的关系。通过简单的误差分析，得到对两星引力势差计算值起主要作用的因素。其中，基本项中的误差来自卫星的轨道状态矢量误差。最后，简要介绍了其他可行的引力势建模方法，并重点介绍了能量守恒法在监测全球和区域时变重力场方面的成功应用。

5.2 数学公式

本节分别在地心惯性系和地球固连坐标系中，从基本原理出发推导出精确的能量守恒方程，并在后续部分中进行了初始近似值的数值分析和验证。最后，结合星间距离、星间距离变化率观测，推导了两星引力势差的能量守恒方程。

从经典力学的角度看，在重力场测量中使用了三个物理定律，它们构成了相关能量守恒关系式的基础。前两个是牛顿第二运动定律和牛顿万有引力定律。牛顿第二运动定律指出，一个质点线动量的变化率等于作用在它上面的合力 $\boldsymbol{F}$，其熟悉的数学形式为 $m_i \mathrm{d}^2\boldsymbol{x}/\mathrm{d}t^2=\boldsymbol{F}$，其中 m_i 为质点的质量。从概念上讲，力 $\boldsymbol{F}$ 应首先理解为作用力，如推力、摩擦力。另外，引力场是我们所占据的空间的一部分，它是由地球、太阳、月球和行星等质量存在引起的，引力场产生了一种不同的力，即引力。根据万有引力定律可知，引力与引力质量 m_g 与重力加速度 $\boldsymbol{g}$ 成比例，可以表示为 $m_g\boldsymbol{g}=\boldsymbol{F}_g$。在存在重力场的情况下，牛顿运动定律中必须包含 $\boldsymbol{F}_g$ 项，也就是 $m_i \mathrm{d}^2\boldsymbol{x}/\mathrm{d}t^2=\bar{\boldsymbol{F}}+\boldsymbol{F}_g$，其中 $\bar{\boldsymbol{F}}$ 是除引力外其他作用力的合力。第三个物理定律是爱因斯坦等效原理，即惯性质量和引力质量相等，从而有

$$\frac{\mathrm{d}^2\boldsymbol{x}}{\mathrm{d}t^2}=\boldsymbol{a}+\boldsymbol{g} \tag{5.1}$$

其中，$\boldsymbol{a}$ 为单位质量上的作用力 $\bar{\boldsymbol{F}}/m_i$，是除引力外其他作用力引起的加速度。该方程在非旋转的自由下落坐标系(即惯性系)中成立，其改进形式可以适用更复杂的坐标系，如旋转系或具有加速度的坐标系。然而，人们总是可以假设存在惯性系，并在此基础上进行研究。式(5.1)是所有重力场测量的基础，因此也是所有引力势测量和建模的基础。

5.2.1 能量守恒方程

在惯性系，建立一个物体运动的能量守恒方程是非常容易的，并且可以通过

适当的位置和速度变换得到适用于旋转系的改进工程，如在地球固连坐标系中。假设卫星等运动物体是刚性的，它们的机械能是根据其能够做功的多少来定义的。机械能分为动能和势能两部分，动能是物体运动产生的，势能是由物体在引力场、电磁场等物理场中的位置决定的。在这里的推导中，不考虑卫星的自旋运动。

在平动运动中，物体上的任意部位具有相同的速度，这时动能定义为力 $\boldsymbol{F}^i$ 将物体从起始位置 $\boldsymbol{x}_0^i$ 加速度到具有速度 $\dot{\boldsymbol{x}}^i$ 时所做的功。所有矢量和坐标的上标指其所处的参考系，上面的点表示在坐标系中对时间的导数，$\dot{\boldsymbol{x}}^i = \mathrm{d}\boldsymbol{x}^i / \mathrm{d}t$，$\ddot{\boldsymbol{x}}^i = \mathrm{d}^2\boldsymbol{x}^i / \mathrm{d}t^2$。功的定义为

$$W = \int_{\boldsymbol{x}_0^i}^{\boldsymbol{x}^i} \boldsymbol{F}^i \cdot \mathrm{d}\boldsymbol{x}^i \tag{5.2}$$

考虑到牛顿第二运动定律：

$$\boldsymbol{F}^i \cdot \mathrm{d}\boldsymbol{x}^i = m\ddot{\boldsymbol{x}}^i \cdot \mathrm{d}\boldsymbol{x}^i = m\dot{\boldsymbol{x}}^i \cdot \mathrm{d}\dot{\boldsymbol{x}}^i \tag{5.3}$$

当 $\dot{\boldsymbol{x}}^i = \boldsymbol{0}$ 时，单位质量的动能变为

$$T\left(\dot{\boldsymbol{x}}^i, t\right) = \frac{1}{2}\dot{\boldsymbol{x}}^i \cdot \dot{\boldsymbol{x}}^i \tag{5.4}$$

其中，等号右边隐含了对时间的依赖性。

另外，势能是指在引力场中将物体从无穷远处移动到 $\boldsymbol{x}^i$ 处所需要做的功。因此，单位质量在 $\boldsymbol{x}^i$ 处的引力势能为 $-V\left(\boldsymbol{x}^i, t\right)$。这符合大地测量学和地球物理学研究的惯例，将势能定义为正值，这意味着在这种情况下所需要做的功是负的。

值得注意的是，由于月球、太阳和其他行星的相对运动及地球质量的动力学特性，特别是由于地球旋转，引力势能在惯性系中是关于时间的确定函数。单位质量受到的重力或重力加速度为

$$\boldsymbol{g}^i = \nabla_{\boldsymbol{x}^i} V \tag{5.5}$$

其中，$\nabla_{\boldsymbol{x}^i}$ 表示相对于 $\boldsymbol{x}^i$ 分量的梯度算子。由于大气阻力等耗散力的作用，卫星的总机械能是随时间变化的：

$$E = T - V = E^{(0,i)} + \int_{t_0}^{t} \frac{\mathrm{d}E}{\mathrm{d}t'} \mathrm{d}t' \tag{5.6}$$

其中，$E^{(0,i)}$ 是初始时刻 t_0 时物体在惯性系中具有的能量。应用链式法则进行微分，得

$$
\begin{aligned}
\frac{\mathrm{d}E}{\mathrm{d}t'} &= \frac{\partial T}{\partial \dot{\boldsymbol{x}}^i} \cdot \frac{\mathrm{d}\dot{\boldsymbol{x}}^i}{\mathrm{d}t'} - \frac{\partial V}{\partial \dot{\boldsymbol{x}}^i} \cdot \frac{\mathrm{d}\dot{\boldsymbol{x}}^i}{\mathrm{d}t'} - \frac{\partial V}{\partial t'} \\
&= \nabla_{\dot{\boldsymbol{x}}^i} T \cdot \ddot{\boldsymbol{x}}^i - \nabla_{\boldsymbol{x}^i} V \cdot \dot{\boldsymbol{x}}^i - \frac{\partial V}{\partial t'}
\end{aligned} \tag{5.7}
$$

其中，上标点表示对 t' 的导数。根据式(5.4)得

$$
\nabla_{\dot{\boldsymbol{x}}^i} T = \dot{\boldsymbol{x}}^i \tag{5.8}
$$

根据式(5.1)和式(5.5)，得

$$
\nabla_{\boldsymbol{x}^i} V = \boldsymbol{g}^i = \ddot{\boldsymbol{x}}^i - \boldsymbol{a}^i \tag{5.9}
$$

偏导数 $\partial V / \partial t'$ 表示在保持位置和速度不变的情况下对时间的微分。根据式(5.6)和式(5.9)，得

$$
\begin{aligned}
E &= E^{(0,i)} + \int_{t_0}^{t} \left[\dot{\boldsymbol{x}}^i \cdot \ddot{\boldsymbol{x}}^i - \left(\ddot{\boldsymbol{x}}^i - \boldsymbol{a}^i \right) \cdot \dot{\boldsymbol{x}}^i - \frac{\partial V}{\partial t'} \right] \mathrm{d}t' \\
&= E^{(0,i)} + \int_{t_0}^{t} \boldsymbol{a}^i \cdot \dot{\boldsymbol{x}}^i \mathrm{d}t' - \int_{t_0}^{t} \frac{\partial V}{\partial t'} \mathrm{d}t'
\end{aligned} \tag{5.10}
$$

考虑到 $E = T - V$ 和式(5.4)，由式(5.10)可知引力势函数可以表示为

$$
V\left(\boldsymbol{x}^i, t\right) = \frac{1}{2} \left| \dot{\boldsymbol{x}}^i \right|^2 - \int_{t_0}^{t} \boldsymbol{a}^i \cdot \dot{\boldsymbol{x}}^i \mathrm{d}t' + \int_{t_0}^{t} \frac{\partial V}{\partial t'} \mathrm{d}t' - E^{(0,i)} \tag{5.11}
$$

这在惯性系中给出了能量守恒的最一般表示形式。如果某一点的引力势是时不变的，即 $\partial V / \partial t' = 0$ (例如不考虑地球自转)，并且卫星没有受到干扰力作用($\boldsymbol{a}^i = \boldsymbol{0}$)，那么对于所有时刻有 $E = E^{(0,i)}$ ，这是机械能守恒定律的体现。即使在这种情况下，随着卫星在重力场中运动，虽然动能和势能之和即机械能保持不变，但是两者之间存在相互转换。

根据式(5.11)，可以通过适当的变换获得旋转系中的能量守恒方程，例如固定在地壳上的地面参考系。令 $\boldsymbol{x}^e = \left(x_1^e, x_2^e, x_3^e \right)^{\mathrm{T}}$ 表示地球固连坐标系中的卫星位置矢量，其中，地球固连坐标系相对惯性系存在转动角速度 $\boldsymbol{\omega}_{ie}^e = \left(\omega_1^e, \omega_2^e, \omega_3^e \right)^{\mathrm{T}}$ 。假设这两个参考系原点重合。根据科里奥利定律可以将两个坐标系中的速度联系起来[75]：

$$
\boldsymbol{C}_i^e \dot{\boldsymbol{x}}^i = \dot{\boldsymbol{x}}^e + \boldsymbol{\omega}_{ie}^e \times \boldsymbol{x}^e \tag{5.12}
$$

其中，$\boldsymbol{C}_i^e$ 是从惯性系参考系到地球固连坐标系的旋转矩阵(例如 $\boldsymbol{x}^e = \boldsymbol{C}_i^e \boldsymbol{x}^i$)。同样，上标的点表示在指定参考系内对时间的导数。注意到旋转矩阵的正交性，即

$\boldsymbol{C}_e^i=\left(\boldsymbol{C}_i^e\right)^{-1}=\left(\boldsymbol{C}_i^e\right)^{\mathrm{T}}$，将式(5.12)和$\boldsymbol{a}^i=\boldsymbol{C}_e^i\boldsymbol{a}^e$代入式(5.11)中，得

$$\begin{aligned}V\left(\boldsymbol{x}^e,t\right)=&\frac{1}{2}\left|\dot{\boldsymbol{x}}^e+\boldsymbol{\omega}_{ie}^e\times\boldsymbol{x}^e\right|^2-\int_{t_0}^t\boldsymbol{C}_e^i\boldsymbol{a}^e\cdot\boldsymbol{C}_e^i\left(\dot{\boldsymbol{x}}^e+\boldsymbol{\omega}_{ie}^e\times\boldsymbol{x}^e\right)\mathrm{d}t'\\&+\int_{t_0}^t\frac{\partial V}{\partial t'}\mathrm{d}t'-E^{(0,i)}\\=&\frac{1}{2}\left|\dot{\boldsymbol{x}}^e\right|^2+\frac{1}{2}\left|\boldsymbol{\omega}_{ie}^e\times\boldsymbol{x}^e\right|^2+\dot{\boldsymbol{x}}^e\cdot\left(\boldsymbol{\omega}_{ie}^e\times\boldsymbol{x}^e\right)-\int_{t_0}^t\boldsymbol{a}^e\cdot\dot{\boldsymbol{x}}^e\mathrm{d}t'\\&-\int_{t_0}^t\boldsymbol{a}^e\cdot\left(\boldsymbol{\omega}_{ie}^e\times\boldsymbol{x}^e\right)\mathrm{d}t'+\int_{t_0}^t\frac{\partial V}{\partial t'}\mathrm{d}t'-E^{(0,i)}\end{aligned}\tag{5.13}$$

对式(5.12)进行时间微分，并根据文献[75]，有

$$\dot{\boldsymbol{C}}_e^i=\boldsymbol{C}_e^i\left[\boldsymbol{\omega}_{ie}^e\times\right]\tag{5.14}$$

容易证明：

$$\boldsymbol{a}^e=\ddot{\boldsymbol{x}}^e-\boldsymbol{g}^e+2\boldsymbol{\omega}_{ie}^e\times\dot{\boldsymbol{x}}^e+\boldsymbol{\omega}_{ie}^e\times\left(\boldsymbol{\omega}_{ie}^e\times\boldsymbol{x}^e\right)+\dot{\boldsymbol{\omega}}_{ie}^e\times\boldsymbol{x}^e\tag{5.15}$$

在式(5.14)中，$\left[\boldsymbol{\omega}_{ie}^e\times\right]$代表一个反对称矩阵，由式(5.16)可知其非对角元素均为$\boldsymbol{\omega}_{ie}^e$的项：

$$\left[\boldsymbol{\omega}_{ie}^e\times\right]=\begin{bmatrix}0&-\omega_3^e&\omega_2^e\\\omega_3^e&0&-\omega_1^e\\-\omega_2^e&\omega_1^e&0\end{bmatrix}\tag{5.16}$$

在式(5.13)和式(5.15)中，可以用一些恒等式来估计第二个积分。因为$\boldsymbol{\omega}_{ie}^e\times\left(\boldsymbol{\omega}_{ie}^e\times\boldsymbol{x}^e\right)$和$\boldsymbol{\omega}_{ie}^e\times\boldsymbol{x}^e$是正交的，即

$$\left[\boldsymbol{\omega}_{ie}^e\times\left(\boldsymbol{\omega}_{ie}^e\times\boldsymbol{x}^e\right)\right]\cdot\left(\boldsymbol{\omega}_{ie}^e\times\boldsymbol{x}^e\right)=0\tag{5.17}$$

类似地，$\left(\boldsymbol{\omega}_{ie}^e\times\dot{\boldsymbol{x}}^e\right)\cdot\dot{\boldsymbol{x}}^e=0$。因为

$$\frac{\mathrm{d}}{\mathrm{d}t}\left(\boldsymbol{\omega}_{ie}^e\times\boldsymbol{x}^e\right)=\dot{\boldsymbol{\omega}}_{ie}^e\times\boldsymbol{x}^e+\boldsymbol{\omega}_{ie}^e\times\dot{\boldsymbol{x}}^e\tag{5.18}$$

通过分部积分可以得

$$\int_{t_0}^t\left(\boldsymbol{\omega}_{ie}^e\times\boldsymbol{x}^e\right)\cdot\ddot{\boldsymbol{x}}^e\mathrm{d}t'=\left(\boldsymbol{\omega}_{ie}^e\times\boldsymbol{x}^e\right)\cdot\dot{\boldsymbol{x}}^e-E_1-\int_{t_0}^t\left(\dot{\boldsymbol{\omega}}_{ie}^e\times\boldsymbol{x}^e\right)\cdot\dot{\boldsymbol{x}}^e\mathrm{d}t'\tag{5.19}$$

其中，E_1为积分常数。同样，使用式(5.18)，得

$$
\begin{aligned}
&2\int_{t_0}^{t}\left(\boldsymbol{\omega}_{ie}^{e}\times\dot{\boldsymbol{x}}^{e}\right)\cdot\left(\boldsymbol{\omega}_{ie}^{e}\times\boldsymbol{x}^{e}\right)\mathrm{d}t' \\
&=\int_{t_0}^{t}\frac{\mathrm{d}}{\mathrm{d}t}\left|\boldsymbol{\omega}_{ie}^{e}\times\boldsymbol{x}^{e}\right|^{2}\mathrm{d}t'-2\int_{t_0}^{t}\left(\boldsymbol{\omega}_{ie}^{e}\times\boldsymbol{x}^{e}\right)\cdot\left(\dot{\boldsymbol{\omega}}_{ie}^{e}\times\boldsymbol{x}^{e}\right)\mathrm{d}t' \\
&=\left|\boldsymbol{\omega}_{ie}^{e}\times\boldsymbol{x}^{e}\right|^{2}-E_2-2\int_{t_0}^{t}\left(\boldsymbol{\omega}_{ie}^{e}\times\boldsymbol{x}^{e}\right)\cdot\left(\dot{\boldsymbol{\omega}}_{ie}^{e}\times\boldsymbol{x}^{e}\right)\mathrm{d}t'
\end{aligned}
\tag{5.20}
$$

将式(5.15)、式(5.17)、式(5.19)和式(5.20)代入式(5.13)的第二个积分中，得

$$
\begin{aligned}
\int_{t_0}^{t}\boldsymbol{a}^{e}\cdot\left(\boldsymbol{\omega}_{ie}^{e}\times\boldsymbol{x}^{e}\right)\mathrm{d}t'=&\left(\boldsymbol{\omega}_{ie}^{e}\times\boldsymbol{x}^{e}\right)\cdot\dot{\boldsymbol{x}}^{e}+\left|\boldsymbol{\omega}_{ie}^{e}\times\boldsymbol{x}^{e}\right|^{2}-E_1-E_2 \\
&-\int_{t_0}^{t}\left(\dot{\boldsymbol{\omega}}_{ie}^{e}\times\boldsymbol{x}^{e}\right)\cdot\dot{\boldsymbol{x}}^{e}\mathrm{d}t'-\int_{t_0}^{t}\left(\boldsymbol{g}^{e}+\dot{\boldsymbol{\omega}}_{ie}^{e}\times\boldsymbol{x}^{e}\right)\cdot\left(\boldsymbol{\omega}_{ie}^{e}\times\boldsymbol{x}^{e}\right)\mathrm{d}t'
\end{aligned}
\tag{5.21}
$$

这样，式(5.13)中地球固连坐标系中的引力势变为

$$
\begin{aligned}
V\left(\boldsymbol{x}^{e},t\right)=&\frac{1}{2}\left|\dot{\boldsymbol{x}}^{e}\right|^{2}-\frac{1}{2}\left|\boldsymbol{\omega}_{ie}^{e}\times\boldsymbol{x}^{e}\right|^{2}-\int_{t_0}^{t}\boldsymbol{a}^{e}\cdot\dot{\boldsymbol{x}}^{e}\mathrm{d}t'+\int_{t_0}^{t}\left(\dot{\boldsymbol{\omega}}_{ie}^{e}\times\boldsymbol{x}^{e}\right)\cdot\dot{\boldsymbol{x}}^{e}\mathrm{d}t' \\
&+\int_{t_0}^{t}\left(\boldsymbol{\omega}_{ie}^{e}\times\boldsymbol{x}^{e}\right)\cdot\left(\boldsymbol{g}^{e}+\dot{\boldsymbol{\omega}}_{ie}^{e}\times\boldsymbol{x}^{e}\right)\mathrm{d}t'+\int_{t_0}^{t}\frac{\partial V\left(\boldsymbol{x}^{e},t'\right)}{\partial t'}\mathrm{d}t'-E^{(0,e)}
\end{aligned}
\tag{5.22}
$$

其中，所有的常数都包含在 $E^{(0,e)}$ 中。在这个表达式中，引力势对时间的偏导数仍然是在地球固连坐标系中进行计算的：

$$
\frac{\partial V\left(\boldsymbol{x}^{e},t'\right)}{\partial t'}=\frac{\partial V\left(\boldsymbol{C}_{e}^{i}\boldsymbol{x}^{i},t'\right)}{\partial t'}
\tag{5.23}
$$

通过将最后一项积分与涉及 $\boldsymbol{g}^{e}$ 和 $\boldsymbol{\omega}_{ie}^{e}$ 的积分进行组合，可以对式(5.22)进行简化，详见下一节。

5.2.2 时间变量分离

在地心惯性系中，地球引力势随时间的变化主要是由于地球自转引起的，此外影响因素还包括与岁差相关的地球定向参数(Earth orientation parameter，EOP)、岁差、章动、极移等。这些时间变量的影响完全体现在地心惯性系和地球固连坐标系之间的转换上。此外，总的势函数包括随着其他天体相对运动而变化的潮汐效应。潮汐引起非刚性地球体的相应重力变形，包括海洋潮汐、地球潮汐等。甚至，由极移引起的势能变化也可以通过改变地球表面离心加速度而改变重力，从而引起固体地球的变形，这种效应称为极潮。由于具有较长的时间波长，一般认为极移运动不影响海洋。地球上的任何变形都会自然地引起引力势的变化。最后，

任何地球质量重新分布都能引起地球引力势的变化，如能够引起海洋正压反应的大气变化、水文变化(包括冰质量变化)、大地震和火山爆发等偶发事件。

考虑到地球变形和质量重新分布，在地球固连坐标系中建立总的引力势模型更为合适。这便于将各种时间效应从主要的静态引力势 $V^{(E)}$ 中分离出来：

$$V = V^{(E)} + V^{(\delta E)} \tag{5.24}$$

其中，残差项包括潮汐势函数以及所有变形和质量重新分布而产生的引力势函数变化：

$$V^{(\delta E)} = V^{(\mathrm{TP})} + V^{(\mathrm{deform})} + V^{(\delta \mathrm{mass})} \tag{5.25}$$

其中，

$$V^{(\mathrm{deform})} = V^{(\mathrm{ET})} + V^{(\mathrm{OT})} + V^{(\mathrm{OL})} + V^{(\mathrm{PT})} \tag{5.26}$$

这进一步确定了由地球潮汐(Earth tide，ET)、海洋潮汐(ocean tide，OT)、海洋负荷(ocean loading，OL)和极潮(pole tide，PT)引起的地球形变等因素产生的引力势变化。

针对地心惯性系中的势函数，可以表示为 $V\left(\boldsymbol{x}^i, t\right) = V\left(\boldsymbol{C}_e^i \boldsymbol{x}^e, t\right)$。注意，对时间的显式导数包含两项：

$$\frac{\partial V\left(\boldsymbol{x}^i, t\right)}{\partial t} = \nabla_{\boldsymbol{x}^e} V \cdot \frac{\partial V\left(\boldsymbol{C}_i^e \boldsymbol{x}^i\right)}{\partial t} + \frac{\partial V\left(\boldsymbol{C}_e^i \boldsymbol{x}^e, t\right)}{\partial t} \tag{5.27}$$

第二项的引力势函数被显式地写成 $\boldsymbol{x}^e$ 的函数，用以说明所做的时间导数是在地球固连坐标系中进行的，然后转换到地心惯性系中。根据定义可知，在地球固连坐标系中任意一点的势函数 $V^{(E)}$ 不依赖时间，因而式(5.27)中第二项中 $V^{(E)}$ 部分对时间的偏导数为零：

$$\frac{\partial V^{(E)}\left(\boldsymbol{C}_e^i \boldsymbol{x}^e, t\right)}{\partial t} = 0 \tag{5.28}$$

但是，式(5.27)右边第一项永远不为零，这是因为转换矩阵 $\boldsymbol{C}_e^i$ 与时间有关。位置矢量 $\boldsymbol{x}^i$ 是固定的，所以式(5.27)右边第一项为

$$\begin{aligned}
\nabla_{\boldsymbol{x}^e} V \cdot \frac{\partial V\left(\boldsymbol{C}_i^e \boldsymbol{x}^i\right)}{\partial t} &= \nabla_{\boldsymbol{x}^e} V \cdot \dot{\boldsymbol{C}}_i^e \boldsymbol{x}^i = \nabla_{\boldsymbol{x}^e} V \cdot \boldsymbol{C}_i^e \left[\boldsymbol{\omega}_{ie}^e \times\right] \boldsymbol{x}^i \\
&= \boldsymbol{g}^e \cdot \boldsymbol{C}_i^e \left[\boldsymbol{\omega}_{ie}^e \times\right] \boldsymbol{C}_e^i \boldsymbol{C}_i^e \boldsymbol{x}^i = -\boldsymbol{g}^e \cdot \left(\boldsymbol{\omega}_{ie}^e \times \boldsymbol{x}^e\right)
\end{aligned} \tag{5.29}$$

其中，$\boldsymbol{\omega}_{ei}^e = -\boldsymbol{\omega}_{ie}^e$，在上述公式第一行中使用了式(5.14)，因此

$$\frac{\partial V\left(\boldsymbol{x}^i, t\right)}{\partial t} = \frac{\partial V\left(\boldsymbol{x}^e, t\right)}{\partial t} - \boldsymbol{g}^e \cdot \left(\boldsymbol{\omega}_{ie}^e \times \boldsymbol{x}^e\right) \tag{5.30}$$

上式右端第二项是矢量的点积，不随坐标系的改变而改变，即使同时利用转换矩阵 $\boldsymbol{C}_i^e$ 同时变换两个矢量，仍然不会改变点积的结果：

$$\boldsymbol{g}^e\cdot\left(\boldsymbol{\omega}_{ie}^e\times\boldsymbol{x}^e\right)=\boldsymbol{g}^i\cdot\left(\boldsymbol{\omega}_{ie}^i\times\boldsymbol{x}^i\right) \tag{5.31}$$

因此，根据式(5.24)和式(5.28)，我们可以通过坐标变换得到地心惯性系中引力势函数的导数：

$$\frac{\partial V\left(\boldsymbol{x}^i,t\right)}{\partial t}=\frac{\partial V^{(\partial E)}\left(\boldsymbol{C}_e^i\boldsymbol{x}^e,t\right)}{\partial t}-\boldsymbol{g}^i\cdot\left(\boldsymbol{\omega}_{ie}^i\times\boldsymbol{x}^i\right) \tag{5.32}$$

其中，在右边的偏导数中 $\boldsymbol{x}^i$ 保持不变。因为 $V^{(\partial E)}$ 的模型通常是在地球固连坐标系中给出的，所以它表示转换后的位置变量。考虑到式(5.9)、式(5.24)、式(5.28)、式(5.32)，由式(5.11)得到地心惯性系下的能量守恒方程，具体为

$$\begin{aligned}V\left(\boldsymbol{x}^i,t\right)&=\frac{1}{2}\left|\dot{\boldsymbol{x}}^i\right|^2-\int_{t_0}^{t}\boldsymbol{a}^i\cdot\dot{\boldsymbol{x}}^i\mathrm{d}t'-\int_{t_0}^{t}\left(\ddot{\boldsymbol{x}}^i-\boldsymbol{a}^i\right)\cdot\left(\boldsymbol{\omega}_{ie}^i\times\boldsymbol{x}^i\right)\mathrm{d}t'\\&\quad+\int_{t_0}^{t}\frac{\partial V^{(\partial E)}\left(\boldsymbol{C}_e^i\boldsymbol{x}^e,t'\right)}{\partial t'}\mathrm{d}t'-E^{(0,i)}\\&=\frac{1}{2}\left|\dot{\boldsymbol{x}}^i\right|^2-\int_{t_0}^{t}\ddot{\boldsymbol{x}}^i\cdot\left(\boldsymbol{\omega}_{ie}^i\times\boldsymbol{x}^i\right)\mathrm{d}t'-\int_{t_0}^{t}\boldsymbol{a}^i\cdot\left(\dot{\boldsymbol{x}}^i-\boldsymbol{\omega}_{ie}^i\times\boldsymbol{x}^i\right)\mathrm{d}t'\\&\quad+\int_{t_0}^{t}\frac{\partial V^{(\partial E)}\left(\boldsymbol{C}_e^i\boldsymbol{x}^e,t'\right)}{\partial t'}\mathrm{d}t'-E^{(0,i)}\end{aligned} \tag{5.33}$$

与式(5.18)相类似，有

$$\frac{\mathrm{d}}{\mathrm{d}t'}\left(\boldsymbol{\omega}_{ie}^i\times\boldsymbol{x}^i\right)=\dot{\boldsymbol{\omega}}_{ie}^i\times\boldsymbol{x}^i+\boldsymbol{\omega}_{ie}^i\times\dot{\boldsymbol{x}}^i \tag{5.34}$$

对式(5.33)中的第一个积分进行分部积分，同时考虑到 $\dot{\boldsymbol{x}}^i$ 和 $\boldsymbol{\omega}_{ie}^i\times\dot{\boldsymbol{x}}^i$ 的正交性以及 E_3 为常数，得

$$\begin{aligned}\int_{t_0}^{t}\ddot{\boldsymbol{x}}^i\cdot\left(\boldsymbol{\omega}_{ie}^i\times\boldsymbol{x}^i\right)\mathrm{d}t'&=\dot{\boldsymbol{x}}^i\cdot\left(\boldsymbol{\omega}_{ie}^i\times\boldsymbol{x}^i\right)-E_3-\int_{t_0}^{t}\dot{\boldsymbol{x}}^i\cdot\left(\dot{\boldsymbol{\omega}}_{ie}^i\times\boldsymbol{x}^i+\boldsymbol{\omega}_{ie}^i\times\dot{\boldsymbol{x}}^i\right)\mathrm{d}t'\\&=\dot{\boldsymbol{x}}^i\cdot\left(\boldsymbol{\omega}_{ie}^i\times\boldsymbol{x}^i\right)-E_3-\int_{t_0}^{t}\dot{\boldsymbol{x}}^i\cdot\left(\dot{\boldsymbol{\omega}}_{ie}^i\times\boldsymbol{x}^i\right)\mathrm{d}t'\end{aligned} \tag{5.35}$$

因此有

$$\begin{aligned}V\left(\boldsymbol{x}^i,t\right)&=\frac{1}{2}\left|\dot{\boldsymbol{x}}^i\right|^2-\dot{\boldsymbol{x}}^i\cdot\left(\boldsymbol{\omega}_{ie}^i\times\boldsymbol{x}^i\right)-\int_{t_0}^{t}\boldsymbol{a}^i\cdot\left(\dot{\boldsymbol{x}}^i-\boldsymbol{\omega}_{ie}^i\times\boldsymbol{x}^i\right)\mathrm{d}t'\\&\quad+\int_{t_0}^{t}\dot{\boldsymbol{x}}^i\cdot\left(\dot{\boldsymbol{\omega}}_{ie}^i\times\dot{\boldsymbol{x}}^i\right)\mathrm{d}t'+\int_{t_0}^{t}\frac{\partial V^{(\partial E)}\left(\boldsymbol{C}_e^i\boldsymbol{x}^e,t'\right)}{\partial t'}\mathrm{d}t'-E^{(0,i)}\end{aligned} \tag{5.36}$$

其中，常数 E_3 合并在了 $E^{(0,i)}$ 中。同理，对于地球固连坐标系下的式(5.22)，用式(5.29)代替式(5.30)，得

$$V\left(\boldsymbol{x}^e,t\right)=\frac{1}{2}\left|\dot{\boldsymbol{x}}^e\right|^2-\frac{1}{2}\left|\boldsymbol{\omega}_{ie}^e\times\boldsymbol{x}^e\right|^2-\int_{t_0}^t\boldsymbol{a}^e\cdot\dot{\boldsymbol{x}}^e\mathrm{d}t'+\int_{t_0}^t\left(\dot{\boldsymbol{\omega}}_{ie}^e\times\boldsymbol{x}^e\right)\cdot\dot{\boldsymbol{x}}^e\mathrm{d}t'$$
$$+\int_{t_0}^t\left(\boldsymbol{\omega}_{ie}^e\times\boldsymbol{x}^e\right)\cdot\left(\dot{\boldsymbol{\omega}}_{ie}^e\times\boldsymbol{x}^e\right)\mathrm{d}t'+\int_{t_0}^t\frac{\partial V^{(\partial E)}\left(\boldsymbol{x}^e,t'\right)}{\partial t'}\mathrm{d}t'-E^{(0,i)} \tag{5.37}$$

式(5.36)和式(5.37)分别是地心惯性系和地球固连坐标系中能量守恒方程的精确表达式。应当注意，这些方程式有两个重要方面。首先，式(5.36)和式(5.37)中最后一个积分中的被积函数 $\partial V/\partial t'$，是沿卫星轨道进行积分的，式(5.6)中的积分也是这样定义的，但是分别是在 $\boldsymbol{x}^e$、$\boldsymbol{x}^i$ 固定的条件下引力势函数对时间的偏导数。其次，每个方程左边的势函数包括式(5.24)～式(5.26)中定义的所有势函数摄动项。为了强调后者，并确定能量守恒方程右端项的贡献，可以分别针对每一种坐标写出：

$$V^{(E)}+V^{(\partial E)}=V^{(K)}-V^{(R)}-V^{(F)}+V^{(\mathrm{TI})}-E^{(0)} \tag{5.38}$$

其中，动能项为

$$V^{(K,i,e)}=\frac{1}{2}\left|\dot{\boldsymbol{x}}^{i,e}\right|^2 \tag{5.39}$$

转动势能可以表示为

$$V^{(R,i)}=\dot{\boldsymbol{x}}^i\cdot\left(\boldsymbol{\omega}_{ie}^i\times\boldsymbol{x}^i\right)-\int_{t_0}^t\dot{\boldsymbol{x}}^i\cdot\left(\dot{\boldsymbol{\omega}}_{ie}^i\times\boldsymbol{x}^i\right)\mathrm{d}t' \tag{5.40}$$

或表示为

$$V^{(R,e)}=\frac{1}{2}\left|\boldsymbol{\omega}_{ie}^e\times\boldsymbol{x}^e\right|^2-\int_{t_0}^t\dot{\boldsymbol{x}}^e\cdot\left(\dot{\boldsymbol{\omega}}_{ie}^e\times\boldsymbol{x}^e\right)\mathrm{d}t'-\int_{t_0}^t\left(\boldsymbol{\omega}_{ie}^e\times\boldsymbol{x}^e\right)\cdot\left(\dot{\boldsymbol{\omega}}_{ie}^e\times\boldsymbol{x}^e\right)\mathrm{d}t' \tag{5.41}$$

正如下一节所示，因为 $\dot{\boldsymbol{\omega}}_{ie}^i\approx\boldsymbol{0}$，所以对于式(2.37)和式(2.38)右端项，除了第一项之外，其余各项均是可以忽略的。能量耗散项为

$$V^{(F,i)}=\int_{t_0}^t\boldsymbol{a}^i\cdot\left(\dot{\boldsymbol{x}}^i-\boldsymbol{\omega}_{ie}^i\times\boldsymbol{x}^i\right)\mathrm{d}t',\quad V^{(F,e)}=\int_{t_0}^t\boldsymbol{a}^e\cdot\dot{\boldsymbol{x}}^e\mathrm{d}t' \tag{5.42}$$

其中，对于低轨卫星来说有 $\left|\boldsymbol{\omega}_{ie}^i\times\boldsymbol{x}^i\right|\leqslant\left|\dot{\boldsymbol{x}}^i\right|$，因此 $V^{(F,i)}$ 积分中的第二项可以忽略。最终得出在地球固连坐标系中，引力势函数对时间的偏导数不为 0，它在两个坐标系中的表示为

$$V^{(\mathrm{TI},i)}\int_{t_0}^t\frac{\partial V^{(\partial E)}\left(\boldsymbol{C}_e^i\boldsymbol{x}^e,t'\right)}{\partial t'}\mathrm{d}t',\quad V^{(\mathrm{TI},e)}\int_{t_0}^t\frac{\partial V^{(\partial E)}\left(\boldsymbol{x}^e,t'\right)}{\partial t'}\mathrm{d}t' \tag{5.43}$$

5.2.3 地球定向效应

在大多数情况下需要考虑地球定向参数，这是因为需要利用这些参数定义坐标系，同时考虑到地球自转轴在地心惯性系和地球固连坐标系中均是变化的。在旋转角速度矢量 $\boldsymbol{\omega}_{ie}^{i}$ 中，绕第三个轴的分量占主导地位，在任意参考系中都可以用单位矢量 $\boldsymbol{e}_3^{i,e}$ 来表示，从而有

$$\boldsymbol{\omega}_{ie}^{i,e} = \omega_E \boldsymbol{e}_3^{i,e} + \delta\boldsymbol{\omega}_{ie}^{i,e} \tag{5.44}$$

其中，$\omega_E = 7.292115\times10^{-5}\,\text{rad/s}$ 为地球自转角速度，且有 $\boldsymbol{\omega}_{ie}^{e} = \boldsymbol{C}_i^e \boldsymbol{\omega}_{ie}^{i}$。地面坐标系与天体坐标系之间的转换关系为(见文献[116]的第 5 章)：

$$\boldsymbol{C}_i^e = \boldsymbol{W}^{\mathrm{T}}\left(x_p, y_p\right)\boldsymbol{R}_3(\theta)\boldsymbol{Q}^{\mathrm{T}}(X,Y) \tag{5.45}$$

其中，$\boldsymbol{Q}$ 为岁差-章动矩阵；$\boldsymbol{R}_3$ 是绕第三笛卡儿坐标轴的单位旋转矩阵，它取决于地球自转角度 θ；$\boldsymbol{W}$ 是极移矩阵。$\boldsymbol{Q}$ 中的参数 X、Y 是地心惯性系坐标系中天球中间极(celestial intermediate pole，CIP)的坐标，$\boldsymbol{W}$ 的自变量 $\left(x_p, y_p\right)$ 是 CIP 在地球固连坐标系中的坐标，如图 5.1 所示。这些地球定向参数 EOP 是时间的函数，均可以由 VLBI 和其他空间技术精确地测定[131]。由式(5.14)可以得到地球固连坐标系和地心惯性系中的旋转速率为

$$\left[\boldsymbol{\omega}_{ie}^{e}\times\right] = \boldsymbol{C}_i^e \dot{\boldsymbol{C}}_e^i,\quad \left[\boldsymbol{\omega}_{ie}^{i}\times\right] = -\boldsymbol{C}_e^i \dot{\boldsymbol{C}}_i^e \tag{5.46}$$

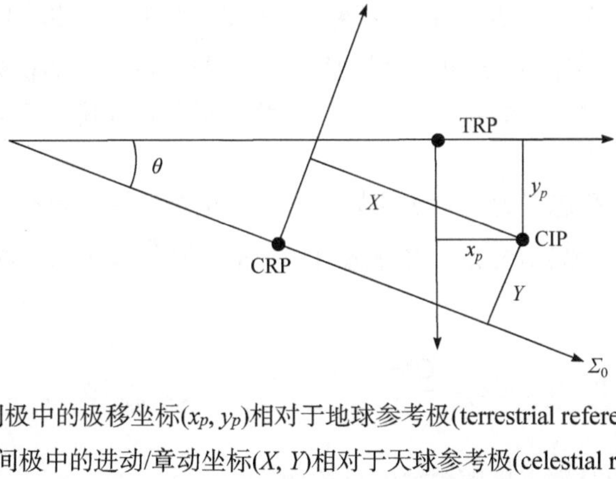

图 5.1　天球中间极中的极移坐标(x_p, y_p)相对于地球参考极(terrestrial reference pole，TRP)的位置，以及天球中间极中的进动/章动坐标(X, Y)相对于天球参考极(celestial reference pole，CRP)的位置。Σ_0 和 Ω_0 分别是在天体和地球参考系中赤经和地理经度的原点。在形式上，地球自转角 $\theta = \omega_E t$ 是关于天球中间极的角度，它近似等于图中所示的角度

5.3 节分析了残余旋转速率 $\delta\boldsymbol{\omega}_{ie}^{i,e}$，可知 $\boldsymbol{\omega}_{ie}^{i,e}$ 的变化率 $\dot{\boldsymbol{\omega}}_{ie}^{i,e}$ 是极小的。因此，对于式(5.40)和式(5.41)的旋转引力势，可以忽略所有与 $\dot{\boldsymbol{\omega}}_{ie}^{i,e}$ 相关的项而不影响精

度。根据主要和残余旋转角速度的不同，将旋转引力势中剩下的第一项进行分离，并忽略二阶项得

$$V^{(R,i)}=V^{(R0,i)}+V^{(\delta R,i)}=\dot{\boldsymbol{x}}^{i}\cdot\left(\omega_{E}\boldsymbol{e}_{3}^{i}\times\boldsymbol{x}^{i}\right)+\dot{\boldsymbol{x}}^{i}\cdot\left(\delta\boldsymbol{\omega}_{ie}^{i}\times\boldsymbol{x}^{i}\right) \tag{5.47}$$

$$V^{(R,e)}=V^{(R0,e)}+V^{(\delta R,e)}=\frac{1}{2}\left|\omega_{E}\boldsymbol{e}_{3}^{e}\times\boldsymbol{x}^{e}\right|^{2}+\left(\omega_{E}\boldsymbol{e}_{3}^{e}\times\boldsymbol{x}^{e}\right)\cdot\left(\delta\boldsymbol{\omega}_{ie}^{e}\times\boldsymbol{x}^{e}\right) \tag{5.48}$$

上式中的主要项具有如下简化形式：

$$V^{(R0,i)}=\omega_{E}\left(x_{1}^{i}\dot{x}_{2}^{i}-x_{2}^{i}\dot{x}_{1}^{i}\right) \tag{5.49}$$

$$V^{(R0,e)}=\frac{1}{2}\omega_{E}^{2}\left[\left(x_{1}^{e}\right)^{2}+\left(x_{2}^{e}\right)^{2}\right] \tag{5.50}$$

在物理大地测量学中，$V^{(R0,e)}$也被认为是离心力势，它反映了重力(在旋转地球上测量得到的)和引力(由于地球质量吸引产生的)之间的差异。$V^{(\delta R,e)}$称为极潮势，它是由地球自转方向变化产生的，指地球自转引起的“潮汐”。在地球固连坐标系中，某一点的极潮势是随时间变化的，由此产生的重力变化可以使地球产生形变，导致与地球质量吸引相关的引力势变化(包括式(5.26)中的$V^{(\text{deform})}$)。

5.2.4　引力势模型

在严格意义上讲，式(5.36)或式(5.37)是时变引力势的积分方程，并且出现在方程等号两侧。当然，左边包含式(5.24)～式(5.26)所详细描述的与质量吸引相关的引力势；右侧则包括时变部分$V^{(\delta E)}$的显式时间导数沿轨道的积分。分离特定来源的引力势需要建立相应的数学模型，该模型也便于分析其对任何特定组分估计的重要性。

目前，给出了静态引力势和潮汐势，这是最重要的两个因素。在地球固连坐标系中，通常使用球坐标(r,ϕ,λ)将静态引力势部分$V^{(E)}$表示为球谐函数的无穷级数形式：

$$V^{(E)}(r,\phi,\lambda)=\frac{\mathrm{GM}}{a}\sum_{n=0}^{\infty}\sum_{m=-n}^{n}\left(\frac{a}{r}\right)^{n+1}C_{n,m}^{(E)}\overline{Y}_{n,m}(\phi,\lambda) \tag{5.51}$$

其中，系数$C_{n,m}^{(E)}$为常数，球谐函数的定义如下：

$$\overline{Y}_{n,m}(\phi,\lambda)=\overline{P}_{n,|m|}(\sin\theta)\begin{cases}\cos m\lambda, & m\geqslant 0\\ \sin|m|\lambda, & m<0\end{cases} \tag{5.52}$$

其中，$\overline{P}_{n,|m|}$是完全规格化的缔合勒让德多项式[59]。

潮汐势$V^{(\mathrm{TP})}$是太阳系中各个天体产生的引力势，相对于地球中心引力加速度而言，潮汐势会产生残余引力加速度。因此，在$V^{(\mathrm{TP})}$中不存在零次和一阶分量，因为它们的梯度等于 0 或某个常数[144,153]。根据文献[90]中的公式，在地球固连坐标系中，将位于(r_B,ϕ_B,λ_B)的天体视为质点，其质量为M_B，该天体产生的潮汐势可以表示为

$$V_B^{(\mathrm{TP})}(r,\phi,\lambda,t)=\frac{\mathrm{GM}_B}{r_B(t)}\sum_{n=2}^{n_B}\frac{1}{2n+1}\left[\frac{r}{r_B(t)}\right]^n \times\sum_{m=0}^{n}\bar{P}_{n,m}(\sin\phi)\bar{P}_{n,m}\left[\sin\phi_B(t)\right]\cos\left[mh_B(t)\right] \tag{5.53}$$

其中，h_B为天体的时角，它与地球自转角θ (即地球固连坐标系和地心惯性系中参考子午线之间的夹角)、经度λ以及天体赤经α_B有关，具体为

$$h_B(t)=\theta(t)+\lambda-\alpha_B(t) \tag{5.54}$$

从r/r_B的比值来看，最大阶数为$n_B=2$或$n_B=3$，通常认为只有太阳和月亮才会产生显著的潮汐势，见文献[57]。上式中的时间t是国际原子时，在 GRACE 任务中可以方便地将其转换为 GPS 时间。

如果地球是刚性的(不考虑海洋部分)，则唯一的时变质量引力势就是潮汐势$V^{(\mathrm{TP})}$。但是，由于地球是非刚性的，天体产生的时变引力势会导致固体弹性地球和海洋的形变，从而对地球引力势产生间接的影响，包括地球固体潮汐、海洋潮汐及海洋负荷导致的地球额外形变等。这些引力势可以看作质量重新分布引起的时变引力势，但是都属于潮汐效应，目前已经存在较好的潮汐模型。

因此，基于地球流变特性假定，可以很容易地建立次要效应的模型。例如，一个地外天体产生的潮汐加速度可以看作作用在地球上的力，它使地球产生变形，在弹性假设和一阶近似下地球变形遵循胡克定律。这里，适当尺度的无量纲弹性系数称为 Love 数，又称为 Shida 数。不过，对模型中$V^{(\mathrm{ET})}$、$V^{(\mathrm{OT})}$和$V^{(\mathrm{OL})}$的细节研究已经超出当前所述的范围。相关内容以及其他项$V^{(\delta E)}$的模型，见更权威的文献。例如，文献[47]、文献[116]、文献[139]等。

5.2.5 星星跟踪测量任务中的能量守恒方程

具有相近轨道根数的两颗卫星形成跟飞编队，如图 5.2 所示，它们的位置矢量和速度矢量分别为$\boldsymbol{x}_1$、$\boldsymbol{x}_2$、$\dot{\boldsymbol{x}}_1$、$\dot{\boldsymbol{x}}_2$，相关差值为

$$\boldsymbol{x}_{12}=\boldsymbol{x}_2-\boldsymbol{x}_1,\ \dot{\boldsymbol{x}}_{12}=\dot{\boldsymbol{x}}_2-\dot{\boldsymbol{x}}_1,\ V_{12}=V(\boldsymbol{x}_2)-V(\boldsymbol{x}_1) \tag{5.55}$$

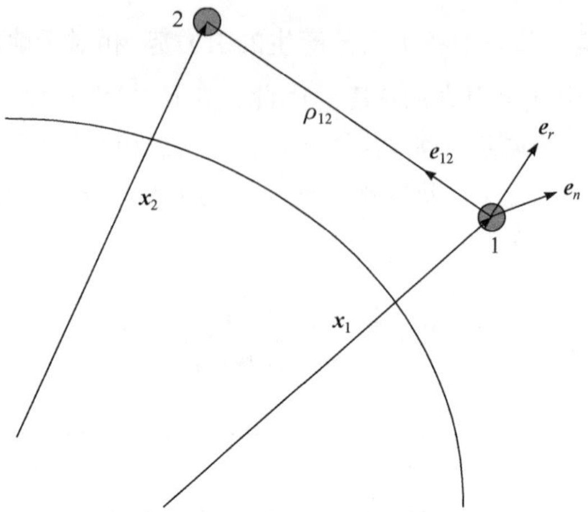

图 5.2　低低星星跟踪测量的几何关系

为了简化符号表示，下面省略了势函数中的时间参数和状态矢量中的坐标系标识，只有在公式需要时才写出。事实上，对于两种坐标系而言，下面关于动能 $V^{(K)}=|\dot{\boldsymbol{x}}|^2/2$ 的相关内容都是相同的。对于每颗卫星，除了地面跟踪、GNSS 跟踪等一般跟踪测量外，还存在精密星间测距，星间距离为

$$\rho_{12}=|\boldsymbol{x}_{12}|=\sqrt{\boldsymbol{x}_{12}^{\mathrm{T}}\boldsymbol{x}_{12}} \tag{5.56}$$

相应的基本观测量为星间距离变化率 $\dot{\rho}_{12}$。因为 $\rho_{12}\dot{\rho}_{12}=\boldsymbol{x}_{12}^{\mathrm{T}}\boldsymbol{x}_{12}$，因此星间距离变化率等于两星速度矢量差在星间连线上的投影：

$$\dot{\rho}_{12}=\dot{\boldsymbol{x}}_{12}^{\mathrm{T}}\boldsymbol{e}_{12} \tag{5.57}$$

其中，$\boldsymbol{e}_{12}$ 为从第一颗卫星指向第二颗卫星的单位矢量：

$$\boldsymbol{e}_{12}=\frac{\boldsymbol{x}_2-\boldsymbol{x}_1}{|\boldsymbol{x}_2-\boldsymbol{x}_1|} \tag{5.58}$$

为方便起见，这里将 $\boldsymbol{e}_{12}$ 称为沿迹向方向的单位矢量，但是这一称呼并不太准确。由 $|\dot{\boldsymbol{x}}_2|^2-|\dot{\boldsymbol{x}}_1|^2=(\dot{\boldsymbol{x}}_2-\dot{\boldsymbol{x}}_1)^{\mathrm{T}}(\dot{\boldsymbol{x}}_2+\dot{\boldsymbol{x}}_1)$ 可知，两星势函数差中的动能部分为

$$V_{12}^K=\frac{1}{2}\left(|\dot{\boldsymbol{x}}_2|^2-|\dot{\boldsymbol{x}}_1|^2\right)=\frac{1}{2}\dot{\boldsymbol{x}}_{12}^{\mathrm{T}}(\dot{\boldsymbol{x}}_2+\dot{\boldsymbol{x}}_1) \tag{5.59}$$

设 $\boldsymbol{e}_n$、$\boldsymbol{e}_r$ 为单位矢量，与 $\boldsymbol{e}_{12}$ 共同构成右手正交系，将 $\dot{\boldsymbol{x}}_{12}$ 分解成沿 $\boldsymbol{e}_{12}$、$\boldsymbol{e}_n$、$\boldsymbol{e}_r$ 方向的三个分量：

$$\dot{\boldsymbol{x}}_{12}=\left(\boldsymbol{e}_{12}^{\mathrm{T}}\dot{\boldsymbol{x}}_{12}\right)\boldsymbol{e}_{12}+\left(\boldsymbol{e}_n^{\mathrm{T}}\dot{\boldsymbol{x}}_{12}\right)\boldsymbol{e}_n+\left(\boldsymbol{e}_r^{\mathrm{T}}\dot{\boldsymbol{x}}_{12}\right)\boldsymbol{e}_r \tag{5.60}$$

例如，$\boldsymbol{e}_n$、$\boldsymbol{e}_r$ 可以由下式计算：

$$\boldsymbol{e}_n=\frac{\boldsymbol{x}_1\times\boldsymbol{x}_2}{\left|\boldsymbol{x}_1\times\boldsymbol{x}_2\right|},\quad \boldsymbol{e}_r=\boldsymbol{e}_{12}\times\boldsymbol{e}_n \tag{5.61}$$

单位矢量 $\boldsymbol{e}_n$ 与两颗卫星的瞬时位置矢量所定义的平面正交，称为轨道面法向上的单位矢量。第三个矢量 $\boldsymbol{e}_r$ 称为沿径向的单位矢量(实际上是大致沿径向方向)。这样，根据式(5.57)可以得

$$V_{12}^{(K)}=\frac{1}{2}\left[\dot{\rho}_{12}\boldsymbol{e}_{12}^{\mathrm{T}}+\left(\boldsymbol{e}_n^{\mathrm{T}}\dot{\boldsymbol{x}}_{12}\right)\boldsymbol{e}_n^{\mathrm{T}}+\left(\boldsymbol{e}_r^{\mathrm{T}}\dot{\boldsymbol{x}}_{12}\right)\boldsymbol{e}_r^{\mathrm{T}}\right]\left(\dot{\boldsymbol{x}}_1+\dot{\boldsymbol{x}}_2\right) \tag{5.62}$$

上式将两星的势函数差分为沿迹向的分量和另外两部分差，一个是轨道面法向速度平方之差，另一个是径向速度平方之差，具体如下：

$$V_{12}^{(K)}=\frac{1}{2}\dot{\rho}_{12}\left(\dot{\boldsymbol{x}}_1+\dot{\boldsymbol{x}}_2\right)^{\mathrm{T}}\boldsymbol{e}_{12}+\frac{1}{2}\left(\left|\boldsymbol{e}_n^{\mathrm{T}}\dot{\boldsymbol{x}}_2\right|^2-\left|\boldsymbol{e}_n^{\mathrm{T}}\dot{\boldsymbol{x}}_1\right|^2\right)+\frac{1}{2}\left(\left|\boldsymbol{e}_r^{\mathrm{T}}\dot{\boldsymbol{x}}_2\right|^2-\left|\boldsymbol{e}_r^{\mathrm{T}}\dot{\boldsymbol{x}}_1\right|^2\right) \tag{5.63}$$

由 5.3 节仿真可知，第一项一般是最大的，最后一项径向项几乎与之同样大(符号相反)，相比之下迹向项几乎可以忽略不计。此外，5.5 节说明了为什么将距离变化率作为显式观测值可以确定高精度的引力势差。

对其他类型的引力势差，如旋转引力势 $V^{(R)}$ 以及 $V^{(\mathrm{TI},i,e)}$ 中出现的其他时变引力势，可以简单地表示为差分形式：

$$V_{12}^{R}=V_2^{(R)}-V_1^{(R)} \tag{5.64}$$

在地心惯性系中，旋转引力势差的标称部分也可以用位置和速度差来表示：

$$\begin{aligned}
V_{12}^{(R0)}&=\omega_E\left[\dot{\boldsymbol{x}}_2\cdot\left(\boldsymbol{e}_3\times\boldsymbol{x}_2\right)-\dot{\boldsymbol{x}}_1\cdot\left(\boldsymbol{e}_3\times\boldsymbol{x}_1\right)\right]\\
&=\omega_E\left[\dot{\boldsymbol{x}}_2\cdot\left(\boldsymbol{e}_3\times\boldsymbol{x}_2\right)-\dot{\boldsymbol{x}}_1\cdot\left(\boldsymbol{e}_3\times\boldsymbol{x}_1\right)-\dot{\boldsymbol{x}}_1\cdot\left(\boldsymbol{e}_3\times\boldsymbol{x}_2\right)+\dot{\boldsymbol{x}}_1\cdot\left(\boldsymbol{e}_3\times\boldsymbol{x}_2\right)\right]\\
&=\omega_E\left[\dot{\boldsymbol{x}}_{12}\cdot\left(\boldsymbol{e}_3\times\boldsymbol{x}_2\right)+\boldsymbol{x}_1\cdot\left(\boldsymbol{e}_3\times\dot{\boldsymbol{x}}_1\right)-\boldsymbol{x}_2\cdot\left(\boldsymbol{e}_3\times\dot{\boldsymbol{x}}_1\right)\right]\\
&=\omega_E\left[\dot{\boldsymbol{x}}_{12}\cdot\left(\boldsymbol{e}_3\times\boldsymbol{x}_2\right)-\boldsymbol{x}_{12}\cdot\left(\boldsymbol{e}_3\times\dot{\boldsymbol{x}}_1\right)\right]
\end{aligned} \tag{5.65}$$

5.3　量级和近似值

从运动关系图上可以看出，GRACE 卫星的主要速度分量是沿轨道运动方向的，因此在惯性坐标系中迹向和轨道面法向的速度分量是很小的。有人可能会认为，这些项的差值也会很小，在式(5.63)中只保留显著的第一项。实际上，考虑到 $\dot{\boldsymbol{x}}_1\approx\dot{\boldsymbol{x}}_2$ 以及 $\left|\dot{\boldsymbol{x}}\right|\approx\dot{\boldsymbol{x}}^{\mathrm{T}}\boldsymbol{e}_{12}$，动能差的一阶部分可以近似表示为

$$V_{12}^{(K)}\approx\left|\dot{\boldsymbol{x}}_1\right|\dot{\rho}_{12} \tag{5.66}$$

该模型最早由 Wolff 提出[160]。然而，这种近似只可以用于一般的可行性研究，实际应用中会要求更精确的计算公式。另外，5.2 节给出的能量守恒方程精确形式也可能包含始终被忽略不计的项。本节分析它的各个部分，以确定哪些部分可以忽略，哪些部分以我们感兴趣的分辨率和精度提供了有关引力势的基本信息。

为此，人们在高分辨率引力势模型的基础上模拟了 GRACE 等卫星的轨道。具体地说，人们可以使用 EGM2008 重力场模型[114]，但是不一定需要该模型中直至最大阶次的引力位系数，这是因为受卫星运动速度和采样间隔的限制，当前卫星重力场测量任务的分辨率存在上限限制[76]。这里，最大阶数 $n_{\max}=180$ 就可以满足要求，并且这已经比当前 GRACE 恢复模型的分辨率稍微大了一些。即使数据采样间隔是不均匀的，如图 5.3 所示，卫星一天的轨迹(大约 15 转/d)也足以对整个地球重力场进行采样。这些轨道的初始开普勒根数如表 5.1 所示。通过对运动方程式(5.1)的数值积分，得到每颗卫星的轨道状态矢量，其中 $\boldsymbol{a}=\boldsymbol{0}$ 。本模拟不包括作用在卫星上的特定力或时变引力势。因此，在惯性系中相应的引力势差可由下式给出：

$$V_{12}=V_{12}^{(K)}-V_{12}^{(R0,i)}-E_{12}^{(0,i)} \tag{5.67}$$

图 5.3　在地球固连坐标系中 GRACE 卫星一天的模拟轨道。以大地水平面高作为全球背景，最大值用黄色表示，最小值用蓝色表示

表 5.1　GRACE 卫星模拟轨道的初始开普勒根数

参数	引导星	跟踪星	备注
轨道半长轴	6808140m	6808140m	高度约 430km
偏心率	0	0	近圆轨道

续表

参数	引导星	跟踪星	备注
倾角	87°	87°	近极轨道
近地点角距	0°	0°	—
升交点赤经	−83°	−83°	—
第一次过近地点时间	0 s	30 s	星间距离约 230km

根据所生成的轨道可以得到各点引力势差，同时根据轨道积分中采用的重力场模型也可以得到各点引力势差，比较这两类引力势差可以确定轨道积分的精度。差值中的标准差 $5\times10^{-7}\,\mathrm{m^2/s^2}$ 可以归结为四舍五入计算误差。

5.3.1　动能项

在惯性坐标系中，$V_{12}^{(K)}$ 的沿迹向、径向和轨道面法向的分量分别为

$$
\begin{aligned}
V_{12}^{(K)} &= \frac{1}{2}\dot{\rho}_{12}\left(\dot{\boldsymbol{x}}_1+\dot{\boldsymbol{x}}_2\right)^{\mathrm{T}}\boldsymbol{e}_{12}+\frac{1}{2}\left(\left|\boldsymbol{e}_n^{\mathrm{T}}\dot{\boldsymbol{x}}_2\right|^2-\left|\boldsymbol{e}_n^{\mathrm{T}}\dot{\boldsymbol{x}}_1\right|^2\right)+\frac{1}{2}\left(\left|\boldsymbol{e}_r^{\mathrm{T}}\dot{\boldsymbol{x}}_2\right|^2-\left|\boldsymbol{e}_r^{\mathrm{T}}\dot{\boldsymbol{x}}_1\right|^2\right)\\
&= V_{12}^{(\dot{\rho})}+V_{12}^{(n)}+V_{12}^{(r)}
\end{aligned}
\tag{5.68}
$$

图 5.4 将这些分量绘制在对数图上，以区分不同值的大小。图中还包括了旋转引力势的标称项 $V_{12}^{(R0,i)}$ 的大小。尽管轨道面法向速度差的投影比迹向速度差小很多数量级，但是，径向速度差的投影与迹向速度差相当。图 5.4 给出了两个分量 $V_{12}^{(\dot{\rho})}$ 及 $V_{12}^{(r)}$ 的前 1.5 个轨道周期变化，可以看出它们反相叠加后产生的总引力势差较小。

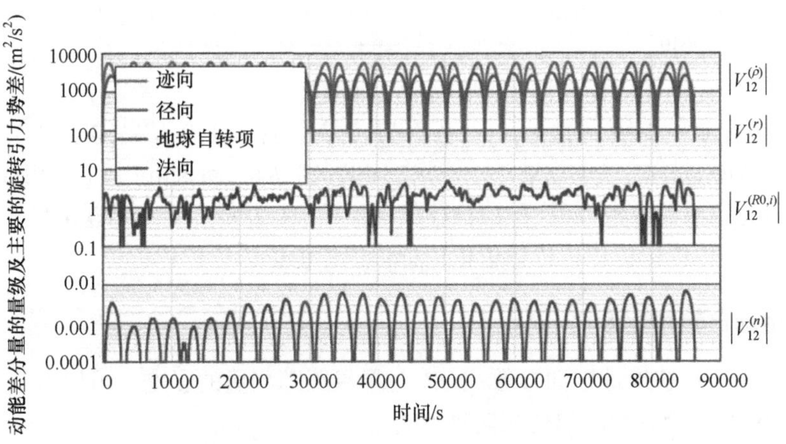

图 5.4　地心惯性系中动能差分量的量级及主要的旋转引力势差

人们第一眼可能会得出错误的结论，即星星跟踪测量无法改善重力场模型，因为根据式(5.61)的定义可知该方法无法敏感到重要的径向速度分量，如图 5.5 所示。然而，频谱分析表明，与迹向速度分量相比，径向速度分量主要包含重力场长波信号，如图 5.6 所示。因此，长波重力场模型足以支持星星跟踪测量，以实现高分辨率重力场敏感。

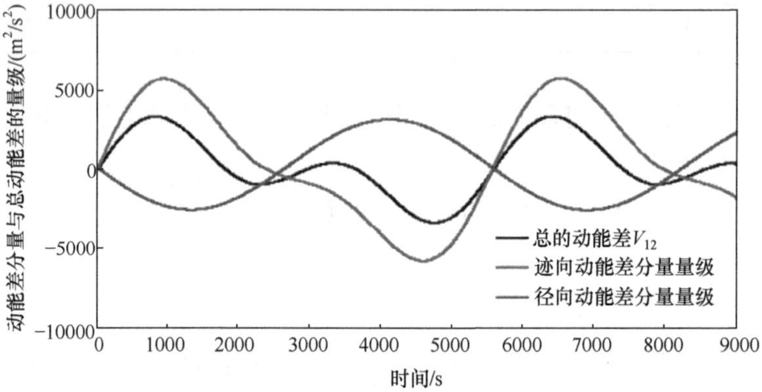

图 5.5　动能差分量 $V_{12}^{(\dot{\rho})}$ 、$V_{12}^{(r)}$ 的量级以及总的动能差 $V_{12}^{(i)}=V_{12}^{(K,i)}-V_{12}^{(R0,i)}$ 量级

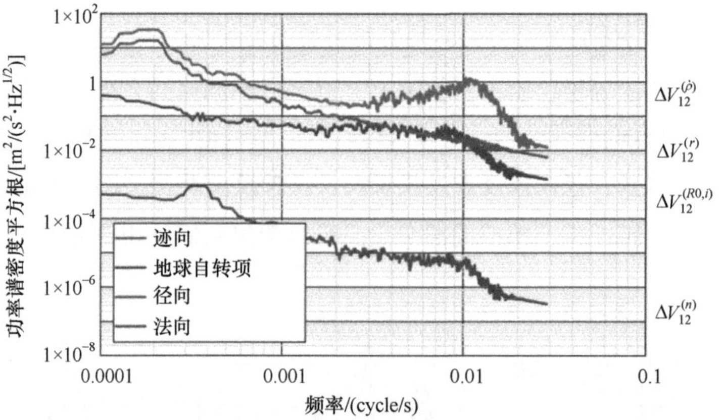

图 5.6　在地心惯性系中，动能差中引力势差分量的频谱分析以及基本旋转引力势差。分析采用了一整天的轨道数据，分析结果表示为功率谱密度的平方根，并利用中值平滑周期图进行近似。在 0.01cycle/s 附近处，$V_{12}^{(\dot{\rho})}$ 频谱峰值对应参考重力场模型的最大阶数(在理论上，残差不会对较低的阶数产生影响)

5.3.2　地球自转角速度项

为了深入理解地球定向参数 EOP 对星星跟踪测量的影响，可以考虑式(5.45)中 $\boldsymbol{Q}$ 和 $\boldsymbol{W}$ 的一阶近似。忽略二阶项，得

$$\boldsymbol{W} \approx \boldsymbol{R}_1\left(y_p\right)\boldsymbol{R}_2\left(x_p\right) \tag{5.69}$$

$$\boldsymbol{Q}^{\mathrm{T}} \approx \boldsymbol{R}_1(-Y)\boldsymbol{R}_2(X) \tag{5.70}$$

代入式(5.46)中，并再次忽略所有二阶项，可以将地球自转角速度矢量简洁地写为

$$\omega_{i,e}^{i,e} = \omega_E\left[m_1^{i,e}\boldsymbol{e}_1^{i,e} + m_2^{i,e}\boldsymbol{e}_2^{i,e} + \left(1+m_3^{i,e}\right)\boldsymbol{e}_3^{i,e}\right] \tag{5.71}$$

其中，$\boldsymbol{e}_j^{i,e}$ 是地心惯性系或地球固连坐标系下第 j 坐标轴方向上的单位矢量；$m_1^{i,e}$ 是地球定向参数 EOP 的有关函数，见表 5.2，其中列出了参数的典型值。比较式(5.44)和式(5.71)，则自转角速度残差为

$$\delta\omega_{i,e}^{i,e} = \omega_E\left(m_1^{i,e}\boldsymbol{e}_1^{i,e} + m_2^{i,e}\boldsymbol{e}_2^{i,e} + m_3^{i,e}\boldsymbol{e}_3^{i,e}\right) \tag{5.72}$$

表 5.2　由岁差、章动、极移引起的地球自转角速度残差分量。典型值是针对 2014 年 7 月给出的(计算 $\Delta\omega_E$ 时以天为时间单位)

一阶近似	进一步近似	典型值
$m_1^i = -X + \dfrac{\dot{Y} - \dot{x}_p\sin\theta + \dot{y}_p\cos\theta}{\omega_E}$	$m_1^i = -X$	$X = 1.4\times10^{-3}\,\mathrm{rad}$ $\dot{X}/\omega_E = 4\times10^{-8}$ $Y = -2\times10^{-6}\,\mathrm{rad}$ $\dot{Y}/\omega_E = -1\times10^{-10}$ $m_3^i = -5\times10^{-9}$ $x_p = 9\times10^{-7}\,\mathrm{rad}$ $\dot{x}_p/\omega_E = 7\times10^{-10}$ $y_p = 2\times10^{-6}\,\mathrm{rad}$ $\dot{y}_p/\omega_E = -1\times10^{-9}$ $m_3^i = -5\times10^{-9}$
$m_2^i = -Y + \dfrac{\dot{X} - \dot{y}_p\sin\theta - \dot{x}_p\cos\theta}{\omega_E}$	$m_2^i = -Y$	
$m_3^i = \dfrac{\Delta\omega_E}{\omega_E}$	$m_3^i = 0$	
$m_1^e = -x_p + \dfrac{\dot{y}_p - \dot{X}\sin\theta - \dot{Y}\cos\theta}{\omega_E}$	$m_1^e = -x_p$	
$m_2^e = y_p + \dfrac{\dot{x}_p - \dot{Y}\sin\theta - \dot{X}\cos\theta}{\omega_E}$	$m_2^e = y_p$	
$m_3^e = \dfrac{\Delta\omega_E}{\omega_E}$	$m_3^e = 0$	

考虑到表 5.2 中第 2 列给出的 EOP 参数典型值，可知 $m_{1,2}^e$ 和 $m_{1,2}^i$ 分别由极移坐标和岁差坐标决定，如第二列所示。同时，由于 $\Delta\omega_E = O\left(10^{-12}\,\mathrm{rad/s}\right)$，相比之下第三个坐标轴的分量 $m_3^{i,e}$ 可以忽略不计。因此，从式(5.47)和式(5.48)来看，有

$$\begin{aligned} V^{(\delta R,i)} &= \omega_E\dot{\boldsymbol{x}}^i\cdot\left(X\boldsymbol{e}_1^i\times\boldsymbol{x}^i + Y\boldsymbol{e}_2^i\times\boldsymbol{x}^i\right) \\ &= \omega_E\left[X\left(x_2^i\dot{x}_3^i - \dot{x}_2^i x_3^i\right) + Y\left(x_3^i\dot{x}_1^i - \dot{x}_3^i x_1^i\right)\right] \end{aligned} \tag{5.73}$$

$$V^{(\delta R,e)} = \omega_E^2\left(\boldsymbol{e}_3^e \times \boldsymbol{x}^e\right)\cdot\left(x_p\boldsymbol{e}_1^e \times \boldsymbol{x}^e - y_p\boldsymbol{e}_2^e \times \boldsymbol{x}^e\right)$$
$$= \omega_E^2\left(y_p x_2^e x_3^e - x_p x_1^e x_3^e\right) \tag{5.74}$$

考虑到

$$V_{12}^{(\dot{\omega},i)} = \int_{t_0}^{t}\left[\dot{\boldsymbol{x}}_2^i\cdot\left(\dot{\boldsymbol{\omega}}_{ie}^i \times \boldsymbol{x}_2^i\right) - \dot{\boldsymbol{x}}_1^i\cdot\left(\dot{\boldsymbol{\omega}}_{ie}^i \times \boldsymbol{x}_1^i\right)\right]\mathrm{d}t' \tag{5.75}$$

$$V_{12}^{(\dot{\omega},e)} = \int_{t_0}^{t}\begin{bmatrix}\left(\dot{\boldsymbol{\omega}}_{ie}^e \times \boldsymbol{x}_2^e\right)\cdot\dot{\boldsymbol{x}}_2^e + \left(\boldsymbol{\omega}_{ie}^e \times \boldsymbol{x}_2^e\right)\cdot\left(\dot{\boldsymbol{\omega}}_{ie}^e \times \boldsymbol{x}_2^e\right)\\ -\left(\dot{\boldsymbol{\omega}}_{ie}^e \times \boldsymbol{x}_1^e\right)\cdot\dot{\boldsymbol{x}}_1^e - \left(\boldsymbol{\omega}_{ie}^e \times \boldsymbol{x}_1^e\right)\cdot\left(\dot{\boldsymbol{\omega}}_{ie}^e \times \boldsymbol{x}_1^e\right)\end{bmatrix}\mathrm{d}t' \tag{5.76}$$

式(5.73)和式(5.74)、基本旋转引力势项及式(5.47)和式(5.48)中的省略项均表示在图 5.7 中。实际上，根据下式可知所省略的项确实是可以忽略的：

$$\dot{\boldsymbol{\omega}}_{ie}^i = \dot{\omega}_E\boldsymbol{e}_3^i + \delta\dot{\boldsymbol{\omega}}_{ie}^i \approx \omega_E\dot{\boldsymbol{m}}_1^i\boldsymbol{e}_1^i = O\left(10^{-16}\,\mathrm{rad/s^2}\right) \tag{5.77}$$

$$\dot{\boldsymbol{\omega}}_{ie}^e = O\left(10^{-18}\,\mathrm{rad/s^2}\right) \tag{5.78}$$

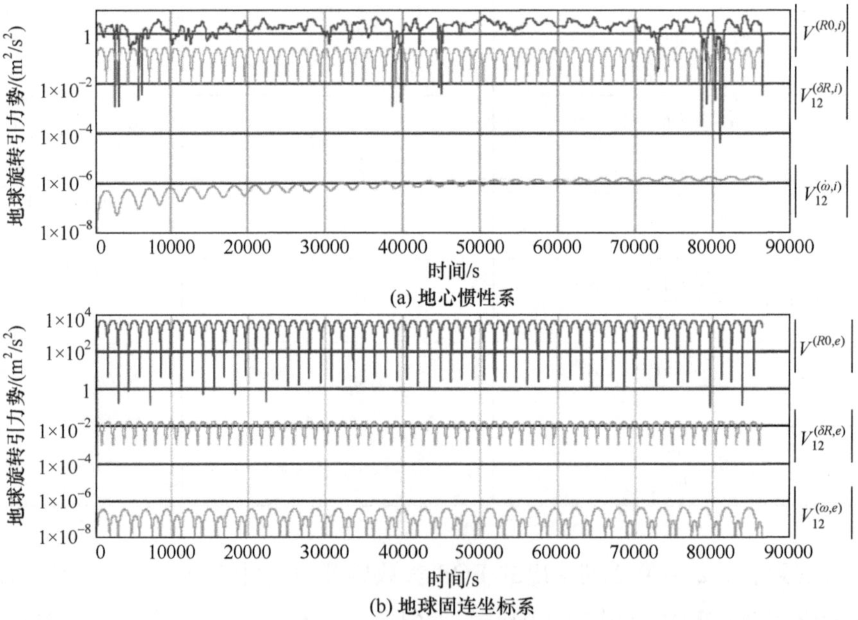

图 5.7　基于 EGM2008 重力场模型($n_{\max} = 180$)得到模拟轨道，根据模拟轨道计算得到旋转引力势

然而，地球自转角速度残差不可以忽略，在地心惯性系下量级为 $V_{12}^{(\delta R,i)} = O\left(0.2\mathrm{m^2/s^2}\right)$，在地球固连坐标系下量级为 $V_{12}^{(\delta R,e)} = O\left(0.01\mathrm{m^2/s^2}\right)$。另外，要注意

到 $\left|V_{12}^{(R0,e)}\right| \geqslant \left|V_{12}^{(R0,i)}\right|$，即在地球固连坐标系下旋转引力势的量级要大很多。

5.3.3　能量耗散项

在能量守恒方程右端项中，作用在卫星上的耗散力对应能量耗散项，它是由卫星与周围环境摩擦产生的能量损失，如大气阻力、太阳光压和地球反照率辐射等，也可能是卫星推进力产生的附加能量，用于抵消卫星轨道衰减。空间环境的影响与卫星特定配置及其运行高度有关。例如，大气阻力与卫星的面质比、卫星相对于阻力介质的速度平方以及介质密度成正比[45]。星载加速度计可以敏感这些作用力，在给定的带宽内获取这些力的测量值，虽然具有较高的精度，但是仍存在较大的偏差因子、漂移因子和比例因子误差。因此，这里没有给出模拟的耗散能量，而是直接显示实际数据以说明耗散能量的大小。图 5.8 给出了 $V_{12}^{(F,i)}$ 项变化，其中仔细校准了星间微波测距系统和加速度计产生的系统误差，详见 Han 等发表的文献[56]。该项虽然相对较小，但是不可忽略。

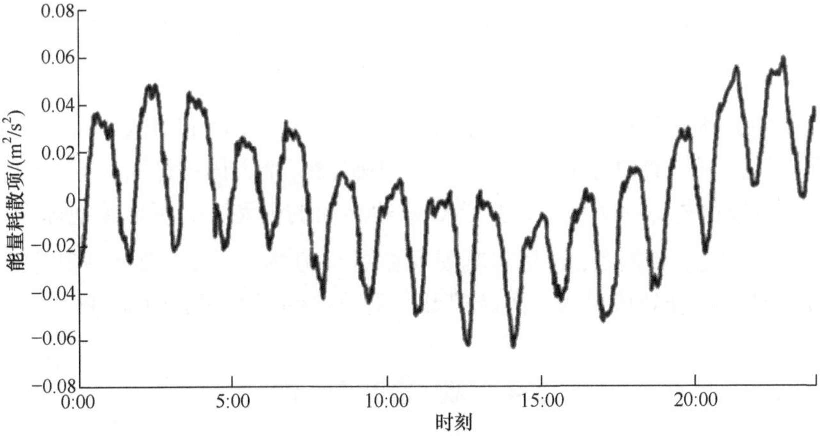

图 5.8　针对 GRACE 卫星一天的轨道，给出了能量耗散项 $V_{12}^{(F,i)}$ 随时间的变化，其中考虑了加速度计数据、轨道数据、星间微波测距数据以及先验重力场模型(图片来自文献[56])

5.3.4　潮汐模型及其他模型的近似值

时变引力势包括地外天体引起的潮汐势、间接形变引力势(地球潮汐、海洋潮汐、海潮负荷等引起)以及大气效应、极潮等引起的其他间接形变引力势。时变引力势位于能量守恒方程的右侧，以其显式时间导数的积分形式出现，具体为

$$V_{12}^{(\mathrm{TI})} = \int_{t_0}^{t} \frac{\partial V_{12}^{(\delta E)}\left(\boldsymbol{x}^e, t'\right)}{\partial t'} \mathrm{d}t' \tag{5.79}$$

其中，$V^{(\delta E)}$由式(5.24)和式(5.25)给定。上面通过模拟仿真阐释了潮汐势，并通过引用已发表的数据结果说明了其他效应。将潮汐势的时间导数积分结果与潮汐势本身进行对比，如图 5.9 所示，其中潮汐势本身仅位于能量守恒方程的左侧。可以根据地心惯性系下的式(5.53)得到潮汐势差$V_{12}^{(\mathrm{TP})}$，其中假设纬度和赤纬相同，并且时角是根据 GRACE 卫星的赤经得到的：

$$h_{B(t)}=\alpha-\alpha_B(t) \tag{5.80}$$

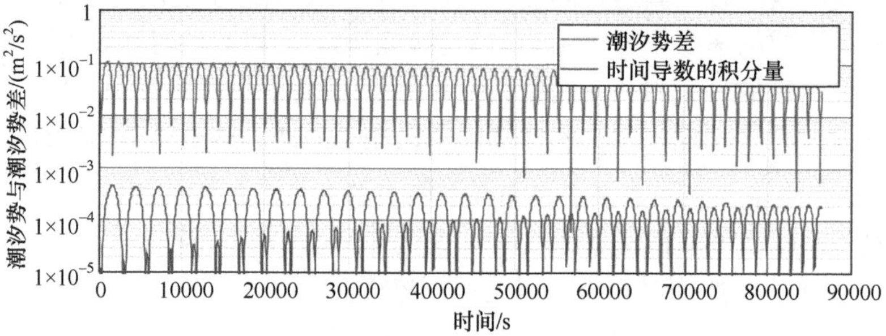

图 5.9　针对 2008 年 12 月 1 日的真实 GRACE 卫星轨道以及太阳、月球引力势，给出潮汐势与潮汐势差$V_{12}^{(\mathrm{TI})}$之间的对比关系

这里的天体仅限于太阳和月球，其星历可以从 NASA 的相关网站查询得到。使用两点公式可以数值计算时间导数，其中假设每个天体的径向坐标是固定的。随后，进行数值积分。类似地，基于 Guo 等给出的模型[47]，可计算地球潮汐、海洋潮汐、大气效应和极潮，这里将其展现在图 5.10 中。可知，海洋潮汐势差$V_{12}^{(\mathrm{OT})}$的导数的时间积分效应最大，而极潮形变引力势的时间积分效应可以忽略不计。

5.4　观测方程

在地心惯性系中，两星引力势差仅取决于两星状态$\boldsymbol{x}_1$、$\dot{\boldsymbol{x}}_1$、$\boldsymbol{x}_2$、$\dot{\boldsymbol{x}}_2$。假设卫星状态是可观测的，例如可以根据运动学轨道得到。引力势差和星间距离变化率测量值$\dot{\rho}_{12}$可以用来表示卫星动能、标称旋转引力势[见式(5.49)和式(5.63)]：

$$\begin{aligned}\tilde{V}_{12}&=V_{12}^{(K)}-V_{12}^{(R0)}\\&=\frac{1}{2}\dot{\rho}_{12}\left(\dot{\boldsymbol{x}}_1+\dot{\boldsymbol{x}}_2\right)^{\mathrm{T}}\boldsymbol{e}_{12}+\frac{1}{2}\left(\left|\boldsymbol{e}_n^{\mathrm{T}}\dot{\boldsymbol{x}}_2\right|^2-\left|\boldsymbol{e}_n^{\mathrm{T}}\dot{\boldsymbol{x}}_1\right|^2\right)+\frac{1}{2}\left(\left|\boldsymbol{e}_r^{\mathrm{T}}\dot{\boldsymbol{x}}_2\right|^2-\left|\boldsymbol{e}_r^{\mathrm{T}}\dot{\boldsymbol{x}}_1\right|^2\right)\\&\quad-\dot{\boldsymbol{x}}_2\cdot\left(\omega_E\boldsymbol{e}_3\times\boldsymbol{x}_2\right)+\dot{\boldsymbol{x}}_1\cdot\left(\omega_E\boldsymbol{e}_3\times\boldsymbol{x}_1\right)\end{aligned} \tag{5.81}$$

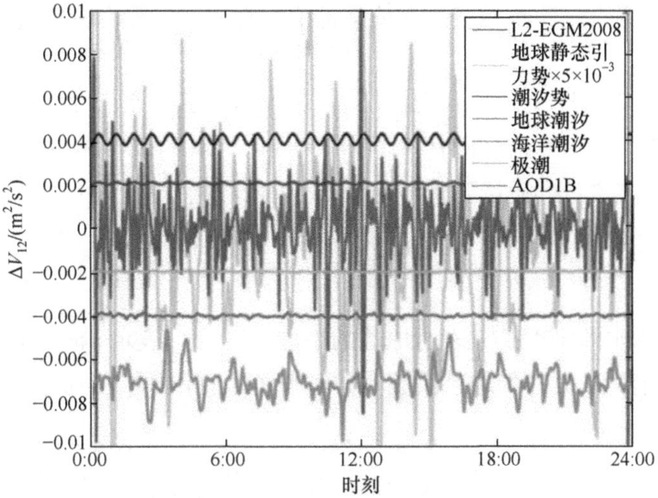

图 5.10　不同因素对引力势旋转项的贡献对比。为区分各个曲线，在图中添加了随机偏移项。①L2-EGM2008：基于 EGM2008 重力场模型计算的引力势差与基于随机选择的 GRACE L2 解(2006 年 5 月的 GFZ L2 数据)得到的引力势差的比较，这反映了基于 GRACE 数据进行重力场恢复得到的引力势变化的“信号”水平。②地球静态引力势：地球静态引力势的贡献，其中加入了 5×10^{-3} 的比例因子。③潮汐势：潮汐势的贡献。④地球潮汐：地球潮汐的贡献。⑤海洋潮汐：海洋潮汐的贡献。⑥极潮：极潮的贡献。⑦AOD1B：GRACE AOD1B 去混叠数据产品的贡献。应考虑 L2-EGM2008 曲线的重要意义(本图经施普林格出版社许可，从文献[47]中复制)

$\tilde{V}_{12}$ 是组合观测量，它包括观测误差、ΔV_{12} (由 K 波段星间测距和轨道误差产生的项)以及能量守恒方程两侧的其余引力势项：

$$\tilde{V}_{12}=V_{12}^{(E)}+V_{12}^{(\delta E)}+V_{12}^{(\delta R)}+V_{12}^{(\mathrm{TI})}+E_{12}^{(0)}+\Delta V_{12}+\tilde{V}_{12}^{(F)}-\Delta V_{12}^{(F)} \tag{5.82}$$

其中，观测到的比能量差 $\tilde{V}_{12}^{(F)}$ 也会存在误差 $\Delta V_{12}^{(F)}$。特别是对于 K 波段星间测距误差和加速度计测量误差，需要仔细校准系统偏差和漂移[56,83,84,139]。例如，由水文质量变化引起的时变引力势可由式(5.82)和式(5.25)计算得到。根据下式删除所有可建模和可观察到的效应(如果该效应不可忽略)，只保留系统误差项 ΔV_{12}、$\Delta V_{12}^{(F)}$ 和常数项 $E_{12}^{(0)}$：

$$\begin{aligned}\tilde{V}_{12}^{(\mathrm{hydro})}&=\tilde{V}_{12}-V_{12}^{(E)}-V_{12}^{(\mathrm{TP})}-V_{12}^{(\mathrm{ET})}-V_{12}^{(\mathrm{OT})}-V_{12}^{(\mathrm{AO})}-V_{12}^{(\delta R)}-V_{12}^{(\mathrm{PT})}-V_{12}^{(\mathrm{TI})}-\tilde{V}_{12}^{(F)}\\&=V_{12}^{(\mathrm{hydro})}+E_{12}^{(0)}+\Delta V_{12}-\Delta V_{12}^{(F)}\end{aligned} \tag{5.83}$$

上述参数是根据经验性时间方法估计得到的，例如将多项式和周期误差函数拟合到残差 $\tilde{V}_{12}^{(\mathrm{hydro})}$ 中，得到估计值：

$$\hat{V}_{12}^{(\mathrm{hydro})}=\tilde{V}_{12}^{(\mathrm{hydro})}-\hat{E}_{12}^{(0)}+\Delta\hat{V}_{12}-\Delta\hat{V}_{12}^{(F)} \tag{5.84}$$

其中，等式右侧后三项是相应的误差估计值。在校准步骤中，要避免不小心移除了水文信号。

在该例子中，进一步确定质量变化，这样基于空间方法可以在全球范围或局部区域内对原位引力势估计值 $\hat{V}_{12}^{(\text{hydro})}$ 进行处理。文献[154]以球谐系数的形式，给出了以等效水高表示的质量要素与引力势之间的关系：

$$C_{n,m}^{(\text{hydro})} = \frac{3\rho_w}{\bar{\rho}} \frac{1+k_n}{2n+1} C_{n,m}^{(p)} \tag{5.85}$$

其中，ρ_w 表示水的密度；$\bar{\rho}$ 表示地球的平均密度；k_n 表示 n 阶 Love 数；$C_{n,m}^{(p)}$ 表示表面密度函数 $\rho(\phi,\lambda)$ 的球谐系数。类似于式(5.51)，式(5.85)左侧的系数也可用于表示引力势函数：

$$\hat{V}^{(\text{hydro})}(r,\phi,\lambda) = \frac{\text{GM}}{a} \sum_{n=0}^{n_{\max}} \sum_{m=-n}^{n} \left(\frac{a}{r}\right)^{n+1} C_{n,m}^{(\text{hydro})} \bar{Y}_{n,m}(\phi,\lambda) \tag{5.86}$$

其中，$n_{\max}$ 为最大阶数，它与轨道在特定时间间隔(例如一个月)内的空间采样间隔一致。可以使用标准最小二乘法来分析数据 $\boldsymbol{y} = \left[\hat{V}_{12}^{(\text{hydro})}\right]$ 和参数 $\boldsymbol{\xi} = \left[C_{n,m}^{(\text{hydro})}\right]$ 之间的线性关系。其中，全球数据网格的不规则性(卫星轨道的半径、纬度和经度会略微变化)会给法矩阵求逆造成一定困难。可以使用多种方法解决这个问题，如共轭梯度迭代法[52]。每月的重力场解可以产生全球密度函数 $\rho(\phi,\lambda)$ 的变化过程。引力势估计值 $\hat{V}^{(\text{hydro})}$ 具有原位性质，这使得它也适用于基于重力异常区域分布($m_j = \rho_w h_j \delta S_j$，$j = 1,2,\cdots,J$)的其他估计，$h_j$ 代表等效水高，δS_j 代表面元。牛顿万有引力定律提供了其与原位引力势差之间的关系：

$$\hat{V}_{12}^{(\text{hydro})}(\boldsymbol{x}_1,\boldsymbol{x}_2) = G\sum_{j=1}^{J} m_j \left(\frac{1}{l_{2,j}} - \frac{1}{l_{1,j}}\right) = G\rho_w \sum_{j=1}^{J} h_j \delta S_j \left(\frac{1}{l_{2,j}} - \frac{1}{l_{1,j}}\right) \tag{5.87}$$

其中，$l_{2,j}$、$l_{1,j}$ 是重力异常位置到卫星的距离。式(5.87)中的线性关系反过来可以用于求解给定数据中的重力异常，但是这需要对向下延拓的不稳定性和可能的病态法方程矩阵进行正则化处理。在 5.6 节中，简要回顾基于原位引力势差数据进行全球和区域估计的成功案例。

5.5　运动学轨道误差分析

根据式(5.81)可知，在基于能量守恒方程计算引力势差时，需要利用星间精密测距数据和三维轨道状态精密数据(卫星位置和导出的速度)。本节针对一定精度水平的引力势差计算，分析对星间距离变率、卫星位置和速度矢量的精度要求。这里，仅考虑主要项即动能项和基本旋转引力势项，因为其他项足够小，不会影响精度要求。

基于差分方法，建立能量守恒方程中针对星间距离变化率、卫星位置和速度的线性关系，这样就得到误差传播的直接公式，其中假设误差是随机的。通常，引力势差的差分形式可以表示为

$$\delta V_{12} = a_1 \delta \dot{\rho}_{12} + \boldsymbol{a}_2 \cdot \delta \boldsymbol{x}_1 + \boldsymbol{a}_3 \cdot \delta \boldsymbol{x}_2 + \boldsymbol{a}_4 \cdot \delta \dot{\boldsymbol{x}}_1 + \boldsymbol{a}_5 \cdot \delta \dot{\boldsymbol{x}}_2 \tag{5.88}$$

其中，系数 a_1 和系数矢量 $\boldsymbol{a}_j\left(j=2,3,\cdots,5\right)$ 表示相应的偏导数。

在地心惯性系中，仅考虑简单的动能项，其中星间距离变化率和卫星数据没有分离开：

$$V_{12} = \frac{1}{2}\left(\left|\dot{\boldsymbol{x}}_2\right|^2 - \left|\dot{\boldsymbol{x}}_1\right|^2\right) - \dot{\boldsymbol{x}}_2 \cdot \left(\omega_E \boldsymbol{e}_3 \times \boldsymbol{x}_2\right) + \dot{\boldsymbol{x}}_1 \cdot \left(\omega_E \boldsymbol{e}_3 \times \boldsymbol{x}_1\right) \tag{5.89}$$

式(5.88)中的系数为 $a_1 = 0$ ，且

$$\begin{cases} \boldsymbol{a}_2 = -\omega_E \boldsymbol{e}_3 \times \dot{\boldsymbol{x}}_1 \\ \boldsymbol{a}_3 = \omega_E \boldsymbol{e}_3 \times \dot{\boldsymbol{x}}_2 \\ \boldsymbol{a}_4 = \omega_E \boldsymbol{e}_3 \times \boldsymbol{x}_1 - \dot{\boldsymbol{x}}_1 \\ \boldsymbol{a}_5 = -\omega_E \boldsymbol{e}_3 \times \boldsymbol{x}_2 + \dot{\boldsymbol{x}}_2 \end{cases} \tag{5.90}$$

对于低轨卫星而言，$\boldsymbol{a}_4$ 和 $\boldsymbol{a}_5$ 的大小由轨道速度决定。为简单起见，假定所有位置和速度分量的误差都是独立的，并且分别具有相同的方差 σ_x^2 和 $\sigma_{\dot{x}}^2$ 。由此，引力势差的误差方差为

$$\sigma_{V_{12}}^2 = \left(\boldsymbol{a}_2^{\mathrm{T}} \boldsymbol{a}_2 + \boldsymbol{a}_3^{\mathrm{T}} \boldsymbol{a}_3\right) \sigma_x^2 + \left(\boldsymbol{a}_4^{\mathrm{T}} \boldsymbol{a}_4 + \boldsymbol{a}_5^{\mathrm{T}} \boldsymbol{a}_5\right) \sigma_{\dot{x}}^2 \tag{5.91}$$

状态矢量的标称值(最大值)(见后续更详细的分析)造成了 σ_x、 $\sigma_{\dot{x}}$ 和 $\sigma_{V_{12}}$ 之间的线性关系，如图 5.11 所示。例如，对于位置标准偏差 $\sigma_x \approx 10^{-1}\mathrm{m}$ 和速度标准偏差 $\sigma_{\dot{x}} \approx 10^{-5}\mathrm{m/s}$ ，它们均会对 $\sigma_{V_{12}}$ 产生约 $0.1\mathrm{m}^2/\mathrm{s}^2$ 的贡献(按照平方和的平方根进行计算)。同样的分析也适用于地球固连坐标系，但是需要对系数 $\boldsymbol{a}_j$ 进行变换，变化关系为 $\boldsymbol{a}_j^e = \boldsymbol{C}_i^e \boldsymbol{a}_j^i$。这就是说，方差或协方差的传播与坐标系无关。

基于标准的轨道跟踪技术，无法实现上述高精度速度矢量确定。然而，我们可以通过变化基于星间距离变化率观测实现高精度的速度确定。这时，根据式(5.63)得到引力势差可以表示为(忽略了较小的项)

$$V_{12} = \frac{1}{2}\dot{\rho}_{12}\left(\dot{\boldsymbol{x}}_1 + \dot{\boldsymbol{x}}_2\right)^{\mathrm{T}} \boldsymbol{e}_{12} + \frac{1}{2}\left(\left|\boldsymbol{e}_n^{\mathrm{T}}\dot{\boldsymbol{x}}_2\right|^2 - \left|\boldsymbol{e}_n^{\mathrm{T}}\dot{\boldsymbol{x}}_1\right|^2\right) + \frac{1}{2}\left(\left|\boldsymbol{e}_r^{\mathrm{T}}\dot{\boldsymbol{x}}_2\right|^2 - \left|\boldsymbol{e}_r^{\mathrm{T}}\dot{\boldsymbol{x}}_1\right|^2\right) - V_{12}^{(R0,i,e)} \tag{5.92}$$

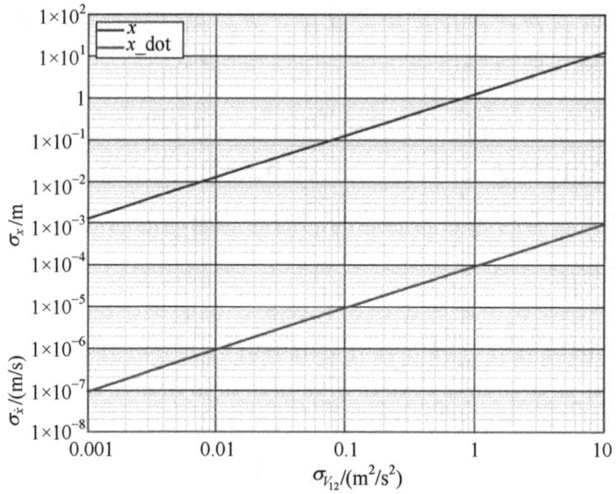

图 5.11　基于 GRACE 轨道状态矢量标称值(最大值)，得到 σ_x 、$\sigma_{\dot{x}}$ 与 $\sigma_{V_{12}}$ 之间的线性关系

为使读者获得更多细节，在地心惯性系下给出了式(5.88)中的系数，具体如下：

$$\boldsymbol{a}_1 = \frac{1}{2}\left(\dot{\boldsymbol{x}}_1 + \dot{\boldsymbol{x}}_2\right)^{\mathrm{T}} \boldsymbol{e}_{12} \tag{5.93}$$

$$\boldsymbol{a}_2 = -\frac{1}{2}\frac{\dot{\rho}_{12}}{\left|\boldsymbol{x}_{12}\right|}\boldsymbol{E}\left(\dot{\boldsymbol{x}}_1 + \dot{\boldsymbol{x}}_2\right) + \boldsymbol{S}_1\left(\dot{\boldsymbol{x}}_2\dot{\boldsymbol{x}}_2^{\mathrm{T}} - \dot{\boldsymbol{x}}_1\dot{\boldsymbol{x}}_1^{\mathrm{T}}\right)\boldsymbol{e}_n + \boldsymbol{T}_1\left(\dot{\boldsymbol{x}}_2\dot{\boldsymbol{x}}_2^{\mathrm{T}} - \dot{\boldsymbol{x}}_1\dot{\boldsymbol{x}}_1^{\mathrm{T}}\right)\boldsymbol{e}_r - \omega_E \boldsymbol{e}_3 \times \dot{\boldsymbol{x}}_1 \tag{5.94}$$

$$\boldsymbol{a}_3 = \frac{1}{2}\frac{\dot{\rho}_{12}}{\left|\boldsymbol{x}_{12}\right|}\boldsymbol{E}\left(\dot{\boldsymbol{x}}_1 + \dot{\boldsymbol{x}}_2\right) + \boldsymbol{S}_2\left(\dot{\boldsymbol{x}}_2\dot{\boldsymbol{x}}_2^{\mathrm{T}} - \dot{\boldsymbol{x}}_1\dot{\boldsymbol{x}}_1^{\mathrm{T}}\right)\boldsymbol{e}_n + \boldsymbol{T}_2\left(\dot{\boldsymbol{x}}_2\dot{\boldsymbol{x}}_2^{\mathrm{T}} - \dot{\boldsymbol{x}}_1\dot{\boldsymbol{x}}_1^{\mathrm{T}}\right)\boldsymbol{e}_r + \omega_E \boldsymbol{e}_3 \times \dot{\boldsymbol{x}}_2 \tag{5.95}$$

$$\boldsymbol{a}_4 = \frac{1}{2}\dot{\rho}_{12}\boldsymbol{e}_{12} - \boldsymbol{e}_n\dot{\boldsymbol{x}}_1^{\mathrm{T}}\boldsymbol{e}_n - \boldsymbol{e}_r\dot{\boldsymbol{x}}_1^{\mathrm{T}}\boldsymbol{e}_r + \omega_E \boldsymbol{e}_3 \times \boldsymbol{x}_1 \tag{5.96}$$

$$\boldsymbol{a}_5 = \frac{1}{2}\dot{\rho}_{12}\boldsymbol{e}_{12} + \boldsymbol{e}_n\dot{\boldsymbol{x}}_2^{\mathrm{T}}\boldsymbol{e}_n + \boldsymbol{e}_r\dot{\boldsymbol{x}}_2^{\mathrm{T}}\boldsymbol{e}_r - \omega_E \boldsymbol{e}_3 \times \boldsymbol{x}_2 \tag{5.97}$$

其中，

$$\boldsymbol{E} = \left(\boldsymbol{I} - \frac{1}{\left|\boldsymbol{x}_{12}\right|^2}\boldsymbol{x}_{12}\boldsymbol{x}_{12}^{\mathrm{T}}\right) \tag{5.98}$$

$$S_1=\frac{1}{|x_1\times x_2|}\left[[x_2\times]-(x_2\times e_n)e_n^{\mathrm{T}}\right] \tag{5.99}$$

$$S_2=-\frac{1}{|x_1\times x_2|}\left[[x_1\times]-(x_1\times e_n)e_n^{\mathrm{T}}\right] \tag{5.100}$$

$$T_1=-S_1[e_{12}\times]-\frac{1}{|x_{12}|}E[e_n\times] \tag{5.101}$$

$$T_2=-S_2[e_{12}\times]+\frac{1}{|x_{12}|}E[e_n\times] \tag{5.102}$$

式(5.94)～式(5.97)表明，系数 $\boldsymbol{a}_j\,(j=2,3,\cdots,5)$ 中的元素与迹向、轨道面法向、径向参数和地球自转参数大致相关。因此，卫星位置和速度分量对引力势差误差的贡献由这些分量的相对大小决定。例如，图 5.12 表明，位置不确定性产生的贡献按照比例系数 $\boldsymbol{a}_2$ 和 $\boldsymbol{a}_3$ 进行调整，其很大程度上取决于速度的径向分量，同时也至少会受到迹向分量的影响。此外，速度不确定性的贡献(对应系数 $\boldsymbol{a}_4$ 和 $\boldsymbol{a}_5$)在很大程度上取决于径向速度和位置矢量的组合，并根据地球自转角速度进行比例调整。径向速度对引力势差起主要作用，如图 5.4 所示，因此它是引力势差精度的关键组成部分(假设卫星状态矢量具有相当的精度)。基于 EGM2008 重力场模型得到的模拟轨道，得到式(5.103)中系数的最大平方根为

$$|\boldsymbol{a}_1|=7660\mathrm{m^2/s^2/m/s}$$

$$\sqrt{\boldsymbol{a}_2^{\mathrm{T}}\boldsymbol{a}_2+\boldsymbol{a}_3^{\mathrm{T}}\boldsymbol{a}_3}=12.2\mathrm{m^2/s^2/m}$$

$$\sqrt{\boldsymbol{a}_4^{\mathrm{T}}\boldsymbol{a}_4+\boldsymbol{a}_5^{\mathrm{T}}\boldsymbol{a}_5}=726\mathrm{m^2/s^2/m/s}$$

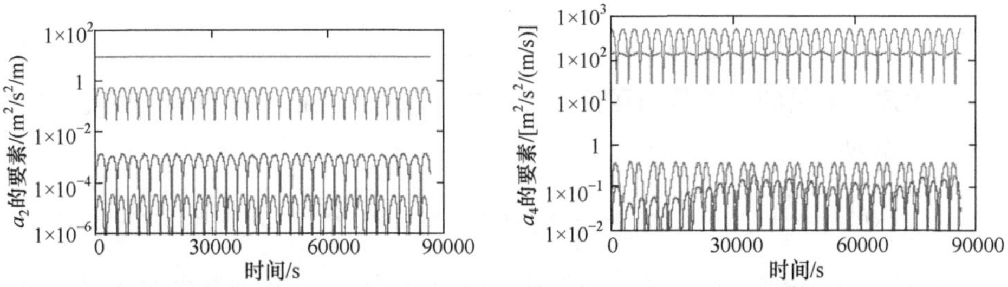

图 5.12　(a)为系数 $\boldsymbol{a}_2$ 中的要素：迹向要素，红色曲线；轨道面法向要素，蓝色曲线；径向要素，绿色曲线；地球自转角速度要素，品红色曲线。系数 $\boldsymbol{a}_3$ 与系数 $\boldsymbol{a}_2$ 的情况相同。(b)为系数 $\boldsymbol{a}_4$ 中的要素情况，不同要素的颜色表示与(a)相同。系数 $\boldsymbol{a}_5$ 和系数 $\boldsymbol{a}_4$ 的情况相同

图 5.13 显示了观测量标准差与引力势差标准差之间的线性关系。在图 5.11 中，对总速度矢量的精度要求降低了一个数量级，然而与没有星间距离变化率观

测的情况相比，对位置误差的要求高一个数量级。

$$\sigma_{V_{12}}^2 = a_1^2\sigma_{\dot{\rho}_{12}}^2 + \left(\boldsymbol{a}_2^{\mathrm{T}}\boldsymbol{a}_2 + \boldsymbol{a}_3^{\mathrm{T}}\boldsymbol{a}_3\right)\sigma_x^2 + \left(\boldsymbol{a}_4^{\mathrm{T}}\boldsymbol{a}_4 + \boldsymbol{a}_5^{\mathrm{T}}\boldsymbol{a}_5\right)\sigma_{\dot{x}}^2 \tag{5.103}$$

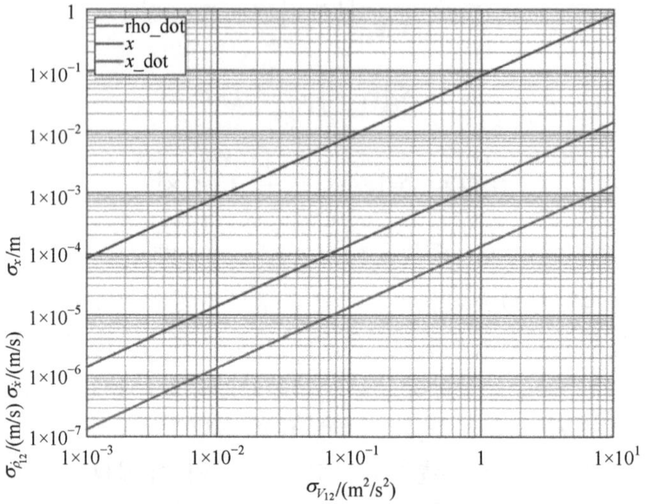

图 5.13　基于 GRACE 轨道状态矢量标称值(最大值)得到的 σ_x 、$\sigma_{\dot{x}}$ 、$\sigma_{\dot{\rho}_{12}}$ 和 $\sigma_{V_{12}}$ 之间的线性关系

为建立迹向、轨道面法向、径向的方向指向，需要提高对位置矢量的精度要求。可以将对位置矢量的精度要求与对迹向、轨道面法向、径向的速度精度要求相结合，做一个更简单的分析。这样，式(5.92)中的动能项变为

$$V_{12}^{(K)} = \frac{1}{2}\dot{\rho}_{12}\left(v_1 + v_2\right) + \frac{1}{2}\left(u_2^2 - u_1^2\right) + \frac{1}{2}\left(w_2^2 - w_1^2\right) \tag{5.104}$$

其中，

$$\dot{\boldsymbol{x}}_1 = u_1\boldsymbol{e}_n + v_1\boldsymbol{e}_{12} + w_1\boldsymbol{e}_r,\quad \dot{\boldsymbol{x}}_2 = u_2\boldsymbol{e}_n + v_2\boldsymbol{e}_{12} + w_2\boldsymbol{e}_r \tag{5.105}$$

假设速度分量的误差是相互独立的，并且每个分量都具有相同的方差，则引力差的方差为

$$\sigma_{V_{12}^{(K)}}^2 = \frac{1}{4}\left(v_1 + v_2\right)^2\sigma_{\dot{\rho}_{12}}^2 + \frac{1}{2}\dot{\rho}_{12}{}^2\sigma_v{}^2 + \left(u_2^2 + u_1^2\right)\sigma_u^2 + \left(w_2^2 + w_1^2\right)\sigma_w^2 \tag{5.106}$$

在基于 EGM2008 重力场模型得到的模拟轨道中，速度系数的最大平方根值如下式所示。速度径向分量的精度需要比其他分量的精度高三个数量级，这样所有分量对动能之差的误差贡献基本相同。

$$
\begin{cases}
|\dot{\rho}_{12}|/\sqrt{2}=0.54\text{m}^2/\text{s}^2/\text{m/s}\\
\sqrt{u_1^2+u_2^2}=0.24\text{m}^2/\text{s}^2/\text{m/s}\\
\sqrt{w_1^2+w_2^2}=185\text{m}^2/\text{s}^2/\text{m/s}
\end{cases}
\tag{5.107}
$$

5.6 小　结

本章基于数值模拟分析了能量守恒法在星星跟踪重力场恢复中的应用，需要研究人员将这一方法用于处理实际卫星数据。大量研究表明，能量守恒法可用于CHAMP/GRACE任务[52,164]或其他卫星[155]，实现全球重力场模型中的球谐系数反演。早期研究关注处理大型全球数据网格的数值问题，其中涉及完全法方程矩阵求逆问题，如通过迭代共轭梯度法进行求解。Visser 等指出，该方法对卫星速度误差极其敏感[149]。Han 等研究了根据原位引力势差对等效水高重力异常进行区域估计的方法，模拟验证了能量守恒法具有提高分辨率和精度的能力[54]。Ramillien 等也开展了类似研究，扩展了优化估计程序，这些估计程序必须考虑局部向下延拓的连续性和法方程矩阵的稳定性[117]。

Gerlach 等最早根据实际卫星精密跟踪数据，实现了能量守恒法的应用[46]。文献[46]将能量守恒法用于 CHAMP 卫星任务，而不是类似 GRACE 的星星跟踪测量任务，重力场反演的最大阶数为 60，与当时基于卫星跟踪数据得到的最佳重力场模型精度一致。Han 等分析了 GRACE 卫星数据，结果表明与 GRACE 卫星标准重力场恢复结果相比，针对亚马孙河流域等效水高重力异常的区域解具有更高的时间和空间分辨率[55]。Han 等的另一项研究表明，基于 GRACE 数据的区域估算可以对与大型地震相关的质量位移施加重要约束。其他研究结果也证明了能量守恒法的实用性，包括对 CHAMP 数据的早期分析[2,136]及其测量分辨率分析[157]，以及对 GRACE 数据的附加分析，这些分析可推断南极冰架下的潮汐运动[53]，并对亚马孙流域水循环进行估算[139]。

能量守恒法的主要优点是可获得原位引力势差。也就是说，通过对卫星的运动学跟踪，可以在地心惯性系或地球固连坐标系下得到连续的卫星位置，进而导出连续的卫星速度，而不需要对卫星跟踪数据进行动力学积分。这样，我们就可以累积得到卫星引力势差的数据集，就好像卫星上装载了“引力势差测量仪”一样。这些数据可用于恢复全球重力场模型或更加重要的区域重力场模型。特别是，可以在高纬度地区获得更高的数据分辨率，这与卫星轨道全球覆盖有关系。当然，引力势差的精度在很大程度上取决于卫星运动学轨道精度，包括卫星位置和速度的精度。像 GRACE 任务一样，精密低低星星跟踪方法将对卫星绝对速度精度的要求降低一个数量级。然而，应该注意到，星间距离变化率测量无法敏感到卫星绝对速度或相对速度的轨道面法向分量和径向分量，其中径向分量对引力势差的贡献非常大。另一方面，与迹向星间速度分量相比，径向分量的作用主要在于长波重力场信号，因此可以在不损失高频信号的情况下进行强噪声滤波。

5.7 课后练习

以下练习所需的数据和文件可在线访问：

http://www.geoq.uni-hannover.de/autumnschool-data

http://extras.springer.com

本练习的目的在于说明，基于 GRACE 任务中的星间距离变化率和状态矢量数据，可以利用能量守恒法求解得到原位引力势差。其中，观测数据来自 GRACE 卫星 2008 年 12 月 1 日的 L1B 数据产品。所提供的数据文件包括：

GNV1B_A.dat：t[s]，$\boldsymbol{x}_1^e$[m]，$\sigma_{\boldsymbol{x}_1^e}$[m]，$\dot{\boldsymbol{x}}_1^e$[m/s]，$\sigma_{\dot{\boldsymbol{x}}_1^e}$[m/s]，GRACE-A(跟随星)；

GNV1B_B.dat：t[s]，$\boldsymbol{x}_2^e$[m]，$\sigma_{\boldsymbol{x}_2^e}$[m]，$\dot{\boldsymbol{x}}_2^e$[m/s]，$\sigma_{\dot{\boldsymbol{x}}_2^e}$[m/s]，GRACE-A(引导星)；

KBR1B.dat：t[s]，$\dot{\rho}_{12}$[m/s]，$\delta\dot{\rho}_{12}^{(\text{lighttime})}$[m/s]，$\delta\dot{\rho}_{12}^{(\text{antennacenter})}$[m/s]；

EGM_A.dat：t[s]，$\boldsymbol{x}_1^e$[m]，V_1[m^2/s^2]；

EGM_B.dat：t[s]，$\boldsymbol{x}_2^e$[m]，V_2[m^2/s^2]。

1. 备注

(1) 所有 GRACE 数据都是在地球固连坐标系中表示的。

(2) GRACE 卫星的 L1B 状态矢量文件不是纯运动学轨道，但是与先验高精度重力场模型保持一致。因此，本练习更注重模拟过程，而不是确定实际的引力势。

(3) 本练习中的数据是从 GRACE L1B 产品中提取出的，其中数据记录已在文件中进行了及时同步，并省略了多余的数据和元数据。对星间距离变化率数据，需要进行时间传播校正和天线相位中心校正，即

$$\dot{\rho}_{12} = \dot{\rho}_{12}^{(\text{raw})} + \delta\dot{\rho}_{12}^{(\text{lighttime})} + \delta\dot{\rho}_{12}^{(\text{antennacenter})}$$

(4) 对于轨道上的每个点，引力势值是根据 EGM2008 重力场模型计算得到

的，该模型阶数为 $N_{\max}=180$。

(5) 本练习忽略了比作用力、时间积分项和极潮汐势。

2. 任务

(1) 假设存在卫星位置和速度观测值，分别在存在和不存在星间距离变化率观测值的条件下，写出能量守恒方程，并给出符号定义。

(2) 针对上述写出的两个能量守恒方程，根据文件中给出的 GRACE 数据计算方程右端项。

(3) 取卫星轨道的前三个小时，比较能量守恒方程中基本的星间距离变化率项与其他项的大小。为什么轨道面法向项和旋转引力势项几乎相等？

(4) 将计算得到的引力势差与所提供的 EGM2008 数据进行比较。针对一整天的观测数据，分别在星间距离变化率存在和不存在两种情况下，绘制差值 $V_{12}^{(\mathrm{GRACE})}-V_{12}^{(\mathrm{EGM})}$ 的变化曲线，并计算差值的统计特性(均值、标准差等)。解释平均值为什么并不接近于零，该差值出现振荡的原因是什么？

(5) 假设位置和速度误差的标准差分别为 $\sigma_x=3.6\times10^{-3}\,\mathrm{m}$、$\sigma_{\dot{x}}=3.45\times10^{-6}\mathrm{m/s}$，星间距离变化率测量精度为 $\sigma_{\dot{\rho}_{12}}=0.1\times10^{-6}\mathrm{m/s}$，确定每个误差来源对某一点引力势差总误差的贡献大小。其中，误差来源包括位置误差、速度误差、星间距离变化率测量误差等。与上述计算的标准差相比，这里估计得到的总引力势差精度如何？

(6) 针对一整天的轨道，分别在存在和不存在星间距离变化率观测值的情况下，计算差值 $V_{12}^{(\mathrm{GRACE})}-V_{12}^{(\mathrm{EGM})}$ 的功率谱密度(中值平滑周期图)随频率的变化曲线。将两种情况下得到的功率谱密度曲线绘制在同一张对数图上。你能解释结果吗？例如，共振峰出现在低频的原因是什么？在考虑星间距离变化率观测值的情况下，在极高频率下的功率谱密度会更大，这是什么原因？

参 考 文 献

[1] Altamimi, Z., Collilieux, X., & Métivier, L. (2011). ITRF2008: An improved solution of the international terrestrial reference frame. *Journal of Geodesy*, 85(8), 457-472.

[2] Badura, T., Sakulin, C., Gruber, C., & Klostius, R. (2006). Derivation of the CHAMP only global gravity field model TUG-CHAMP04 applying the energy integral approach. *Studia Geophysica et Geodaetica*, 50(1), 59-74.

[3] Baker, R. (1960). Orbit determination from range and range rate data. Technical report, Semi-annual meeting of American Rocket Society, Los Angeles.

[4] Balmino, G. (1974). Determination of earth potential by means of space methods. *La Geodynamique Spatiale*, A76-36176(17-42), 275-472.

[5] Balmino, G., Barthel, G., Castel, L., Halldorson, T., Hufnagel, H., Leibold, G., et al. (1978). Mission/system definition study for a space laser low orbit mission (SLALOM)-Final Report. Technical report, ESA. ESA Contract No. 3483/78/F/DK(SC).

[6] Baur, O., Reubelt, T., Weigelt, M., Roth, M., & Sneeuw, N. (2012). GOCE orbit analysis: Longwavelength gravity field determination using the acceleration approach. *Advances in Space Research*, 50(3), 385-396.

[7] Beutler, G. (2005a). Methods of celestial mechanics. Physical, mathematical, and numerical principles (Vol. 1). Springer. ISBN 3-540-40749-9.

[8] Beutler, G. (2005b). Methods of celestial mechanics. Application to planetary system, geodynamics and satellite geodesy (Vol. 2). Springer. ISBN 3-540-40750-2.

[9] Beutler, G., Mueller, I., & Neilan, R. (1994). The international GPS service for geodynamics (IGS): Development and start of official service on 1 January 1994. *Manuscripta Geodaetica*, 68, 43-51.

[10] Beutler, G., Jäggi, A., Mervart, L., & Meyer, U. (2010a). The celestial mechanics approach: Application to data of the GRACE mission. *Journal of Geodesy*, 84(11), 661-681.

[11] Beutler, G., Jäggi, A., Mervart, L., & Meyer, U. (2010b). The celestial mechanics approach: Theoretical foundations. *Journal of Geodesy*, 84(10), 605-624.

[12] Bjerhammar, A. (1969). On the energy integral for satellites. *Tellus*, 21(1), 1-9.

[13] Björk, A. (1996). Numerical methods for least squares problems. Philadelphia, PA: SIAM.

[14] Bock, H., Jäggi, A., Dach, R., Beutler, G., & Schaer, S. (2009a). GPS single-frequency orbit determination for low earth orbiting satellites. *Advances in Space Research*, 43(5), 783-791.

[15] Bock, H., Dach, R., Jäggi, A., & Beutler, G. (2009b). High-rate GPS clock corrections from CODE: Support of 1 Hz applications. *Journal of Geodesy*, 83(11), 1083-1094.

[16] Bock, H., Jäggi, A., Meyer, U., Visser, P., & van den IJssel, J., (2011a). GPS-derived orbits for the GOCE satellite. *Journal of Geodesy*, 85(11), 807-818.

[17] Bock, H., Jäggi, A., Meyer, U., Dach, R., & Beutler, G. (2011b). Impact of GPS antenna phase

center variations on precise orbits of the GOCE satellite. *Advances in Space Research*, 47(11), 1885-1893.

[18] Bock, H., Jäggi, A., Beutler, G., & Meyer, U. (2014). GOCE-Precise orbit determination for the entire mission. *Journal of Geodesy*, 88(11), 1047-1060.

[19] Bouman, J. (2000). Quality assessment of satellite-based global gravity. Ph.D. thesis, TU Delft.

[20] Breakwell, J. (1979). Satellite determination of short wavelength gravity variations. Technical report, American Astronomical Society, Provincetown.

[21] Brockmann, E. (1997). Combination of solutions for geodetic and geodynamic applications of the global positioning system (GPS). Technical report, Geodätisch-geophysikalische Arbeiten in der Schweiz, Band 55, Schweizerische Geodätische Kommission, Institut for Geodäsie und Photogrammetrie, Eidg. Technische Hochschule Zürich, Zürich. http://www.sgc.ethz.ch/sgcvolumes/sgk-55.pdf.

[22] Brockmann, J. (2014). On high performance computing in geodesy applications in global gravity field determination. Ph.D. thesis, Bonn University.

[23] Buchar, E. (1958). Motion of the nodal line of the second Russian Earth Satellite (1957) and flattening of the Earth. *Nature*, 182, 198-199.

[24] Buckreuss, S., Balzer, W., Muhlbauer, P., Werninghaus, R., & Pitz, W. (2003). The TerraSAR-X satellite project. In *Proceedings of IGARSS, Toulouse* (Vol. 5, pp. 30963098).

[25] Bulirsch, R., & Stoer, J. (1966). Numerical treatment of ordinary differential equations by extrapolation methods. *Numerische Mathematik*, 8, 1-13.

[26] Colombo, O. (1981). Geopotential modelling from satellite-to-satellite tracking. Technical report, OSU report 317, Columbus.

[27] Colombo, O. (1984). The global mapping of gravity with two satellites (Vol. 3.7), New Series. Delft: Netherlands Geodetic Commission.

[28] Dach, R., Brockmann, E., Schaer, S., Beutler, G., Meindl, M., Prange, L., et al. (2009). GNSS processing at CODE: Status report. *Journal of Geodesy*, 83(3-4), 353-366.

[29] Dach, R., Lutz, S., Walser, P., & Fridez, P. E. (2015). Bernese GNSS software version 5.2. Astronomical Institute, Universtiy of Bern, Bern Open Publishing.

[30] Danby, J. (1988). Fundamentals of celestial mechanics. Richmond, Virginia: Willman-Bell Inc.

[31] Daras, I., Pail, R., Murböck, M., & Yi, W. (2015). Gravity field processing with enhanced numerical precision for LL-SST missions. *Journal of Geodesy*, 89(2), 99-110.

[32] Dickey, J. (1997). Satellite gravity and the geosphere. Technical report, The committee on earth gravity from space, National Research Council, National Academy Press.

[33] Ditmar, P., Kusche, J., & Klees, R. (2003). Computation of spherical harmonic coefficients from gravity gradiometry data to be acquired by the GOCE satellite: Regularization issues. *Journal of Geodesy*, 77, 465-477.

[34] Dow, J., Neilan, R., & Gendt, G. (2005). The international GPS service: Celebrating the 10th anniversary and looking to the next decade. *Advances in Space Research*, 36(3), 320-326.

[35] Drinkwater, M., Haagmans, R., Muzi, D., Popescu, A., Floberghagen, R., Kern, M., et al. (2006). The GOCE gravity mission: ESA's first core explorer. *ESA SP*, 627, 1-7.

[36] Dunn, C., Bertiger, W., Bar-Sever, Y., Desai, S., Haines, B., Kuang, D., et al. (2003). Instrument of GRACE. *GPS World*, 14(2), 16-28.

[37] Eanes, R. (1995). A study of temporal variations in Earths gravitational field using Lageos-1 laser range observations. Ph.D. thesis, University of Texas at Austin.

[38] Eanes, R., & Bettadpur, S. (1995). Temporal variability of Earths gravitational field from satellite laser ranging. In *Global gravity field and its temporal variations* (Vol. 116, pp. 41). IAG Proceedings.

[39] ESA(1978). SLALOM mission/system definition. Technical report, Contract No. 3483/78/F/DK(SC).

[40] Flechtner, F., Morton, P., Watkins, M., & Webb, F. (2013). Status of the GRACE follow-on mission. In U. Marti (Ed.), *Gravity, geoid and height systems* (pp. 117-121). IAG Symposia 141.

[41] Flohrer, C., Otten, M., Springer, T., & Dow, J. (2011). Generating precise and homogeneous orbits for Jason-1 and Jason-2. *Advances in Space Research*, 48(1), 152-172.

[42] Förstner, W. (1979). Ein Verfahren zur Schätzung von Varianz-und Kovarianzkomponenten. Allgemeine Vermessungs-Nachrichten, 86, 446-453.

[43] Friis-Christensen, E., Lühr, H., Knudsen, D., & Haagmans, R. (2006). Swarm: An Earth observation mission investigating geospace. *Advances in Space Research*, 41(1), 210-216.

[44] Fu, L., Christensen, E., Yamarone, C., Lefebvre, M., Mnard, Y., Dorrer, M., et al. (1994). TOPEX/POSEIDON mission overview. *Journal of Geophysical Research*, 99(C12), 2436924381.

[45] Gaposchkin, E., & Coster, A. (1988). Analysis of satellite drag. *The Lincoln Laboratory Journal*, 1(2), 203-224.

[46] Gerlach, C., Földvary, L., Svehla, D., Gruber, T., Wermuth, M., Sneeuw, N., et al. (2003). A CHAMP-only gravity field model from kinematic orbits using the energy integral. *Geophysical Research Letters*, 30(20), 2037.

[47] Guo, J., Shang, K., Jekeli, C., & Shum, C. (2015). On the energy integral formulation of gravitational potential differences from satellite-to-satellite tracking. *Celestial Mechanics and Dynamical Astronomy*, 121(4), 415-429.

[48] Hackel, S., Montenbruck, O., Steigenberger, P., Balss, U., Gisinger, C., & Eineder, M. (2015a). Galileo orbit determination using combined GNSS and SLR observations. *GPS Solutions*, 19, 15-25.

[49] Hackel, S., Montenbruck, O., Steigenberger, P., Balss, U., Gisinger, C., & Eineder, M. (2015b). Impact of improved satellite dynamic models on reduced dynamic orbit determination. *Journal of Geodesy*, in review.

[50] Hajela, D. (1974). Direct recovery of mean gravity anomalies from satellite to satellite tracking. Technical report, OSU report 218, Columbus.

[51] Hajela, D. (1978). Improved procedures for the recovery of 50 mean gravity anomalies from ATS6/GEOS-3 satellite-to-satellite range rate observations using least squares collocation. Technical report, OSU report 276, Columbus.

[52] Han, S. (2004). Efficient determination of global gravity field from satellite-to-satellite tracking

mission. *Celestial Mechanics and Dynamical Astronomy*, 88, 69-102.

[53] Han, S., Shum, C., & Matsumoto, K. (2005a). GRACE observations of M2 and S2 ocean tides underneath the Filchner-Ronne and Larsen ice shelves. *Antarctica. Geophysical Research Letters*, 32, L20311.

[54] Han, S., Shum, C., & Braun, A. (2005b). High-resolution continental water storage recovery from low-low satellite-to-satellite tracking. *Journal of Geodynamics*, 39(1), 11-28.

[55] Han, S., Shum, C., Jekeli, C., & Alsdorf, D. (2005c). Improved estimation of terrestrial water storage changes from GRACE. *Geophysical Research Letters*, 32, L07302.

[56] Han, S., Shum, C., & Jekeli, C. (2006). Precise estimation of in situ geopotential differences from GRACE low-low satellite-to-satellite tracking and accelerometer data. *Journal of Geophysical Research*, 111, B04411.

[57] Hartmann, T., & Wenzel, H. (1995). The HW95 tidal potential catalogue. *Geophysical Research Letters*, 22(24), 3553-3556.

[58] Henriksen, S. E. (1977). National geodetic satellite program, part 1 and 2 (p. 1019). NASA, Washington DC: Technical report.

[59] Hofmann-Wellenhof, B., & Moritz, H. (2005). *Physical geodesy*. Berlin: Springer.

[60] Hofmann-Wellenhof, B., Lichtenegger, H., & Wasle, E. (2007). GNSS-Global navigation satellite systems: GPS, GLONASS, Galileo, and more. Wien, New York: Springer.

[61] Ilk, K., Löcher, A., & Mayer-Gürr, T. (2008). VI Hotine-Marussi symposium on theoretical and computational geodesy. In *Kapitel dowWe need new gravity field recovery techniques for the new gravity field satellites?* (Vol. 132, pp. 3-9). Springer.

[62] IPCC (2013). Climate change 2013-The physical science basis. Technical report, fifth assessment report of the intergovernmental panel on climate change, Cambridge University Press.

[63] Izsak, I. (1964). Tesseral harmonics of the geopotential and corrections to station coordinates. *Journal of Geophysical Research*, 69(12), 2621-2631.

[64] Jäggi, A. (2007). Pseudo-stochastic orbit modeling of low earth satellites using the global positioning system. Technical report, Geodätisch-geophysikalische Arbeiten in der Schweiz, Band 73, Schweizerische Geodätische Kommission, Institut for Geodäsie und Photogrammetrie, Eidg. Technische Hochschule Zürich, Zürich. http://www.sgc.ethz.ch/sgc-volumes/sgk73.pdf.

[65] Jäggi, A., Bock, H., Pail, R., & Goiginger, G. (2008). Highly reduced dynamic orbits and their use for global gravity field recovery: A simulation study for GOCE. *Studia Geophysica et Geodaetica*, 52(3), 341-359.

[66] Jäggi, A., Dach, R., Montenbruck, O., Hugentobler, U., Bock, H., & Beutler, G. (2009). Phase center modeling for LEO GPS receiver antennas and its impact on precise orbit determination. *Journal of Geodesy*, 83(12), 1145-1162.

[67] Jäggi, A., Bock, H., Thaller, D., Dach, R., Beutler, G., Prange, L., et al. (2010). Precise orbit determination of low Earth satellites at AIUB. *ESA SP*, 686, 62.

[68] Jäggi, A., Bock, H., & Floberghagen, R. (2011a). GOCE orbit predictions for SLR tracking. *GPS Solutions*, 15(2), 129-137.

[69] Jäggi, A., Bock, H., Prange, L., Meyer, U., & Beutler, G. (2011b). GPS-only gravity field recovery with GOCE, CHAMP, and GRACE. *Advances in Space Research*, 47(6), 1020-1028.

[70] Jäggi, A., Prange, L., & Hugentobler, U. (2011c). Impact of covariance information of kinematic positions on orbit reconstruction and gravity field recovery. *Advances in Space Research*, 47(9), 1472-1479.

[71] Jäggi, A., Bock, H., Meyer, U., Beutler, G., & van den IJssel, J., (2015). GOCE: Assessment of GPS-only gravity field determination. *Journal of Geodesy*, 89(1), 33-48.

[72] Jäggi, A., Dahle, C., Arnold, D., Bock, H., Meyer, U., Beutler, G., et al. (2016). Swarm kinematic orbits and gravity fields from 18 months of GPS data. *Advances in Space Research*, 57(1), 218-233.

[73] Jazwinski, A. (1970). Stochastic processes and filtering theories. New York: Academic Press Inc.

[74] Jekeli, C. (1999). The determination of gravitational potential differences from satellite-to-satellite tracking. *Celestial Mechanics and Dynamical Astronomy*, 75, 85-101.

[75] Jekeli, C. (2000). Inertial navigation systems with geodetic applications. Berlin: Walter deGruyter Inc.

[76] Jekeli, C. (2004). High-resolution gravity mapping: The next generation of sensors. *The State of the Planet: Frontiers and Challenges in Geophysics, Geophysical Monograph* 150, 19, 135-146. R. S. J. Sparks (Ed.).

[77] Jekeli, C., & Rapp, R. (1980). Accuracy of the determination of mean anomalies and mean geoid undulations from a satellite gravity mapping mission. Technical report 307, Department of Geodetic Science, The Ohio State University.

[78] Jekeli, C., & Upadhyay, T. (1990). Gravity estimation from STAGE, a satellite-to-satellite tracking mission. *Journal of Geophysical Research*, 95(B7), 10973-10985.

[79] Kaula, W. E. (1969). The terrestrial environment: Solid-Earth and ocean physics application of space and astronomic techniques. Technical report, Report of a study at Williamstown/Mass. to NASA, Cambridge Mass.

[80] Kaula, W. E (1983). Inference of variations in the gravity field from satellite-to-satellite range rate. *Journal of Geophysical Research*, 88(B10), 8345-8349.

[81] Keating, T., Taylor, P., Kahn, W., & Lerch, F. (1986). Geopotential research mission, science, engineering, and program summary. Technical report, NASA Tech. Memo 86240.

[82] Keller, W., & Sharifi, M. (2005). Satellite gradiometry using a satellite pair. *Journal of Geodesy*, 78, 544-557.

[83] Kim, J. (2000). Simulation study of a low-low satellite-to-satellite tracking mission. Ph.D. thesis, University of Texas at Austin, Austin.

[84] Kim, J., & Tapley, B. (2002). Error analysis of a low-low satellite-to-satellite tracking mission. *Journal of Guidance, Control, and Dynamics*, 25(6), 1100-1106.

[85] Kim, M. (1997). Theory of satellite ground-track crossovers. *Journal of Geodesy*, 71, 749-767.

[86] Koch, K. (1986). Maximum likelihood estimate of variance components. *Bulletin Geodesique*, 60, 329-338.

[87] Koch, K. (1999). Parameter estimation and hypothesis testing in linear models. Berlin: Springer.

[88] Krieger, G., Moreira, A., Fiedler, H., Hajnsek, I., Werner, M., Younis, M., et al. (2007). TanDEM-X: A satellite formation for high-resolution SAR interferometry. *IEEE Transactions on Geoscience and Remote Sensing*, 45(11), 3317-3341.

[89] Kusche, J. (2003). A Monte-Carlo technique for weight estimation in satellite geodesy. *Journal of Geodesy*, 76, 641-652.

[90] Lambeck, K. (1988). Geophysical geodesy: The slow deformations of the Earth. Oxford: Clarendon Press.

[91] Lambin, J., Morrow, R., Fu, L., Willis, J., Bonekamp, H., Lillibridge, J., et al. (2010). The OSTM/Jason-2 mission. *Marine Geodesy*, 33(Supp 1), 4-25.

[92] Lemoine, F., Goossens, S., Sabaka, T., Nicholas, J., Mazarico, E., Rowlands, D., et al. (2013). High-degree gravity models from GRAIL primary mission data. *Journal of Geophysical Research, Planets*, 118, 1676-1699.

[93] Liu, X. (2008). Global gravity field recovery from satellite-to-satellite tracking data with the acceleration approach. Ph.D. thesis, TU Delft.

[94] Loveless, F., & Duncan, B. (1976). Satellite-to-satellite tracking for orbit improvement and determination of a 1 degree x 1 degree gravity field. National Technical Information Service, US Department of Commerce: Technical report.

[95] Mayer-Gürr, T. (2006). Gravitationsfeldbestimmung aus der Analyse kurzer Bahnbögen am Beispiel der Satellitenmissionen CHAMP und GRACE. Ph.D. thesis, Institut für Theoretische Geodäsie der Universität Bonn.

[96] Mayer-Gürr, T. (2015). The combined satellite gravity field model GOCO05s. In *EGU General Assembly Conference Abstracts* (Vol. 17, pp. 12364).

[97] Mayer-Gürr, T., Ilk, K., Eicker, A., & Feuchtinger, M. (2005). ITG-CHAMP01: A CHAMP gravity field model from short kinematic arcs over a one-year observation period. *Journal of Geodesy*, 78(7-8), 462-480.

[98] Mayer-Gürr, T., Eicker, A., Kurtenbach, E., & Ilk, K. (2010). ITG-GRACE: Global static and temporal gravity field models from GRACE data. In Flechtner et al. (Ed.), *System Earth via geodetic geophysical space techniques*. Berlin: Springer.

[99] Mayer-Gürr, T., Rieser, D., Hoeck, E., Brockmann, J., Schuh, W., Krasbutter, I., et al. (2012). The new combined satellite only model GOCO03. In *International Symposium on Gravity, Geoid and Height Systems. GGHS 2012*, Venice, Italy.

[100] Meissl, P. (1971). A study of covariance functions related to the earth's disturbing potential. Technical report, OSU report 151, Columbus.

[101] Menard, Y., Fu, L., Escudier, P., Parisot, F., Perbos, J., Vincent, P., et al. (2003). The Jason-1 mission. *Marine Geodesy*, 26(3-4), 147-157.

[102] Merson, R., & King-Hele, D. (1958). A new value for the Earth's flattening, derived from measurements of satellite orbits. *Nature*, 182, 640.

[103] Meyer, U., Jäggi, A., Beutler, G., & Bock, H. (2015). The impact of common versus separate estimation of orbit parameters on GRACE gravity field solutions. *Journal of Geodesy*, 89(7),

685-696.

[104] Montenbruck, O. (2000). Satellite orbits-models, methods, and applications. Springer.

[105] Montenbruck, O., van Helleputte, T., Kroes, R., & Gill, E. (2005). Reduced dynamic orbit determination using GPS code and carrier measurements. *Aerospace Science and Technology*, 9(3), 261-271.

[106] Montenbruck, O., Rizos, C., Weber, R., Weber, G., Neilan, R., & Hugentobler, U. (2013). Getting a grip on multi-GNSS: The international GNSS service MGEX campaign. *GPS World*, 24(7), 44-49.

[107] Moritz, H. (1969). On the determination of the potential from gravity disturbances along a fixed direction. *Tellus*, 21, 568-571.

[108] Muller, P., & Sjogren, W. (1968). Mascons: Lunar mass concentrations. *Science*, 161(3842), 680-684.

[109] NASA. (1972). Earth and ocean physics applications program (Vol. II). Technical report, NASA, EOPAP: Rationale and program plans.

[110] Newton, I. (1687). Philosophiae naturalis principia mathematica.

[111] Nievergelt, Y. (2000). A tutorial history of least squares with applications to astronomy and geodesy. *Journal of Computational and Applied Mathematics*, 121, 37-72.

[112] NRC (1979). Applications of a dedicated gravitational satellite mission. Technical report, Panel on gravity field and sea level, Washington D.C.

[113] O'Keefe, J. (1957). An application of Jacobi's integral to the motion of an Earth satellite. *The Astronomical Journal*, 62(1252), 265-266.

[114] Pavlis, N., Holmes, S., Kenyon, S., & Factor, J. (2012). The development and evaluation of the Earth gravitational model 2008 (EGM2008). *Journal of Geophysical Research, Solid Earth*, 117, B04406.

[115] Pearlman, M., Degnan, J., & Bosworth, J. (2002). The International laser ranging service. *Advances in Space Research*, 30(2), 135-143.

[116] Petit, G., & Luzum, B. (2010). *IERS technical note no. 36, IERS conventions 2010*. Verlag des Bundesamts für Kartographie und Geodäsie, Frankfurt am Main.

[117] Ramillien, G., Biancale, R., & Gratton, S. (2011). GRACE-derived surface water mass anomalies by energy integral approach: Application to continental hydrology. *Journal of Geodesy*, 85, 313-328.

[118] Rapp, R. (1998). Past and future developments in geopotential modeling. In R. Forsberg, M. Feissel, & R. Dietrich (Eds.), *Geodesy on the move, IAG-Symposium* (Vol. 119, pp. 58-78). Berlin: Springer.

[119] Reigber, C. (1989). Theory of satellite geodesy and gravity field determination. In *Lecture notes in Earth sciences* (Vol. 25, pp. 197-234). Kapitel Gravity field recovery from satellite tracking data. Springer.

[120] Reigber, C., Luhr, H., & Schwintzer, P. (2002). CHAMP mission status. *Advances in Space Research*, 30(2), 129-134.

[121] Reigber, C., Schwintzer, P., Neumayer, K., Barthelmes, F., König, R., Förste, C., et al. (2003).

The CHAMP-only earth gravity field model EIGEN-2. *Advances in Space Research*, 31(8), 1883-1888.

[122] Remondi, B. (1993). NGS second generation ASCII and binary orbit formats and associated interpolation studies. In G. L. Mader (Ed.), *Permanent satellite tracking networks for geodesy and geodynamics*. Berlin, Heidelberg, New York: Springer.

[123] Rockwell,. (1984). GPS interface control document, ICD-GPS-200. Satellite Systems Division: International corporation.

[124] Rummel, R. (1975). Downward continuation of gravity information from SST or satellite gradiometry in local areas. Technical report, OSU report 221, Columbus.

[125] Rummel, R. (1979). Determination of short-wavelength components of the gravity field by satellite-to-satellite tracking or satellite gradiometry: an attempt to an identification of problem areas. *Manuscripta Geodaetica*, 4, 107-148.

[126] Rummel, R., & van Gelderen, M. (1992). Spectral analysis of the full gravity tensor. *Geophysical Journal International*, 111, 159-169.

[127] Rummel, R., Reigber, C., & Ilk, K. (1978). The use of satellite-to-satellite tracking for gravity parameter recovery. *ESA Space Oceanography, Navigation, and Geodynamics*, 137, 153-161.

[128] Schmid, P., & Vonbun, F. (1974). The ATS-F/nimbus E tracking and orbit determination experiment. International Convention and Exposition, New York, NY: In IEEE.

[129] Schuh, W. (1996). Tailored numerical solution strategies for the global determination of the Earth's gravity field. Technical report, Mitt: Geodät. Instiute der TU Graz.

[130] Schwarz, C. (1970). Gravity field refinement by satellite-to-satellite Doppler tracking. Technical report, OSU report 147, Columbus.

[131] Seeber, G. (2003). Satellite geodesy: Foundations, methods, and applications. de Gruyter.

[132] Shampine, L., & Gordon, M. (1975). Computer solution of ordinary differential equations: The initial value problem. San Francisco, W.H: Freeman.

[133] Sheard, B., Heinzel, G., Danzmann, K., Shaddock, D., Klipstein, W., & Folkner, W. (2012). Intersatellite laser ranging instrument for the GRACE follow-on mission. *Journal of Geodesy*, 86(12), 1083-1095.

[134] Sjogren, W., Laing, P., Liu, A., & Wimberly, R. (1976). Earth gravity field variations from GEOS-3/ATS-6 satellite-to-satellite radio tracking. *EOS Transactions AGU*, 57(4), 234.

[135] Sneeuw, N. (2000). A semi-analytical approach to gravity field analysis from satellite observations. Ph.D. thesis, Deutsche Geodätische Kommission, Reihe C-527, München.

[136] Sneeuw, N., Gerlach, C., Foldvary, L., Gruber, T., Peters, T., Rummel, R., et al. (2004). A window on the future of geodesy. In F. Sanso (Ed.), *IAG symposium series* (Vol. 128, pp. 288-293). Kapitel One year of time variable CHAMP-only gravity field models using kinematic orbits. Berlin: Springer.

[137] Sośnica, K. (2015). Determination of precise satellite orbits and geodetic parameters using satellite laser ranging. Technical report, Geodätisch-geophysikalische Arbeiten in der Schweiz, Band 93, Schweizerische Geodätische Kommission, Institut for Geodäsie und Photogrammetrie, Eidg. Technische Hochschule Zürich, Zürich.

[138] Sośnica, K., Jäggi, A., Thaller, D., Beutler, G., & Dach, R. (2014). Contribution of Starlette, Stella, and AJISAI to the SLR-derived global reference frame. *Journal of Geodesy*, 88(8), 789-804.

[139] Tangdamrongsub, N., Hwang, C., Shum, C., & Wang, L. (2012). Regional surface mass anomalies from GRACE KBR measurements: Application of L-curve regularization and a priori hydrological knowledge. *Journal of Geophysical Research*, 117, B11406.

[140] Tapley, B., Bettadpur, S., Ries, J., Thompson, P., & Watkins, M. (2004a). GRACE measurements of mass variability in the Earth system. *Science*, 305, 503-505.

[141] Tapley, B., Schutz, B., & Born, G. (2004b). *Statistical orbit determination*. Elsevier Academic Press.

[142] Tapley, B., Bettadpur, S., Watkins, M., & Reigber, C. (2004c). The gravity recovery and climate experiment: Mission overview and early results. *Geophysical Research Letters*, 1(9), L09607.

[143] Teunissen, P., Kleusberg, A. (1998). *GPS for geodesy*. Springer. ISBN 3-540-63661-7.

[144] Torge, W., & Müller, J. (2010). *Geodesy*. Berlin: Walter de Gruyter.

[145] van den IJssel, J., Encarnao, J., Doornbos, E., & Visser, P., (2015). Precise science orbits for the Swarm satellite constellation. *Advances in Space Research*, 56(6), 1042-1055.

[146] van Helleputte, T., Doornbos, E., & Visser, P. (2009). CHAMP and GRACE accelerometer calibration by GPS-based orbit determination. *Advances in Space Research*, 43(12), 1890-1896.

[147] van Loon, J. (2008). Functional and stochastic modelling of satellite gravity data. Ph.D. thesis, TU Delft.

[148] Visser, P., & van den IJssel, J., (2015). Calibration and validation of individual GOCE accelerometers by precise orbit determination. *Journal of Geodesy*, 90(1), 1-13.

[149] Visser, P., Sneeuw, N., & Gerlach, C. (2003). Energy integral method for gravity field determination from satellite orbit coordinates. *Journal of Geodesy*, 77(3-4), 207-216.

[150] Vonbun, F., Kahn, W., Wells, W., & Conrad, T. (1980). Determination of 50×50 anomalies using satellite-to-satellite tracking between ATS-6 and APOLLO. *Geophysical Journal of the Royal Astronomical Society*, 61, 645-657.

[151] Švehla, D., & Rothacher, M. (2004). Kinematic precise orbit determination for gravity field determination. In F. Sanso (Ed.), *A window on the future of geodesy* (pp. 181-188). Berlin, Heidelberg, New York: Springer.

[152] Wagner, C. (1983). Direct determination of gravitational harmonics from low-low GRAVSAT data. *Journal of Geophysical Research*, 88(B12), 10309-10321.

[153] Wahr, J. (1981). Body tides on an elliptical, rotating, elastic and oceanless earth. *Geophysical Journal of the Royal Astronomical Society*, 64(3), 677703.

[154] Wahr, J., Molenaar, M., & Bryon, F. (1998). Time variability of the Earth's gravity field: Hydrological and oceanic effects and their possible detection using GRACE. *Journal of Geophysical Research*, 103(B12), 30205-30229.

[155] Wang, X., Gerlach, C., & Rummel, R. (2012). Time-variable gravity field from satellite

constellations using the energy integral. *Geophysical Journal International*, 190, 1507-1525.

[156] Weiffenbach, G., Grossi, M., & Shores, P. (1976). Apollo-Soyuz doppler tracking experiment MA-089. Smithsonian Astrophysical Observatory, Cambridge Mass: Technical report.

[157] Weigelt, M., Sideris, M., & Sneeuw, N. (2009). On the influence of the ground track on the gravity field recovery from high-low satellite-to-satellite tracking missions: CHAMP monthly gravity field recovery using the energy balance approach revisited. *Journal of Geodesy*, 83(12), 1131-1143.

[158] Weigelt, M., van Dam, T., Jäggi, A., Prange, L., Tourian, M., Keller, W., et al. (2013). Time-variable gravity signal in Greenland revealed by high-low satellite-to-satellite tracking. *Journal of Geophysical Research, Solid Earth*, 118, 3848-3859.

[159] Wells, W., Conrad, T., & Kahn, W. (1977). Estimation of gravity anomalies with GEOS-3/ATS-6 satellite-to-satellite tracking data. *EOS Transactions*, 58(6), 371.

[160] Wolff, M. (1969). Direct measurement of the Earth's gravitational potential using a satellite pair. *Journal of Geophysical Research*, 74(22), 5295-5300.

[161] Wu, S., Yunck, T., & Thornton, C. (1991). Reduced-dynamic technique for precise orbit determination of low Earth satellites. *Journal of Guidance, Control, and Dynamics*, 14(1), 24-30.

[162] Yunck, T., Wu, S., Wu, J., & Thornton, C. (1990). Precise tracking of remote sensing satellites with the global positioning system. *IEEE Transactions on Geoscience and Remote Sensing*, 28(1), 108-116. doi:10.1109/36.45753.

[163] Zehentner, N., & Mayer-Gürr, T. (2015). Precise orbit determination based on raw GPS measurements. *Journal of Geodesy*, 90(3), 275-286.

[164] Zheng, W., Shao, C., Luo, J., & Hsu, H. (2006). Numerical simulation of Earth's gravitational field recovery from SST based on the energy conservation principle. *Chinese Journal of Geophysics*, 49, 644-650.

[165] Zheng, W., Hsu, H., Zhong, M., & Yun, M. (2012). Efficient accuracy improvement of GRACE global gravitational field recovery using a new inter-satellite range interpolation method. *Journal of Geodynamics*, 53, 1-7.

[166] Zuber, M., Smith, D., Watkins, M., Asmar, S., Konopliv, A., Lemoine, F., et al. (2013). Gravity field of the moon from the gravity recovery and interior laboratory (GRAIL) mission. *Science*, 339, 668.

[167] Zumberge, J., Heflin, M., Jefferson, D., Watkins, M., & Webb, F. (1997). Precise point positioning for the efficient and robust analysis of GPS data from large networks. *Journal of Geophysical Research*, 102(B3), 5005-5017.

结 束 语

本书的出版得益于与同事们有趣、有益的讨论，特别感谢俄亥俄州立大学地球科学学院大地科学系的郭俊义博士(Dr. Junyi Guo)、尚昆博士(Dr. Kun Shang)、恩林吉·哈瓦那先生(Mr. Nlingi Habana)(对本讲义课后练习提供了大量帮助)，以及澳大利亚纽卡斯尔大学的 Shinchen Han 教授、美国得克萨斯大学空间研究中心的斯里尼瓦斯·贝塔普尔教授、德国汉诺威莱布尼茨大学大地测量研究所的雅各布·弗鲁里教授和马吉德·纳伊米博士。再次感谢赞助方威廉&艾尔斯·贺利斯基金会。